微课版

高等学校理工科化学化工类规划教材

化工单元操作及工艺过程实践（第二版）

主　编／张述伟

副主编／吴雪梅　殷德宏

编　者／张　健　韩志忠　何德民

HUAGONG DANYUAN

CAOZUO JI GONGYI

GUOCHENG SHIJIAN

大连理工大学出版社
Dalian University of Technology Press

图书在版编目(CIP)数据

化工单元操作及工艺过程实践 / 张述伟主编. -- 2
版. -- 大连：大连理工大学出版社，2023.8
高等学校理工科化学化工类规划教材
ISBN 978-7-5685-4070-4

Ⅰ. ①化… Ⅱ. ①张… Ⅲ. ①化工单元操作－高等学
校－教材 Ⅳ. ①TQ02

中国版本图书馆 CIP 数据核字(2022)第 250947 号

大连理工大学出版社出版
地址：大连市软件园路 80 号　邮政编码：116023
发行：0411-84708842　传真：0411-84708943　邮购：0411-84701466
E-mail：dutp@dutp.cn　URL：https://www.dutp.cn
大连图腾彩色印刷有限公司印刷　　　　大连理工大学出版社发行

幅面尺寸：185mm×260mm　　　　印张：15.75　　　　字数：373 千字
2015 年 6 月第 1 版　　　　　　　　　　　2023 年 8 月第 2 版
2023 年 8 月第 1 次印刷

责任编辑：于建辉　王晓历　　　　　　　　　　　责任校对：贾如南
封面设计：张　莹

ISBN 978-7-5685-4070-4　　　　　　　　　　　定价：53.80 元

本书如有印装质量问题，请与我社发行部联系更换。

认识实习和生产实习是化工类及相关专业的重要实践课程，是学生获得感性认识，拓宽基础知识，加强专业知识应用，培养自身学习能力，提高综合素质、创新能力和解决复杂工程问题能力的重要途径。随着高校对工程创新人才培养要求的不断提升，认识实习和生产实习已实现从单一的工厂实习向多元化教学模式的转变，国内许多高校也已建立了安全教育、单元操作及生产流程讲座、仿真实践、实习基地实习等多个教学环节，力求做到"看、学、做"三位一体，充分发挥感性认识与理性认识相辅相成的作用。这种教学实习模式的转变，将大大增加学生的实习信息量。

编写本书的目的是满足认识实习、生产实习对实践类教材的需求，使学生感性认识与理性认识相结合，加深对实践认识的理解和理论升华。本书详细介绍了化学工业的发展及特点、化工安全生产知识、化工单元操作原理以及典型的化工工艺过程，如合成氨、催化裂化、常减压蒸馏、煤制甲醇、乙烯生产工艺等，最后对化工单元的仪表控制原理、工艺流程的事故处理等进行了仿真实训。本书融合了编者在工艺实践中的科研转化成果，如煤制甲醇工艺中的气体净化工艺。通过较完整的化工单元及工艺过程实践知识，培养学生的工程观念、探索创新精神，以及分析和解决工程实际应用问题的能力。同时，还重点强化了化工单元操作及工艺过程与仿真实践的紧密结合，充分训练学生自主学习的能力。

本书响应二十大精神，推进教育数字化，建设全民终身学习的学习型社会、学习型大国，及时丰富和更新了数字化微课资源，包括单元设备动图、仿真视频等动画资源，以及单元设备发展史、我国自主研发工艺流程等实践思政资源，以二维码形式融合纸质教材，使得教材更具及时性、内容的丰富性和环境的可交互性等特征，使读者学习时更轻松、更有趣味,促进了碎片化学习,提高了学习效果和效率。

本书面向认识实习和生产实习,适用于化工与制药类、过程装备与控制工程类、环境科学类、生物工程类所涵盖的相关专业。

本书由大连理工大学张述伟任主编,由大连理工大学吴雪梅、殷德宏任副主编,大连理工大学张健、韩志忠、何德民参与了编写。具体编写分工如下:张述伟负责编写第1章,吴雪梅负责编写第3章,殷德宏负责编写第2章、第4章4.3至4.5节,张健负责编写第4章4.1节、4.2节,韩志忠和何德民负责编写第5章。本书在编写过程中得到了许多教师和企业专家的大力支持,配套的仿真软件及动画素材获得了东方仿真公司的使用授权,在此表示衷心感谢。

限于编者的水平,书中难免存在不足之处,恳请各位专家、学者和广大读者批评指正,以便进一步修订和完善。

编　者

2023 年 8 月

所有意见和建议请发往:dutpbk@163.com

欢迎访问高教数字化服务平台:https://www.dutp.cn/hep/

联系电话:0411-84708445 84708462

目录

Contents

第1章

绪　论

1.1　化学工业

化学工业是原料经过物理加工或化学反应过程生产出所需产品的工业。化学工业按照产品分类,可分为无机化工、有机化工、高分子化工、精细化工等,它是国民经济的支柱产业,为其他工业部门提供必要的物质基础,在衣食住行、农业、工业、国防、能源、医药、环保等领域发挥着重要作用。而广义的化学工业涵盖了环境化工、生物化工、化工机械及自动化、化工技术经济、化工安全等多方面。

化学工业的发展史可以追溯到远古时代。公元前,制陶、酿造、冶炼、火药等化学加工方法已经开始影响人们的生活;18世纪,硫酸和纯碱生产开启了化学工业形成和发展的序幕;20世纪60年代,现代化学工业以合成氨工艺为开端,乙烯工业为发展标志,带动了有机化工、石油化工、高分子化工和精细化工的发展。随着技术进步,生产规模及装置趋于大型化,推动了生产过程控制和系统优化的发展。

一般地,化工生产过程由化学反应和非化学反应两部分构成。其中,化学反应是化工生产的核心,但非化学反应(也称为过程工业)常占据化工生产的投资和操作费用的绝大部分。化工生产过程常需要通过化学工艺和化学工程的密切配合完成。化学工艺以产品为目标,经过原料预处理、化学反应、产品精制等过程,将原料转变为产品。化学工艺通常针对一定的产品或原料提出,例如煤制甲醇工艺,是指以煤为原料的原料气制备及净化、甲醇合成、甲醇精制等工艺过程,具有个别生产的特殊性。化学工程研究化学工业和其他过程工业中所进行的化学过程和物理过程的共性规律,以"三传一反"(动量传递、热量传递、质量传递、反应工程)等为理论基础,解决过程及装置的开发、设计、操作及优化的理论和方法问题。化学工程为化学工艺提供解决工程问题的理论基础,化学工艺从工艺创新和技术进步方面丰富了化学工程的原理和共性规律。

1.2　化学工业的特点

化学工业规模大、涉及面广、消耗能源及物质资源、影响环境,属于资源、资金、技术等密集型的重工业行业。它具有如下特点:

1. 原料、产品和技术综合性强

化学工业涉及上万种产品,每一种产品的物理、化学性质不同,原料来源也多种多样,如一个化工过程的联产或副产品常可作为另一个化工过程的原料,因此采用的生产技术和工艺流程各不相同,不同化工过程之间存在纵向、横向联系。原料来源、生产技术、设备的多样性,使得化工生产过程需要综合运用化学工程、化学工艺、化工机械及自动控制、化工安全等多方面的技术和知识。

2. 资源和能源消耗高

煤、石油、天然气等不可再生资源既是重要的化工原料,又是主要的燃料和动力。化学反应过程也是能量转移的过程。对化工过程进行用能分析和能量系统优化,不断采用新工艺、新技术,节约并合理利用资源和能源,是提高现代化工生产竞争力的重要措施。

3. 生产规模大,技术、资金密集

化工生产工艺流程长、生产设备多,自动化程度高,从原料到产品加工的各环节,常通过管道输送、采取自动控制进行调节,形成一个首尾连贯、各环节紧密衔接的生产系统。任何一个系统发生故障,都有可能中断生产过程。化学工业的复杂性常要求化工生产多学科合作,技术复杂而更新快,因此设备投资、运行以及研发费用较高,是知识、技术、资金密集型行业。

4. 实验和计算并重

传统的化学工业是实验/实践性行业。各种宏观定量规律的揭示,原子、分子量级的微观定量方法的建立,过程系统设计与优化理论的完善,人工智能和自动控制系统的升级,使化工计算和化工设计的应用更加广泛,实践与计算密切配合,优化化工生产。

5. 安全生产要求严格

化学工业常使用易燃、易爆、毒性、腐蚀性的原料,伴随高温、高压的操作条件,因此不安全因素很多,需要严格按照工艺规程和岗位规范操作,否则就容易发生事故。高度重视安全问题是化工生产稳定运行的重要保证。

6. 影响环境

化学工业生产过程中,"三废"(废水、废气、废渣)排放量大,有毒有害,造成环境污染。开发绿色化学、环境友好等方面的研究成果,积极推进清洁生产,推广污染治理新技术,实现生态环境与化工生产的协调发展,才能实现社会经济的可持续发展。

"碳达峰"和"碳中和"简介

21 世纪以来,随着国民经济的发展,资源和环境问题的日臻严重,世界各国都在加紧制定"碳中和、碳达峰"的时间表和路线图,给化学工业带来了新的挑战。化学工业面临着新的挑战。节流开源,一方面采用高新技术改造传统的化工工艺,以提高资源的利用率,减少污染物排放;另一方面利用可再生资源和能源、开发新工艺、新产品和新技术,满足化学工业对资源和能源消耗的需求。化学工业将从传统的原料工业转变成一个以新材料、精细化品、专用化学品、生物技术、催化技术、新能源、新资源开发、智能绿色化生产为主题的高新技术产业。

1.3　注重化工实践,培养工程创新人才

知识、素质和创新都源于实践。高等工程教育的核心是对学生工程实践能力的培养。进入 21 世纪,现代化学工业的精细化、高科技化、绿色化等发展趋势,全球化可持续发展的实施以及市场经济的竞争,促使我国高等教育发生深刻变革,国内工程教育专业认证体系建

立,并逐步与国际工程教育认证接轨,教育部卓越工程师培养计划的、新工科建设的全面开展,人才市场化的进步等,使高校实践类课程如何能够满足工程教育的要求,成为化工高等教育面临的新课题。

化工生产实践,是拓宽基础知识、加强专业知识应用、培养自主学习能力、提高综合素质和创新能力、培养工程创新人才的有效途径。通过大学低年级的认识实习,可以促进理工融合,学生可以将所学的化学基础理论知识,与其在实际化工生产中的应用联系起来。通过初步了解化学(化工)产品的生产过程和化工厂概况,了解化学工业在国民经济中的重要地位、生产操作原理、典型单元操作设备的基本结构及用途,了解流程控制的基本概念和流程操作规范,初步建立化工实际生产及安全知识、工程观念和经济管理观点,为学习化工专业理论和工程技术课程提供必要的感性认识。通过大学高年级的生产实习,学生可以巩固、验证和深化已学到的理论知识,进一步在实践中获得生产实际知识。熟悉化工产品的生产工艺和设备,正确理解和掌握工艺原理和方法,收集生产实际数据进行典型设备的工艺计算,绘制化工流程图、设备图,学习流程控制方案,了解经济管理模式。这些实践训练可全面地培养学生的工程观念和分析问题、解决问题、独立工作的能力。有利于理解化工的环境、社会影响,强化学生的安全生产管理规范和化工生产过程的事故防治、处理方法和经验。通过化工实践,让学生接触实际化工生产,还可以增强劳动观念,加强建设社会主义的事业心和责任感,培养学生的综合素质。

建立新型的化工实践体系,将单元操作设备及原理、典型化工生产流程、仿真实习化工流程及控制方案相结合,可以增强学生对化工生产过程的感性认识,加深对理论知识的综合应用和理解,提高学生解决复杂工程问题的能力。通过充分发挥实践在培养学生兴趣和探究未知世界欲望的作用,为培养创新人才和卓越工程师奠定基础。

1.4 融入"实践思政",树立社会责任意识

立德树人是高校的立身之本。大学所有课程都具有传授知识、培养能力和思想政治教育多重功能,通过课程思政这种教育教学理念和思维方式,在教学过程中进行顶层设计,可以有意、有机、有效地培养大学生树立正确的世界观、人生观、价值观和理想信念。实践教学与理论课堂一样具有协同育人功能。在化工单元操作、典型工艺过程及其仿真操作的实践教学过程中,具有更加丰富的"实践思政"元素,从单元设备发展史领悟人类文明;通过生产工艺革新、技术进步实例培养科学探索精神和工匠精神;从科学家生平简介理性评价科学对工程及社会的影响,树立正确的工程师伦理规范;通过我国自主研发工艺流程简介实施爱国主义教育;通过"碳达峰、碳中和"知识简介建立工程与可持续发展辩证观;在学生接触实际化工生产过程中,增强劳动观念,加强社会责任感,激发学习的积极性、主动性和创造力,进而不断提升实践教学的实效性、针对性和亲和力。

发挥好"实践思政"的协同育人作用,把社会主义核心价值观的要求、把实现中华民族复兴的理想和责任具体生动地融入实践教学中,激励学生自觉地把个人的理想追求献身于国家和民族事业,从而提升实践教学质量、巩固专业知识,促使学生深化工程责任和社会使命,为中国特色社会主义事业培养合格的建设者和可靠的接班人。

第2章

化工生产安全知识

2.1 化工生产安全的重要性

安全是人类最重要、最基本的需求,是人民生命与健康的基本保证,一切生活、生产活动都源于生命的存在。安全是民生之本、和谐之基。安全生产始终是各项工作的重中之重,在化工生产过程中安全更是重中之重。

化工生产的原料和产品多易燃、易爆,具有毒性及腐蚀性;化工生产特点多是高温、高压或深冷、真空;化工生产过程多是连续化、集中化、自动化、大型化;化工生产中安全事故主要源于泄漏、燃烧、爆炸、毒害等。因此,化工行业已成为危险源高度集中的行业。由于化工生产中各个环节不安全因素较多,且相互影响,一旦发生事故,危险性和危害性大,后果严重。所以,化工生产的管理人员、技术人员及操作人员均必须熟悉和掌握相关的安全知识和事故防范技术,并具备一定的安全事故处理技能。

2.1.1 安全意识

安全意识在化工生产中尤为重要。要具备一定的安全意识,就需要多了解一些化学物质的性能特征。任何化学物质都具有一定的特点和特性:如酸类、碱类有腐蚀性,除能给装置设备造成腐蚀外,还能给接触人员造成化学灼伤;有的酸还有氧化的特性,如硫酸、硝酸;又如易燃液体,它们的一个通性是易燃易爆,另一个通性是具有一定的毒性,有的毒性较大。另外,处于化工过程中的物质不断受到热的、机械的(如搅拌)、化学的(参与化学反应)多种作用,而且是在不断的变化中。而有潜在危险性的物质耐受能力是有限的,超过其极限值就会发生事故。因此了解参与化工生产过程的原料的物化性质极其必要,掌握它们的通性及特性才能在实际生产中做好安全预防措施,否则就会造成意想不到的后果。

2.1.2 安全管理

安全管理是为贯彻执行国家安全生产的方针、政策、法律和法规,确保生产过程的安全而采取的一系列组织措施。安全管理就是要坚持以人为本,贯彻安全第一、预防为主的方针,依法建立健全具有可操作性、合理、具体、明确的安全生产规章制度,使之有效、合理、充分地发挥作用,及时消除事故隐患,保障项目的施工生产安全。事实证明,安全生产做起来很难,尤其是坚持。因为不仅涉及经济利益,还常受到人的思维惯性和惰性影响,以致人们对安全管理的重要性认识经常是"说起来重要,干起来次要,忙起来不要",从而造成了很多安全隐患。

2.1.3　安全措施

管理方应在施工前要采取必要的安全措施,比如设置安全标志等。针对不同的生产过程要采取不同安全防范措施。如设置专、兼职安全管理员,配备专用消防器材,架设安全护网护栏,树立安全警示标志,根据需要配置安全帽、绝缘衣鞋,按要求修建爆破材料仓库,配备必要的医疗和急救人员、药品和设施,采取适当措施保证饮用水的安全。还要根据工程的施工期和结构的特殊性,专门采取必要的安全防范措施。

2.1.4　事故处理

事故处理方面,应做到以下几点:
(1)注意把握现场急救的机会;
(2)尽快处理安全问题后遗症,恢复施工;
(3)及时调查事故原因,追究责任,杜绝下次事故发生的可能;
(4)及时上报安全事故,对事故原因一定不能隐瞒。

案例:某化工厂在检修浓硫酸计量槽的作业中,由于不懂浓硫酸的特性,对该计量槽进行水洗后,动焊,结果造成爆炸事故,一死群伤,厂房部分受损。其原因是浓硫酸对钢材不腐蚀,在其表面形成氧化膜,起到保护作用;而用水稀释后,浓硫酸转化为稀硫酸与计量槽的钢材发生化学反应,产生氢气,从而引发事故。其预防措施:应彻底清洗,动火前进行气体取样分析。

2.1.5　安全技术

生产过程中存在着一些不安全或危险因素,危害着工人的身体健康和生命安全,同时也会造成生产被动或发生各种事故。为了预防或消除对工人健康的有害影响和各类事故的发生、改善劳动条件,而采取各种技术措施和组织措施,这些措施的综合叫作安全技术。

安全技术是劳动保护科学的重要组成部分,是一门涉及范围广、内容丰富的边缘性学科。它是生产技术发展过程中形成的一个分支,与生产技术水平紧密相关。随着化工生产的不断发展,化工安全技术也随之不断充实和提高。安全技术的作用在于消除生产过程中的各种不安全因素,保护劳动者的安全和健康,预防伤亡事故和灾害性事故的发生。采取以防止工伤事故和其他各类生产事故为目的的技术措施,其内容包括:
(1)直接安全技术措施,即使生产装置本质安全化;
(2)间接安全技术措施,如采用安全保护和保险装置等;
(3)提示性安全技术措施,如使用警报信号装置、安全标志等;
(4)特殊安全技术措施,如限制自由接触的技术设备等;

(5)其他安全技术措施,如预防性实验、作业场所的合理布局、个体防护设备等。

2.1.6 安全保障

工艺规程、安全技术规程、操作规程是化工企业安全管理的重要组成部分,在化工厂称其为"三大规程"。它是指导生产、保障安全的必不可少的作业法则,具有科学性、严肃性、技术性、普遍性。这是衡量企业科学管理水平的重要标志,然而有的企业就认为有与没有一个样,只要能生产就行。这是一个典型的化工生产"法盲",他们不知这"三大规程"中的相关规定是前人从生产实验、实践中得来,以致用生命和血的代价编写出来的,具有其特殊性、真实性。在化工生产中人人都不能违背,否则将受到惩罚。有的企业领导曾说:"我们以前就是这么干的(这种做法实际上是违章的),没出过什么事,不要紧"。这种麻痹思想绝对要不得,尤其是作为企业的负责人。违章不一定出事故,但是出现事故的必然是违章造成的。通俗地讲,多次违章必然会发生事故,多次小的事故发生,必然酝酿着重大事故的萌芽,所以在生产中应做到安全工作超前管理、超前控制。

2.2 化工生产的特点

2.2.1 易燃、易爆

化工生产使用的原料、半成品和成品种类繁多,绝大部分是易燃、易爆、有毒害、有腐蚀性的危险化学品,给生产中的原材料、燃料、中间产品和成品的储存和运输都提出了特殊的要求。

据统计,目前世界上已有化学物品六百多万种,70%以上具有易燃、易爆和易引起中毒、腐蚀、有毒害的特性。如合成氨生产中的氨、一氧化碳、硫化氢,有机合成生产中的甲醇、甲醛、乙醇、三氯化磷、苯和氨基化合物等,都属于易燃、易爆、有毒害、有腐蚀性的化学危险物品。尽管这些化学物品给人们的生产生活带来了巨大的利益,但是如果管理不当,或生产过程中出现失误,就会引发火灾、爆炸、中毒或烧伤等事故。

2.2.2 腐蚀严重,毒害性大

化工生产中的物料,许多是具有腐蚀性,甚至是强腐蚀性的,如硫酸、硝酸、盐酸、氯气、烧碱等。它们不但对设备具有很强的腐蚀作用,而且还有可能引起操作人员的灼伤。化工生产中有毒有害物质是普遍存在的,如氰化物、硫化物、氟化物、氢氧化物及烃类等,有些属于一般性毒害物,但还有很多是高毒和剧毒的,如果这些物质发生泄漏,并超过允许浓度时,就会严重影响操作人员的身心健康,甚至造成人员中毒或死亡。

2.2.3 化工生产装置事故发生的一般规律

化工生产装置事故具有爆炸、回火、复燃等突变因素,但也是有一定规律可循的。认真

分析研究其发生规律,可以有助于把握事故处置的主动权。化工生产装置事故发生的一般规律有以下几种情况:

1. 泄漏后未发生爆炸

消防车辆到场后,如现场情况是化学危险品泄漏后未发生爆炸,这种情形一般是:

(1)泄漏危险介质浓度未达到爆炸浓度范围;

(2)已达到爆炸浓度,但扩散区无火源;

(3)泄漏物为非爆炸性危险品;

(4)泄漏物向空中高速喷料设备静电接地良好等情况下形成的。

但这种情况也是极其危险的,如果认识、判断不准或处置不当,极有可能发生爆燃、爆炸、着火、中毒,造成人员伤亡。判断方法一般是通过询问、观察(颜色、浓度)、仪器检测来确定物料的性质、浓度、扩散范围,同时尤其要注意物料是否有流入下水道或在低洼处积聚的可能性。

2. 爆炸后未持续燃烧

造成的原因主要有:

(1)爆炸后泄漏可燃物料未达到爆炸浓度下限;

(2)爆炸后可燃物料已燃尽;

(3)冲击波使火焰熄灭;

(4)泄漏源已控制或可燃物料在空间内沉积未遇到火源。

如处置不当可能发生二次爆炸。

3. 泄漏后爆炸、着火

造成的原因主要有:

(1)高温可燃物料从生产装置喷出直接爆炸、爆燃;

(2)装置、管道内物料泄漏后,遇火源发生爆炸、着火;

(3)物料高速喷出,大面积泄漏遇外来火源;

(4)爆炸后形成多火点着火等。

其主要的危险是可能出现多次爆炸。

4. 着火后未发生爆炸

造成的原因主要有:

(1)容器、管道等装置泄漏口不大;

(2)泄漏量趋于稳定;

(3)管道压力基本恒定;

(4)工艺措施(减速、减压、控制、控温、稀释、吹扫、放空、疏转)有效;

(5)冷却有效等因素。

在这种情形下要警惕突变。

5. 着火与爆炸交替进行

造成的原因主要有:

(1)装置反应失控,爆炸、着火后装置损坏严重;

(2)泄漏量多、扩散范围广;

(3)燃烧面积大、辐射热强;

(4)装置密集、间距小；燃烧猛烈、冷却效果不明显；

(5)处置方法不当、灭火剂选用不正确等。

这种情形对施救人员威胁很大。

6.高温、高压，工艺条件苛刻

化工生产离不开高温高压设备。例如合成氨，80%以上是压力容器，合成塔压力32.0 MPa。有些化学反应在高温下进行，有些要在低温、高真空度下进行。如：在轻柴油裂解制乙烯、聚乙烯的生产中，轻柴油在裂解炉中的裂解温度为 800 ℃；裂解气要在深冷（−96 ℃）条件下进行分离；纯度为 99.99%的乙烯气体在 294 kPa 压力下聚合；原油减压蒸馏在真空下进行等。

7.生产方式的高度自动化与连续化

化工生产已经从过去落后的手工操作、间断生产转变为高度自动化、连续化生产；生产设备由敞开式变为密闭式；生产装置从室内变为露天；生产操作由分散控制变为集中控制，同时，也由人工手动操作变为仪表自动操作，进而又发展为计算机控制。连续化与自动生产是大型化生产的必然结果，但控制设备也有一定的故障率。据美国石油保险协会统计，控制系统发生故障而造成的事故占炼油厂火灾爆炸事故的 6.1%。

20 世纪 70 年代初，我国陆续从日本、美国、法国等国家引进了一批大型现代化的石油化工装置。如 30 万吨级乙烯、合成氨、化纤等生产装置，使我国的化工生产水平和技术水平有了很大的提高。特别是使我国的化工原料基础由粮食和煤转为石油和天然气，使我国的化学工业结构、生产规模和技术水平都发生了根本性的变化。

正是因为化工生产具有以上特点，安全生产在化工行业就更为重要。一些发达国家的统计资料表明，在工业企业发生的爆炸事故中，化工企业占了 1/3。

8.三废多，安全隐患多

化工生产"三废"（废气、废水、废渣）多，污染严重，节能减排任务繁重。这就要求化工生产过程中采用绿色工艺。有不少厂家，尤其是中小型民营企业，对其使用的化工原料的物化性质、危险特性、健康危害、急救方法、基本防护措施、泄漏处理、储存注意事项等方面知识了解甚少，或干脆不清楚。如一硫酸生产厂家，不知道使用的催化剂五氧化二钒（V_2O_5）为剧毒品，当然在实际实用过程中，更谈不上对其的管理和防护，由此给生产造成了安全隐患。

2.3　化工安全生产规章制度

2.3.1　贯彻安全生产方针

"安全第一，预防为主"的安全生产基本方针，高度集中地概括了安全工作的目的和任务，正确地反映了安全与生产的辩证统一关系，"安全第一"是指在看待和处理安全与生产以及其他各项工作关系时，要强调安全，要把保证安全放在一切工作的首要位置。"安全第一"就是告诉一切管理部门和生产企业的领导者，要高度重视安全，要当头等大事来抓。"预防为主"是实现"安全第一"的前提，要实现"安全第一"，就要做到"预防为主"，防患于未然，把安全事故和职业危害消灭在发生之前，否则，"安全第一"就成了一句空话。

长期以来,我国安全管理工作主要依靠行政手段。而实践表明,这种做法对全面落实安全生产方针,推动安全生产工作是十分软弱的。这些部门和单位无视安全法规,有法不依,有章不循,安全管理混乱,尘毒危害严重,伤亡事故不断发生,职工的安全和健康得不到保障。因此,要彻底解决安全生产中存在的问题,必须走上法制的轨道,加强国家劳动安全卫生监察,只有这样才能推动安全生产方针得到全面落实。

2.3.2　安全生产基本要求

要做好安全生产工作,就必须强化安全管理制度,制订安全生产要求。其目的是为了维护公司的正常秩序,防止各类事故发生,保证职工安全和企业财产不受损失。

(1)所有进入公司的人员都必须遵守公司规章制度,非本公司人员进入公司要办理出入证,本公司员工必须佩戴工作证方可进入厂区;

(2)新进公司的员工,必须接受公司、车间、班组三级教育,考试合格后方可上岗;

(3)工作时间不准脱岗、睡岗、干私活及从事与生产无关的事情;不是自己分管的设备和工具未经许可不准私自动用;

(4)各种安全标志、装置要经常检查,保证完好,未经许可不准动用;

(5)进入生产岗位必须按规定穿戴好劳保用品,班前、班上不准喝酒;

(6)严格执行工艺指标和设备管理要求,不准违反操作规程;

(7)维修设备必须遵守安全、检修制度和有关规程;登高作业必须按规定办理审批手续;

(8)各种设备启动前必须仔细检查,确认无误后方可使用,因故离开现场,必须停车断电;

(9)厂区内道路必须保证畅通,车间不准占用道路,严禁违章指挥及作业;

(10)加强明火管理,生产厂区严禁带入火种,进入厂区的车辆排气口必须戴防火帽,随车人员必须交出烟火;

(11)防止违章动火须知:

①没有批准动火证,任何情况下,严禁动火;

②不与生产系统隔绝,严禁动火;

③设备管道不进行清洗置换、置换不合格,严禁动火;

④不做动火分析、不把周围易燃物质清除,严禁动火;

⑤没有准备消防器材、现场无人监护,严禁动火;

(12)下列场所非工作人员严禁逗留:

①挂有"危险"作业;

②进行起重作业;

③进行电气焊、气割作业;

④正在进行检修、安装或高空作业;

⑤正在运转的设备附近;

(13)万一发生事故,必须服从指挥,积极抢救,最大限度地降低损失;

(14)对发生的事故要坚持"三不放过"原则。即事故原因没有调查清楚,责任人没有受到处罚不放过;责任人及周围群众没有受到教育不放过;没有拿出具体整改措施的不放过。

2.3.3 化工安全禁令

在广泛征求意见的基础上,1994年化学工业部对搞好安全生产的必须和禁令(简称"四十一条禁令")进行了适当修改补充,现予发布实施,并更名为《化学工业部安全生产禁令》。原"四十一条禁令"自即日起废止。

1. 生产厂区十四个不准

(1)加强明火管理,厂区内不准吸烟。

(2)生产区内,不准未成年人进入。

(3)上班时间,不准睡觉、干私活、离岗和做与生产无关的事。

(4)在班前、上班时不准喝酒。

(5)不准使用汽油等易燃液体擦洗设备、用具和衣物。

(6)不按规定穿戴劳动保护用品,不准进入生产岗位。

(7)安全装置不齐全的设备不准使用。

(8)不是自己分管的设备、工具不准动用。

(9)检修设备时安全措施不落实,不准检修。

(10)停机检修后的设备,未经彻底检查,不准启用。

(11)未办高处作业证,不带安全带,脚手架、跳板不牢,不准登高作业。

(12)石棉瓦上不固定好跳板,不准作业。

(13)未安装触电保安器的移动式电动工具,不准使用。

(14)未取得安全作业证的职工,不准独立作业;特殊工种职工,未经取证,不准作业。

2. 操作工的六严格

(1)严格执行交接班制。

(2)严格进行巡回检查。

(3)严格控制工艺指标。

(4)严格执行操作法(票)。

(5)严格遵守劳动纪律。

(6)严格执行安全规定。

3. 动火作业六大禁令

(1)动火证未经批准,禁止动火。

(2)不与生产系统可靠隔绝,禁止动火。

(3)不清洗,置换不合格,禁止动火。

(4)不消除周围易燃物,禁止动火。

(5)不按时做动火分析,禁止动火。

(6)没有消防措施,禁止动火。

4. 进入容器、设备的八个必须

(1)必须申请、办证,并得到批准。

(2)必须进行安全隔绝。

(3)必须切断动力电,并使用安全灯具。

（4）必须进行置换、通风。

（5）必须按时间要求进行安全分析。

（6）必须佩戴规定的防护用具。

（7）必须有人在器外监护，并坚守岗位。

（8）必须有抢救后备措施。

5. 机动车辆七大禁令

（1）严禁无证、无令开车。

（2）严禁酒后开车。

（3）严禁超速行车和空档溜车。

（4）严禁带病行车。

（5）严禁人货混载行车。

（6）严禁超标装载行车。

（7）严禁无阻火器车辆进入禁火区。

2.4　化工生产防火防爆

2.4.1　灭火的基本方法

（1）隔离法：把着火的物质与周围的可燃物隔离开来，或把可燃物从燃烧区移开。

（2）窒息法：阻止空气流入燃烧区，或用不燃烧的惰性气体冲淡燃烧区的空气。

（3）冷却法：用水或干冰等冷却灭火剂直接射到燃烧物上，以降低燃烧物的温度。

（4）化学抑制法：用含氟、氯等卤素或各类配方的干粉喷向火焰，让灭火剂在燃烧反应中起抑制作用。

2.4.2　常用灭火器材的适用范围和使用方法

1. 干粉灭火器

适用范围：用于扑救石油类产品、忌水物质、可燃气体和电气设备初起火灾。

使用方法：将灭火器背至火场，距火源 4.5 m 以内，人站在上风口，拉下保险销，一手握紧喷管对准火焰根部，另一手下压灭火手柄，粉雾即可喷出灭火。

2. "1211" 灭火器

适用范围：用于油类、电器、精密电子仪器、文物、图书、天然气等火灾的扑救。

使用方法：首先拔掉安全销，一手握紧压把开关，压杆就使密封阀开启，在氮气压力的作用下，灭火剂通过吸管喷嘴射出灭火；对准火源可连续射或点射。

3. 蒸汽

适用于扑救气体着火，对油类等可燃物忌用水扑救火灾。

4. 水

适用于一般性火灾的扑救，如建筑物着火、小直径储罐火灾，地面火灾。

5. 沙子

适用于扑救油类或地面火灾。

报警早,损失小;边报警,边扑救;先控制,后灭火;先救人,后救物;防中毒,防窒息,听指挥,莫惊慌。

2.4.3 扑救火灾的一般原则及分类

工艺火灾扑救可分为以下三大类:

(1)可燃气体着火扑救。首先应切断燃烧气体的来源,采用卸压、窒息方式灭火。通常采用蒸汽灭火,特殊情况可采取局部或全厂停车处理,但应注意防止抽负压使火焰进入设备、管道内。

(2)可燃液体着火扑救。可用泡沫、干粉灭火器,火势较大可用蒸汽灭火,灭火时注意有毒液体易使人员中毒。

(3)电气设备、线路着火扑救。首先要切断着火处的供电电源。使用干粉、"1211"等灭火器灭火。

2.5 车间安全用电

2.5.1 车间安全用电要求

(1)要想保证车间用电的安全,手电钻、电锤、气泵等移动式用电设备就一定要安装使用漏电保护开关。漏电保护开关要经常检查,每月试跳不少于一次,如有失灵立即更换。保险丝烧断或漏电保护开关跳闸后要查明原因,排除故障才可恢复送电。

(2)千万不要用铜线、铝线、铁线代替保险丝,空气开关损坏后立即更换,保险丝和空气开关的大小一定要与用电容量相匹配,否则容易造成触电或电气火灾。

(3)用电设备的金属外壳必须与保护线可靠连接,单相用电要用三芯电缆连接,三相用电的用四芯电缆连接。接地保护应与低压电网的保护中性线或接地装置可靠连接,保护中性线必须重复接地。

(4)电缆或电线的驳口或破损处要用电工胶布包好,不能用医用胶布代替,更不能用尼龙纸包扎。不要用电线直接插入插座内用电。

(5)电器通电后发现冒烟、发出烧焦气味或着火时,应立即切断电源,切不可用水或泡沫灭火器灭火。

(6)不要用湿手触摸灯头、开关、插头、插座和用电器具。开关、插座及用电器具损坏或外壳破损时应及时修理或更换,未经修复不能使用。

(7)厂房内的电线不能乱拉乱接,禁止使用多驳口和残旧的电线,以防触电。

(8)电炉、电烙铁等发热电器不得直接搁在木板上或靠近易燃物品,对无自动控制的电热器具用后要随手关电源,以免引起火灾。

(9)工厂内的移动式用电器具,如坐地式风扇、手提砂轮机、手电钻等电动工具都必须安装使用漏电保护开关实行单机保护。

(10)发现有人触电,千万不要用手去拉触电者,要尽快拉开电源开关或用干燥的木棍、竹竿挑开电线,立即用正确的人工呼吸法进行现场抢救。

(11)电气设备的安装、维修应由持证电工负责。

(12)盗窃电力设施危害公共安全,破坏工农业生产,中断群众生活用电,大家都来举报。

2.5.2　触电伤害的形成

触电是人体意外接触电气设备或线路的带电部分而造成的人身伤害事故。人体触电时,通过人体的电流导致合理机能失常或破坏,如烧伤、肌肉抽搐、呼吸困难等,甚至危及生命。触电的危害程度与通过人体电流的大小、持续时间的长短等因素有关,一般认为人体通过 100 毫安电流即可致命。

常见的人体触电形式是单相触电,即人站在地面上,身体触及电源的一根粗线或漏电的电气设备所发生的触电事故。在三相四线制、中性点接地系统中,发生单相触电时人体将承受 220 V 的电压,如果不能迅速脱离,就可能危及生命,即使是在中性点不接地系统中(通常是 10 kV 高压线路)发生单相触电,如导电的风筝线挂在高压线上,手摸坠落的高压线等,也会使人体构成交流通路,通过人体的瞬间电流将造成严重的电击伤。如果人体有两处同时触及三相电源的两根相线,就形成两相触电,这时人体将承受线电压,危险性更为严重。两相触电多发生于电气工作人员操作过程中。

2.5.3　触电急救方法

当看到有人触电时,不可以惊慌失措,要沉着应对。首先,使触电者与电源分开,然后根据情况展开急救。越短时间内展开急救,被救活的概率就越大。

当触电者脱离电源后,如果神志清醒,使其安静休息。如果严重灼伤,应送医院诊治。如果触电者神志昏迷,但还有心跳呼吸,应该将触电者仰卧,解开衣服,以利呼吸;周围的空气要流通,要严密观察,并迅速请医生前来诊治或送医院检查治疗。如果触电者呼吸停止,心脏暂时停止跳动,但尚未真正死亡,要迅速对其进行人工呼吸和胸外按压。具体操作方法和步骤如下:将触电者仰卧在木板或硬地上,解开领口、裤带,使其头部尽量后仰,鼻孔朝天,使舌根不致阻塞气道;再用手掰开其嘴,取出口腔里的呕吐物、黏液等,畅通气道;然后,一只手托起其下颌,另一只手捏紧其鼻子,人工呼吸约 2 秒,使被救者胸部扩张;接着放松口、鼻,使其胸部自然缩回,呼气约 3 秒。如此反复进行,每分钟吹气约 12 次。如果无法把触电者的口张开,则改用口对鼻人工呼吸法。此时,吹气压力应稍大,时间也稍长,以利空气进入肺内。如果触电者是儿童,则只可小口吹气,以免使其肺部受损。

2.6　化工检修安全控制

化工企业生产往往具有温度高、压力高、运转周期长等特点,使生产设备运行一段时间后更易出现磨损、泄漏、破裂、堵塞、变形等问题,对生产造成不利影响。为了保证生产顺利进行,实现安全生产,必须按时、及时地对装置进行检修。因化工介质大多具有流动性,且带温带压、易燃易爆、有毒有害,所以使化工企业检修与其他行业的检修相比具有过程复杂、危险性大的特点。据统计,中国石化集团公司发生的重大事故中,有 42.6% 发生在装置检修过程中。因此,检修作业过程中的安全控制对化工企业来说尤为重要。

2.6.1 化工企业检修特点

因化工生产中各装置、设备、操作单元都是相联系的,是一个有机的整体,单台设备停车检修,会影响到相关设备,甚至会影响到整套系统。而为保证最大效益,企业停车检修时间安排都很紧张,所以造成化工装置检修具有以下特点:

1.工期短、工作量大、任务集中,需进行加班加点作业;

2.场地狭小,人员需进行多工种、多层面交叉作业;

3.涉及项目多,设备、管道多,容易缺项漏项;

4.大量动火、抽堵盲板、进入受限空间等特殊危险作业。

所以,化工企业在开停车及检修过程中很容易造成火灾、爆炸、中毒、化学灼伤、机械伤害等事故。为避免各类事故发生,下面简要分析化工企业如何对设备检修安全进行过程控制。

2.6.2 化工设备安全检修过程控制

要想确保化工设备检修安全,必须对整个检修过程进行控制,可按以下几个阶段进行过程管理:

1.检修前的安全过程控制

化工企业应依据设备运行效能、运行状态、设计维护周期、强检周期等情况确定如何安排设备检修,选择恰当的检修时机是避免设备发生安全事故的关键。

(1)明确管理机构和检修方案

设备检修必须制订检修方案,以保证装置停车、检修、开车过程安全顺利进行。检修方案除应包括检修时间、检修内容、停开车步骤、项目工期安排、施工方法、各负责人员等内容外,还必须包括设备和管线吹扫、置换、抽加盲板方案及其流程图,以及重点项目安全施工方案等,另外还要对检修装置及检修过程进行危害辨识和风险评价,根据辨识和评价结果及经验和相关事故案例,制订检修安全措施和应急响应措施。检修方案必须详细具体,每一步骤都要有明确的要求和注意事项,并指定负责人。方案编制后,指挥部应组织有关人员进行论证,对存在问题修订和完善,确认无误后由生产、技术、设备、仪表、电器、安全等专业部门会签后,报主管领导批准。经批准后的检修方案应向相关单位书面公布,并严格执行。

(2)安全技术交底和安全教育培训

方案编制人应向参加检修的全体人员进行检修方案安全技术交底,使全体人员明确检修项目内容、步骤安排、质量标准、人员分工、注意事项、条件要求,明确可能存在的危险因素及安全措施,必须明确各级人员责任,每项工作必须进行确认和检查,并做好相应记录。

（3）停车安全控制

装置停车及其隔离、吹扫、置换、清洗等工作效果的好坏，直接影响到装置检修能否安全顺利进行，必须引起高度的重视。

为保证检修动火和其他特殊危险作业安全，检修前要对相应设备、管线加装盲板，并对所加装盲板位置绘图并进行编号以防止错堵、漏堵或漏抽，要有专人负责此项工作，加装完成后应有检查人员对盲板加装情况进行检查确认。抽堵盲板前要注意设备及管道内压力是否已降至安全值，残液是否已排净。所加盲板强度应符合要求，盲板应留有手柄，以便于抽堵和检查。

加装盲板后为保证安全还要对设备、管线内易燃易爆、有毒有害介质进吹扫、置换，吹扫、置换一般选用蒸汽、氮气等惰性气体进行。置换可采用自然通风或强制通风的方式，置换后必须保证氧含量、可燃、有毒气体浓度在国家卫生标准允许范围内。对残存物料的排放应采取相应措施，不得随意排放而引发事故或环境污染。

在完成了装置停车、吹扫、置换、清洗和隔离等工作后，还应安排专人对地面、下水沟内的油污进行检测、清理等工作，防止下水系统有易燃易爆气体外逸引起着火爆炸或中毒事故。

2. 检修中的安全过程控制

在化工装置检修过程中，动火、进入受限空间、高处作业等特殊危险作业较多。对这些直接作业环节，更是应该加强管理，严格执行票据许可制度，对开展的作业进行危险分析辨识，充分落实安全防护措施，按照要求进行监测和监护。对于涉及交叉作业的内容应明确现场负责人，统一进行协调指挥，作业过程中要进行操作确认，避免因误操作引发事故。

各专业人员应根据检修方案的整体进度合理安排本专业工作，工艺、设备、电器、仪表等专业均有需要检修期间才能进行的工作，如特种设备、强检仪表的检验、检测，电器、仪表校验和空投试验等。各专业在检修前应充分准备，做好计划安排，做好人员、物资等相应准备，需要外单位进行的工作更要提前联系约定，按时完成专项工作，以确保整体检修工作能按时完成。

3. 检修后的安全过程控制

在检修完成后、开工前，要对完成检修的装置进行全面检查确认，确认装置、阀门、盲板、放空等状态，恢复数量应同停工时准备数量相符，防爆设备经检修后必须恢复其初始防爆等级和状态。确认无误后应对设备装置进行试压、试漏、调校安全阀、调校仪表和连锁装置等，对检修的设备进行单体和联动试车，验收交接。在装置开车的过程中应首先对单体装置进行盘车和单体空载运行试验，系统开工前要进行贯通试压，检查装置畅通情况和严密性，发现问题及时处理；危险物料引进前要用惰性气体置换装置内空气，经化验合格方可引进物料；相应备用设备必须完好以备随时启用。

2.7　机械事故造成的伤害与预防

2.7.1　机械事故造成的伤害

（1）机械设备的零、部件做直线运动时造成的伤害。例如锻锤、冲床、切钣、施压部件、牛头刨床的床头、床面及桥式吊车大、小车和升降等,都是做直线运动的。做直线运动的零、部件造成的伤害事故主要有压伤、砸伤、挤伤。

(2)机械设备零、部件做旋转运动时造成的伤害。例如机械、设备中的齿轮、支带轮、滑轮、卡盘、轴、光杠、丝杠、供轴节等零、部件都是做旋转运动的。旋转运动造成人员伤害的主要形式是绞隽和物体打击伤。

(3)刀具造成的伤害。例如车床上的车刀、铣床上的铣刀、钻床上的钻头、磨床上的磨轮、锯床上的锯条等都是加工零件用的刀具。刀具在加工零件时造成的伤害主要有烫伤、刺伤、割伤。

(4)被加工的零件造成的伤害。机械设备在对零件进行加工的过程中,有可能对人身造成伤害。这类伤害事故主要有:①被加工零件固定不牢被甩出打伤人,例如车床卡盘夹不牢,在旋转时就会将工件甩出伤人;②被加工的零件在吊运和装卸过程中,可能造成砸伤。

(5)手用工具造成的伤害。

(6)电气系统造成的伤害。工厂里使用的机械设备,其动力绝大多数是电能,因此每台机械设备都有自己的电气系统。主要包括电动机、配电箱、开关、按钮、局部照明灯以及接零(地)和馈电导线等。电气系统对人的伤害主要是电击。

(7)其他伤害。机械设备除能造成上述各种伤害外,还可能造成其他一些伤害。例如有的机械设备在使用时伴随着发出强光、高温,还有的放出化学能、辐射能以及尘毒危害物质等,这些对人体都可能造成伤害。

2.7.2 预防原则

严格执行国家有关法规标准;制订安全生产管理制度、安全生产岗位责任制、安全操作规程;定期进行监督检查;加强宣传教育,普及劳动卫生知识,提高领导和工人的自我防护意识。

2.7.3 防治措施

(1)机械设备要安装固定牢靠。

(2)增设机械安全防护装置和断电保护装置。

(3)对机械设备要定期保养、维修,保持良好运行状态。

(4)经常进行安全检查和调试,消除机械设备的不安全因素。

(5)操作人员要按规定操作,严禁违章作业。

(6)进行定期和不定期的安全检查,查出隐患要及时整改和上报。如发现不安全的紧急情况,应先停止工作,再报有关部门研究处理。

第3章

化工单元操作原理

3.1 概　述

化工单元操作的研究对象是过程工业，它把化工生产中具有相同操作的物理过程分解为若干单元，各种单元依据不同的物理化学原理，应用相应的设备，达到各自的工艺目的。例如，化工生产过程常会涉及物料的输送、升/降温、混合物的分离等物理过程，它们具有相同的设备和操作。19世纪末至20世纪初，英国的G.E.戴维斯和美国的A.D.利特尔等明确提出单元操作的概念，奠定了化学工程的学科基础。20世纪50年代，"三传一反"（动量传递、热量传递、质量传递和化学反应工程）概念的提出，在分子水平上建立了单元操作的理论基础，使其从经验上升为科学。20世纪50年代末以来，利用化工系统工程的理论和方法，研究化工过程的优化问题，如各单元操作间的相互影响及合理匹配，能源、物质消耗及环境影响的最小化，化工生产过程的可持续发展策略等，推动化工单元操作向更高阶段发展。常用的化工单元操作及其理论基础见表3-1。

表3-1　　　　　　　　　　　常用化工单元操作及其理论基础

单元操作	用途	操作依据	理论基础
流体输送	流体的加压、升举、输送	流体不同形式的机械能相互转化或外力对流体做功	动量传递
沉降	非均相混合物的组分提取或净化	各组分的密度差异	
过滤	非均相混合物的组分提取或净化	各组分的尺寸和密度差异	
传热	热量的输入或移出、回收、合理利用、设备保温等	流体与加热介质之间的温度差	热量传递
蒸发	使溶液浓缩，获得固体产品或浓缩的溶液	加热介质提供热能，使溶剂汽化	
精馏	分离均相液体混合物	各组分的挥发度差异	质量传递
吸收	分离气体混合物	各组分在溶剂中的溶解度差异	
萃取	分离均相液体混合物	各组分在萃取剂中的溶解度差异	
干燥	从湿物料中除去湿分	加热介质提供热能，使湿分汽化，并将其带走	热、质同时传递

3.2 流体输送单元操作

流体输送是化工生产中最常用的单元操作。对流体做功,完成输送任务的机械或设备,统称为流体输送设备。其作用是克服流动阻力,实现流体从低处输送至高处,或从低压处输送至高压处,或沿管道向远处输送。根据被输送流体的种类不同,流体输送设备分为液体输送设备和气体输送设备两种。由于输送的流体种类繁多,性质千差万别,如强腐蚀性、高黏度、易燃易爆、有毒、易挥发、含有悬浮物;在不同场合下,温度、压力等操作条件也有较大的差别,所以流体输送设备的形式多种多样,规格更是十分广泛。

3.2.1 化工管路、管件和阀门

管道是化工生产装置中不可或缺的一类基础设备,主要用于输送各种物料。不同用途管道的操作参数和所输送介质的性质差别很大,因此管道的材料、布置(如简单管路,并联、串联、分支管路等),以及管件、阀门的选取多种多样。对于给定的输送任务(如一定的流体体积流量)进行管路设计,即在保证安全稳定输送的前提下,使管路的设备及操作费用之和最小。

1. 管子

管子是管道中应用最普遍、用量最大的元件。化工生产中的常用管,按照材料可分为金属管、非金属管和复合管等。金属管是用各种金属材料制成的管子,可分为铸铁管、碳素钢管、合金钢管和有色金属管四类。

铸铁管常埋于地下用作给排水管和煤气管,因其材质脆,不能用于输送水蒸气和有毒有害、易燃易爆的流体。铸造时加入适量的硅、铜、钼、铬和一些稀土元素,可以进一步提高铸铁管的耐腐蚀性,从而可用于输送硫酸等腐蚀性液体。

碳素钢管包括无缝钢管和焊接钢管。无缝钢管是采用穿孔、热轧等热加工方法制造的、不带焊缝的钢管,质地均匀、强度高,是石油化工生产装置中应用最多的管子,可用于输送各种流体。无缝钢管的规格采用"管外直径×壁厚"表示。焊接钢管是由卷成管形的钢板焊接而成,价格便宜,材料利用率高,但耐压性不好。多用于输送水、煤气、空气、采暖蒸汽等压力较低的普通流体,或者用于无缝钢管生产较困难的大直径管道。

合金钢管是采用优质碳素钢、合金钢和不锈耐热钢材料,经冷、热轧制而成的,主要用于高压高温的管道,如高压锅炉、高温过热器和再热器等。

有色金属管主要有铜管、铅管和铝管。铜管是压制和拉制的无缝管,具有质量轻、导热性好、低温强度高、耐腐蚀等优点,常用于制造换热管和低温管路,或用作压力液体输送、仪表管线。铅管是经压机挤压成型的无缝管,具有良好的耐腐蚀性,广泛用于硫酸工业和处理酸性物料的有机工业。铝管是用纯铝或铝合金挤压加工的金属管状材料。质量轻、对氧化性介质、含硫废气、海水均具有较高的耐腐蚀性,但不耐碱腐蚀,多用于输送浓硝酸、醋酸等。

非金属管包括陶瓷管、塑料管、橡胶管等,多用于输送腐蚀性强的物料。陶瓷管的缺点主要是脆性大,难以支撑小口径管子,且不耐高压。塑料管耐腐蚀性强、质量轻、成型加工容易,但强度和耐热性较低。橡胶管具有无毒、耐腐蚀、耐热、耐压、回弹力强等优点,但是易老化,常用于临时管路。

复合管是由两种材料复合而成的管子,常用于特定环境下的耐热、耐磨及耐腐蚀管路。常用的复合管有多种形式,如以碳素钢或铬铝钢为基体(承压、较便宜),内衬不锈钢或塑料、橡胶、玻璃钢、隔热耐磨材料等。

2. 管件

在化工生产中,管件是将管子连接成管路的管道元件。用来改变管道方向,进行管道分支、汇合、缩小、扩大、局部加长,实现特殊连接等作用。根据其与管子连接方式,可分为承插式管件、螺纹管件、法兰管件和焊接管件四类。多用与管子相同的材料制成。常用的管件有弯头、三通、异径管、管堵、管箍等,其实物及用途见表 3-2。

表 3-2　　　　　　　　　　　　　　　常用的管件及其用途

管件	实物图	用途
弯头		改变管路方向,45°、90°及180°最常用
三通		安装在三条相同或不同的管路分支、汇集处,用于改变流体方向
异径管 (大小头)		用于两种不同管径的管道之间的连接,分为同心和偏心大小头两种
管堵 (如管帽、丝堵、盲板)		安装在管端,用来封闭管路或防止管道泄漏。丝堵装在管径内部;管帽套在管径外部;盲板是不带孔的法兰,是一种可拆卸的密封装置
管箍		用来连接两根管子的一段短管,也叫外接头

3. 阀门

阀门是压力管道中重要而结构相对复杂的元件,由多个零部件(如阀芯、阀座和阀杆等)装配而成,用于启闭管道、控制流量、保障管道及设备的安全运行。化工生产中常用的控制阀门有闸阀、截止阀、止回阀、球阀、蝶阀、旋塞阀、疏水阀、安全阀、调节阀等。

闸阀是化工生产中应用最多的阀门之一,主要用于管道的启闭,即只能做全开和全关,不能做调节和节流。如图 3-1 所示,工作时,闸阀的关闭件(闸板)沿阀座密封面做升降运动,接通或截断流体的通路。但当闸阀部分开启时,流体会在阀板背面产生漩涡,引起阀板的冲蚀和振动,阀座的密封面也容易损坏。闸阀的优点是流体阻力小,开闭省力,密封性好,介质没有流向限制;缺点是启闭时间长,安装所需空间大,密封面易损伤。

闸阀结构展示

截止阀是向下闭合式阀门,如图 3-2 所示,阀瓣由阀杆带动,沿阀座中心线做升降运动。阀座通口的变化与阀瓣的行程成正比,因此截止阀具有一定的调节作用,常用于调节阀组的旁路。截止阀结构简单、工作行程小,启闭时间短,密封性好;缺点是流体阻力大,调节性能较差,只允许介质单向流动,不适用于悬浮液、黏度较大或易结焦的介质。

截止阀结构展示

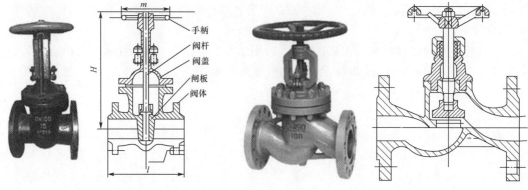

图 3-1　闸阀　　　　　　　　　　　　　图 3-2　截止阀

止逆阀
结构展示

蝶阀结构展示

　　止回阀又称单向阀或止逆阀,只允许介质向一个方向流动。如图 3-3 所示的升降式止回阀,当介质顺流时阀瓣会自动开启;介质反向流动时,流体压力和与阀瓣自重使阀瓣作用于阀座,从而自动关闭,防止流体倒流。安装止回阀时,应注意介质的流动方向与阀体所示箭头方向一致,大型止回阀应独立支撑,使之不受管线产生的压力影响。

　　蝶阀又称翻板阀,用圆形蝶板作为启闭件并随阀杆转动,用以启闭和调节控制流量,如图 3-4 所示。阀瓣(或称蝶板)安装在管道的直径方向,由阀杆带动,绕轴线旋转 90°即可实现启闭;改变蝶板的偏转角度,即可调节介质的流量。在阀杆上加装涡流减速器,可以使蝶板停止在任意位置。蝶阀结构简单,外形尺寸小,可用于大口径的阀门,流体阻力小,启闭力矩小、方便迅速,低压密封性能好,适于安装在油品、给排水、城市煤气、冷热空气等各种腐蚀性、非腐蚀性流体介质的管道上。

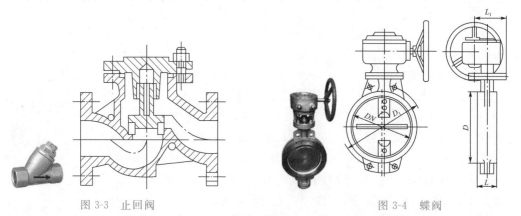

图 3-3　止回阀　　　　　　　　　　　　图 3-4　蝶阀

　　旋塞阀又称考克,如图 3-5 所示,在阀体的中心孔内插入带通孔的栓塞作为启闭件,阀塞随阀杆旋转 90°即可实现启闭。直通式旋塞阀适用于截断和开启介质流体,三通式及四通式旋塞阀适用于流体换向。旋塞阀的优点是结构简单,启闭迅速,不受安装方向的限制;缺点是启闭力矩大,容易磨损,也不能精确地调节流量。通常只用于低压、低温和小口径的场合,也适用于悬浮液。

　　球阀是由旋塞阀演变而来的,如图 3-6 所示,它的启闭件为开有圆柱形孔的球体,球体由阀杆带动,并绕阀体中心线旋转 90°实现启闭。球阀的最大特点是在各种阀门中流体阻力最小,流动特性最好。主要用于启闭、分配和改变介质的流动方向,设计成 V 形开口的球阀具有流量调节功能。

球阀结构展示

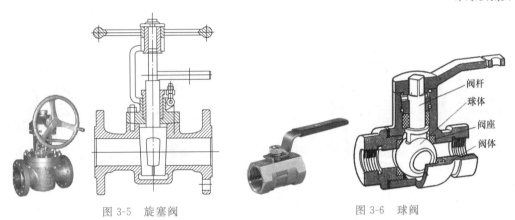

图 3-5　旋塞阀　　　　　　　　　　图 3-6　球阀

　　疏水阀安装在蒸汽加热设备与凝结水回水集管之间,起阻气排水的作用。蒸汽流过管道时产生的冷凝水会造成管道、设备的损坏,或者工作效率的降低。疏水阀可以将蒸汽系统中的凝结水、空气及其他不凝性气体自动排出,并阻止蒸汽泄漏。疏水阀通常基于密度差、温度差和相变三种原理识别蒸汽和凝结水,并分为机械型(如浮球式、倒吊桶式)、热静力型(如双金属片式、波纹管式等)和热动力型(如圆盘式、孔板式等)三种。图 3-7 所示为倒吊桶式疏水阀,利用蒸汽和凝结水的密度不同,进行阀门的自动启闭。疏水阀内部的倒吊桶为液位敏感元件,蒸汽管道刚启动时,管道内的低温凝结水和不凝性气体进入疏水阀内,倒吊桶靠自身重量下坠,倒吊桶连接杠杆带动阀芯开启阀门,凝结水和不凝性气体迅速排出至回水集管。随着蒸汽进入倒吊桶,由于蒸汽密度小而使倒吊桶上浮,倒吊桶连接杠杆带动阀芯关闭阀门。循环工作,间断排水。

　　安全阀是一种自动阀门,广泛用于压力容器、管道和锅炉等压力系统,控制压力不超过规定值,对人身安全和设备运行起重要的保护作用。如图 3-8 所示,当设备处于工作压力范围内时,内部气体作用于阀瓣上的力小于加载机构加在阀上的力,使阀瓣紧压阀座,启闭件处于常闭状态。当设备超压时,安全阀开启,随着设备内气体的排出,设备内压力逐渐降回至正常工作压力,

弹簧式安全阀
结构展示

安全阀自动关闭,避免容器内气体全部排出而造成浪费和生产中断。安全阀应垂直安装,并定期检查。

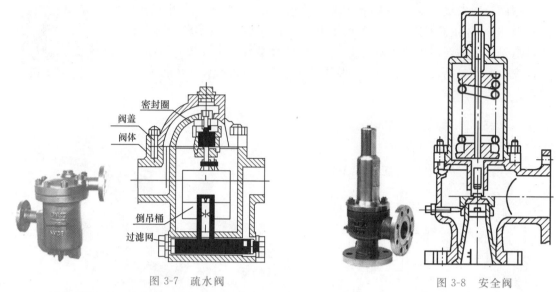

图 3-7 疏水阀   图 3-8 安全阀

调节阀是自动控制系统的控制设备之一，由执行机构和调节机构(或称阀体组件)两部分组成。调节阀的工作原理将在第 5 章中详细介绍。

4.管路

流体输送管路，根据其连接和铺设情况，可分为简单管路和复杂管路，如图 3-9 所示。简单管路是指无分支或汇合的管路，即流体从进口到出口是在一条管路中流动的。整条管路可以是等径的，也可以是不同直径管道连接而成的串联管路。复杂管路通常是指并联、分支及汇合管路。并联管路是几条简单管路的进口端与出口端分别汇合在一起的管路。分支管路是流体由一根总管分流为几根支管，各支管出口处的情况并不相同。汇合管路则是几根支管汇合于一根总管的情况。

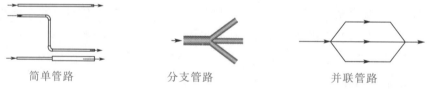

简单管路   分支管路   并联管路

图 3-9 简单管路和复杂管路

旁路(或称支路)常用于泵的出口管路，以及安装特殊元件(如自动调节阀、测量元件等)的管路中。如图 3-10 (a)所示，往复泵出口的旁路一般用于往复泵的流量调节。往复泵的扬程较高，如果仅设出口阀调节流量，容易引起阀门受压过大而不易开启或损坏。设置旁路时，通过旁路阀的开度使部分流量在旁路循环，调节流量，减少流体对出口阀的冲击，出口阀和旁路阀通常不能同时关闭。另外，在小流量时功耗较大的泵(如漩涡泵和轴流泵)，采用旁路调节可以减小功耗，提高经济性。当泵在小流量下运行不稳定时，也可采用旁路以增大泵的吸入口流量，保证泵的安全运行。如图 3-10 (b)所示，在安装特殊元件的管路中，旁路可以保证在检修及元件发生故障时的安全生产。

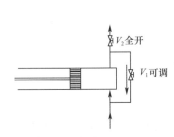

（a）往复泵出口的旁路流量调节

（b）调节阀的旁路

图 3-10　旁路调节

3.2.2　液体输送设备

液体输送设备称为泵。一般根据其流量与压头的关系，分为离心式和正位移式两种。

1. 离心泵

泵的发展史

离心泵是一种最常用的液体输送设备，它的主要结构有叶轮、泵轴、泵壳和轴封装置等，如图 3-11 所示。离心泵多用电动机带动，泵轴带动叶轮及叶片之间的液体旋转。在离心力作用下，叶轮中心形成负压区，使吸入储槽液面上方的压强高于泵吸入口处的压强，液体被吸入叶轮中心。液体随叶轮旋转，被甩向叶轮外缘时获得能量，并随蜗形泵壳流道的扩展，液体速度逐渐下降，静压力逐渐升高，最后沿泵壳切向流入排出管。泵轴与泵壳之间的密封称为轴封，其作用是防止泵内高压液体的外泄及外界空气的渗入。

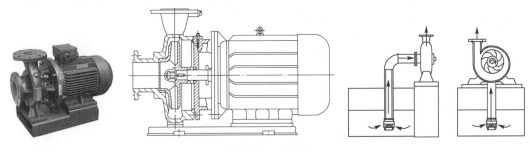

图 3-11　离心泵

离心泵在使用时需要注意：

（1）启动前离心泵内需充满液体（泵的吸入口需安装单向阀），称为灌泵。否则会发生"气缚"现象，即因空气的密度远小于液体的密度，产生的离心力小，所形成的压差也小，不足以将液体吸入泵内。

（2）离心泵具有安装高度限制，并且其流量调节阀需安装在出口管路，以防止"气蚀"现象发生。"气蚀"即随着安装高度增加，当离心泵吸入口处的压强低于液体的饱和蒸气压时，造成液体汽化，而气泡随液体进入叶轮高压区时随即急剧冷凝，产生局部冲击而损坏叶片的现象。

（3）离心泵需采用封闭启动，即启动前要关闭出口阀，以避免电动机启动时极高的瞬时电流造成电动机功率过大而烧坏。

离心泵具有结构简单而紧凑、适用范围广、价格低廉、电动传动和使用方便等优点，成为化工厂中应用最广泛的一种泵。它依靠高速旋转的叶轮完成输送任务，因而易于达到大流量，较难产生高压头。离心泵工作时的流量和压头随管路情况变化而变化。

2. 正位移泵

正位移泵也叫容积式泵，是借助活塞、螺杆、隔膜等的周期性位移来增加或减少工作容积，进行液体输送的泵，如往复泵、计量泵、隔膜泵、螺杆泵等。正位移泵的流量取决于工作容积，与压头无关；压头取决于电动机的功率及泵的机械强度，与管路特性无关。

往复泵结构展示

往复泵是一种往复式正位移泵，其主要部件有泵缸、活塞、活塞杆以及吸入单向阀、排出单向阀，其结构如图 3-12 所示。往复泵的工作原理：在电动机驱动下，活塞自左向右运动时，泵缸内的工作容积增大而形成低压，吸入阀被泵外液体的压力推开，将液体吸入泵缸内。活塞由一端移至另一端为一个冲程。随后，活塞自右向左移动，泵缸内液体受到挤压，压力增大，使吸入阀关闭而排出阀被推开，将液体排出。在化工生产中，当要求压头较高而流量不大时，常采用往复泵。活塞往复一次，吸入和排出液体一次，完成一个工作循环，称为单作用泵。为了增加流量的均匀性，可增加泵缸数和作用数，如采用单缸双作用，双缸双作用等。

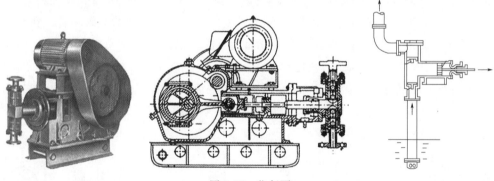

图 3-12　往复泵

往复泵在使用时需要注意：

（1）往复泵吸入时的低压取决于电动机的功率，因此具有自吸能力，启动前不需要灌泵；

（2）往复泵具有安装高度限制，以防止"气蚀"现象发生；

（3）往复泵不能用出口阀调节流量，而应采用旁路调节，启动前打开出口阀，防止压力过大而损坏泵体；

（4）往复泵适于输送高压头、小流量、高黏度液体，不宜于输送腐蚀性液体。

3.2.3　气体输送设备

气体输送设备用于输送气体、产生高压气体以及产生真空，也可分为离心式、往复式等类型，但与液体输送设备相比，气体输送设备具有其特殊性。例如，质量流量一定时，气体的密度小,则体积流量大,相应的输送设备的体积大;气体具有压缩性,在输送过程中,当气体压力逐渐升高时,气体的温度升高、体积缩小,因此气体输送设备常需附带冷却装置,多级输送设备的尺寸常逐级减小。

1. 通风机和鼓风机

通风机和鼓风机主要以输送气体为目的。终压(出口气体压力)不大于 1.471×10^4 Pa(表压),压缩比(气体加压后与加压前绝对压力之比)小于 1.15 时为通风机;终压为 $1.471\times10^4\sim29.42\times10^4$ Pa(表压),压缩比小于 4 时为鼓风机。

工业上常用的通风机主要有离心通风机和轴流通风机两种类型,如图 3-13 所示。轴流通风机所产生的风压很小,一般只作通风换气之用;而离心通风机多用于气体输送。化工生产中常用的鼓风机有离心鼓风机和罗茨鼓风机两种类型,如图 3-14 所示。离心鼓风机又称透平鼓风机,其主要构造和工作原理与离心通风机类似,但由于单级鼓风机不可能产生很高的风压(出

离心通风机

口表压一般不超过 5.07×10^4 Pa),故压头较高的离心鼓风机都是多级的。离心鼓风机的送气量大,但出口压力及压缩比均不太高,不需要冷却装置,各级叶轮直径也大致相同。罗茨鼓风机属于正位移式,其工作原理与齿轮泵相似,依靠两转子的反方向旋转,使气体从机壳的一侧吸入、另一侧排出。罗茨鼓风机的出口应安装气体稳压罐与安全阀,流量采用旁路调节,出口阀不能完全关闭。操作温度不超过 85 ℃,否则会引起转子受热膨胀,发生碰撞。

　(a)离心通风机　　(b)轴流通风机　　　(a)离心鼓风机　　(b)罗茨鼓风机

图 3-13　通风机　　　　　　　图 3-14　鼓风机

2. 压缩机

压缩机是将低压气体提升为高压气体的一种流体机械,化工生产中常用的压缩机主要有离心压缩机和往复压缩机两类,如图 3-15 所示。

　　(a)离心压缩机　　　　　　(b)往复压缩机

图 3-15　压缩机

离心压缩机常称为透平压缩机,其工作原理与离心鼓风机相似,不同之处是离心压缩机

的叶轮级数多(通常 10 级以上),转速也较高(一般在 5 000 r/min 以上),因而能够产生更高的压力,压缩比大于 4。由于气体压缩比较高,温度升高显著,离心压缩机常分成几段,叶轮直径和宽度逐渐缩小,段间设置中间冷却器(常采用水冷),以免气体温度过高。离心压缩机具有流量大、体积小、供气均匀、运动平稳、易损部件少和维修较方便等优点。但制造精度要求高,流量偏离设计点时效率降低。

往复压缩机属于正位移式,其工作原理与往复泵相似。当压缩比大于 8 时,通常采用多级压缩。往复压缩机的排气口必须连接储气罐,以缓冲排气的脉动,使气体输出均匀稳定。储气罐上必须安装压力表和安全阀。吸入管路要安装过滤器,以免吸入灰尘,磨损活塞和汽缸等部件。往复压缩机运转过程中必须注意汽缸的冷却与润滑。调节排气量的方法是部分地关闭进气阀,或采用旁路调节。往复压缩机的优点是使用压力范围广,对材料的要求低,易维修,热效率高,技术成熟;缺点是排气不连续,易造成气流脉动,转速不高,运转时产生较大振动,结构复杂,易损件多。

3. 真空泵

真空泵是从设备或系统中抽出气体,使其中的绝对压强低于大气压的输送机械。化工生产中常用的真空泵有往复真空泵、水环真空泵和喷射泵,它们的结构如图 3-16 所示。

(a)往复真空泵   (b)水环真空泵   (c)喷射泵

图 3-16   真空泵

往复真空泵的构造和工作原理与往复压缩机基本相同。它属于干式真空泵,即若抽吸气体中含有大量蒸气时,必须将可凝性气体通过冷凝或其他方法除去之后再进入泵内。往复真空泵也不适用于含有颗粒的气体,必须安装过滤器以除去颗粒。

水环真空泵工作
原理示意

水环真空泵属于湿式真空泵,泵体中装有适量的水作为工作液。偏心安装的叶轮在圆形壳体中旋转时,由于离心力作用,将水甩至壳壁上形成水环,使抽吸的气体不与泵壳直接接触,因此常用于抽吸腐蚀性气体。叶轮每旋转一周,叶片间的容积即改变一次,叶片间的水就像活塞一样反复运动,实现吸气、压缩和排气。水环真空泵可以抽吸带颗粒的气体、可凝性气体和水汽混合物,但是效率低(30%~50%),受结构和工作液体饱和蒸气压的限制,真空度较低。

喷射泵工作原理

喷射泵利用流体流动时的静压能与动能相互转换原理吸送流体。它可用于吸送气体或液体。喷射泵的工作流体可以是蒸汽(蒸汽喷射泵),也可以是水(水喷射泵)或其他流体。工作流体以极高速度从喷嘴中喷出,在喷嘴口处形成低压而将流体吸入。吸入的流体与工作流体混合后流经扩大管,流速逐渐降低,静压力升高,最后至压出口排出。喷射泵结构简单,使用方便;但产生的压头小,效率低,且被输送的流体因与工作流体混合而被稀释,使其应用范围受到限制。

3.3　传热单元操作

　　传热是化工生产过程中非常重要的单元操作,许多物理和化学过程都涉及传热。传热问题可归纳为强化传热、削弱传热、温度控制以及能量优化等几种类型。例如,为了强化气体自然对流传热而广泛采用的翅片式换热器,可以减小换热器尺寸、降低能耗;为实现化工生产设备的保温或保冷,要求尽可能地削弱传热;为控制化学反应或者蒸发、蒸馏和干燥等单元操作的温度,需要向反应器或者相应设备输入或移出热量;生产过程中热量的合理利用、废热回收,可以提高能量的利用率。

　　工业生产中所用的换热器按其用途可分为加热器、冷却器、冷凝器、蒸发器和再沸器等。根据冷、热流体热量交换的原理和方式不同,分为直接接触式(混合式)换热器、蓄热式换热器、间壁式换热器三种,其中间壁式换热器的应用最广泛。

3.3.1　直接接触式换热器

　　直接接触式换热器,也称为混合式换热器,即冷、热两种流体直接接触,相互混合传递热量。该类型换热器结构简单,传热效率高,适用于冷、热流体允许直接混合的场合。常见的设备有冷却水塔、洗涤塔、文氏管及喷射冷凝器等。图 3-17 所示为冷却水塔的结构。

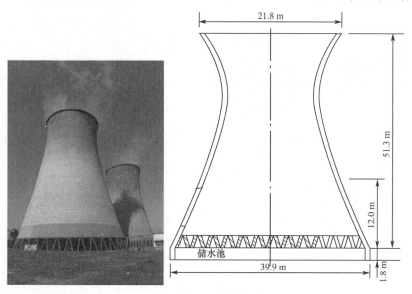

（a）自然通风冷却水塔

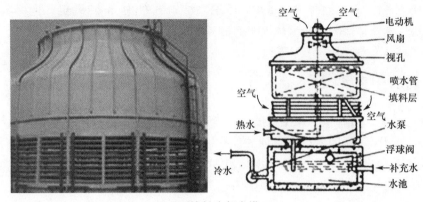

（b）填料冷却水塔

图 3-17   冷却水塔

3.3.2   蓄热式换热器

蓄热式换热器是将冷、热两种流体交替流过固体蓄热材料，借助蓄热材料的较大热容量来积蓄和释放热量，实现热量传递。如锅炉中的回转式空气预热器（图 3-18）、全热回收式空气调节器等。此类换热器结构简单，耐高温，常用于高温气体的热量回收或冷却。其缺点是设备体积庞大，而且不能完全避免两种流体的混合。

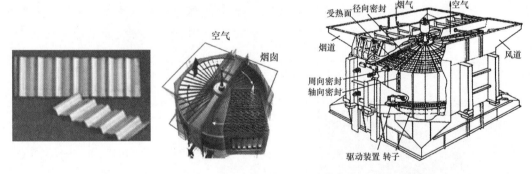

图 3-18   回转式空气预热器

3.3.3   间壁式换热器

间壁式换热器中，冷、热流体被固体壁面隔开，互不接触，热量由热流体通过壁面传给冷流体。该类型换热器适用于冷、热流体不允许混合的场合。间壁式换热器应用广泛，形式多样，各种管式和板式结构的换热器均属于间壁式换热器。

1.列管式换热器

列管式换热器又称为管壳式换热器，是最典型的管式间壁式换热器。它的突出优点是单位体积设备所提供的传热面积大，传热效果好，结构坚固，适应性较强，操作弹性大。列管式换热器历史悠久，至今仍占据主导地位，尤其在高温、高压和大型装置中应用得更为普遍。列管式换热器主要由壳体、管束、管板和封头等部分组成。如图 3-19 所示，壳体多呈圆形，内部装有平行管束。管程流体在管内流动,壳程流体在管外流动,管束的壁面即为传热面,冷、热两种流体隔着固体壁面传热,即热流体以对流传热方式把热量传递给壁面,热量以导热方式在壁面内传递,壁面又以对流传热方式把热量传递给冷流体。间壁式换热的原理如图 3-20 所示。列管式换热器中可以设置分程隔板以增加壳程或管程的数目(例如图 3-21 所示的双管程换热器),设置折流挡板(图 3-22)以提高壳程流体的湍动程度。

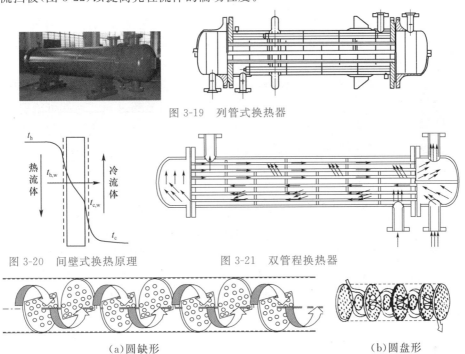

图 3-19　列管式换热器

图 3-20　间壁式换热原理　　　　　图 3-21　双管程换热器

（a）圆缺形　　　　　　　　　　　　　（b）圆盘形

图 3-22　折流挡板

根据管束与管板的连接形式不同,可以分为固定管板式(图 3-19)、浮头式(图 3-23)和 U 形管式(图 3-24)。固定管板式换热器的管束两端均固定在管板上,结构简单。浮头式换热器的一端管板不与壳体相连,可以沿管长方向自由浮动。管束可以从壳体中拆卸出来,便于清洗和检修。浮头式换热器应用较多,但其结构比较复杂,金属耗量多,造价也较高。U 形管式换热器的一端为 U 形管,结构简单,但管程不易清洗,只适用于洁净而不易结垢的流体,如高压气体。

浮头式换热器
结构展示

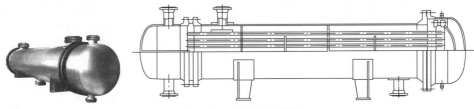

图 3-23　浮头式换热器

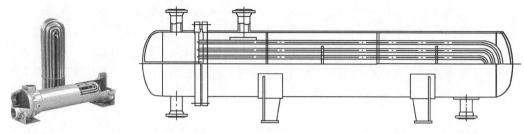

图 3-24　U 形管式换热器

U 型管式换热
器结构展示

列管式换热器操作时,由于冷、热两流体温度不同,导致壳体和管束的热膨胀程度不同而产生热应力。如果两者温差超过 50 ℃,就可能引起设备变形,甚至扭曲或破裂。因此,必须在结构上采用各种热补偿措施,消除或减小热应力。固定管板式换热器可以在壳体上加设膨胀节,浮头式、U 形管式换热器因其管束一端可以自由伸缩,本身即具有热补偿功能。

2. 板式换热器

板式换热器由一组波纹形的金属薄板平行排列,相邻薄板之间衬以垫片,并用框架夹紧组装而成。每块板四角开有圆孔,形成流体通道。冷、热流体交替地在板片两侧流过,通过板片进行换热,如图 3-25 所示的平板式换热器。板式换热器的传热表面可以紧密排列,因此具有结构紧凑、材料消耗少、传热系数高、操作灵活、检修清洗方便等特点,但一般不能承受高压和高温。对于压力较低、温度不高或腐蚀性强而须用贵重材料的场合,板式换热器显示出很大的优越性。

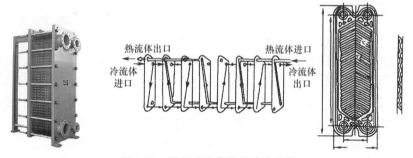

图 3-25　平板式换热器及其波纹板

螺旋板式换热器(图 3-26)由两张平行的薄钢板卷制而成,其内部形成一对同心的螺旋形流道。一般有一对进、出口设在圆周边上(接管可为切向或径向),而另一对设在圆鼓的轴心上,冷、热流体容易达到逆流流动,提高传热推动力。螺旋板式换热器具有结构紧凑、传热系数高、单位体积具有的传热面积大等优点;但检修困难,操作温度、压力不能太高。

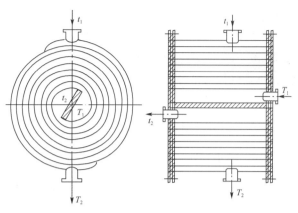

图 3-26 螺旋板式换热器

板翅式换热器是更为紧凑的、传热效果更好的板式换热器。它是由隔板和各种类型的翅片构成的板束组装而成。如图 3-27 所示,在两块平行薄金属板间夹入翅片,两边以封条密封,组成一个单元体。各个单元体又以不同的叠积适当排列,并用钎焊固定,成为常用的逆流或错流板翅式换热器组装件(或称为板束)。再将带有集流进、出口的集流箱焊接到板束上,成为板翅式换热器。常用的翅片主要有光直型翅片、锯齿型翅片和多孔型翅片三种。翅片增大了传热面积,提高了流体的扰动。因此,板翅式换热器具有结构紧凑、传热系数高、轻巧牢固、适应性强等优点;其缺点主要是制造工艺复杂,容易堵塞,压降大,清洗检修困难等。板翅式换热器适用于换热介质无腐蚀、不易结垢堵塞的场合。

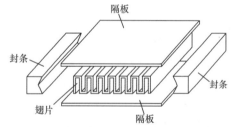

图 3-27 板翅式换热器

3.4 蒸发单元操作

蒸发是使溶液浓缩的单元操作,广泛应用于化工、医药、食品等工业。例如将溶液浓缩后,冷却结晶,用以获得固体产品(如烧碱、抗生素、糖等);浓缩溶液获得纯净的溶剂产品(如海水淡化)或者浓缩的溶液产品。

蒸发是传热过程,溶有不挥发性溶质的溶液被加热至沸腾,其中的部分溶剂汽化被除去,而溶液得以浓缩。蒸发器是一种特殊的换热器,其主体由用于传热的加热室和用于气液分离的蒸发室两部分组成。此外,还配有除沫器和冷凝器,以进一步分离液沫,全部冷凝二次蒸气。减压操作时还配有真空装置。蒸发器可分为循环型和单程型两类。其中,循环型蒸发器,溶液在

外加热式蒸发器

降膜式蒸发器

蒸发器中做循环流动。根据引起循环的原因不同,又可分为自然循环和强制循环(适用于黏度大、易结晶、易结垢物料)两类。单程型蒸发器中,溶液在蒸发器中只通过加热室一次,不进行循环,特别适用于热敏性物料的蒸发。图3-28所示为外热式自然循环蒸发器和降膜式单程蒸发器。

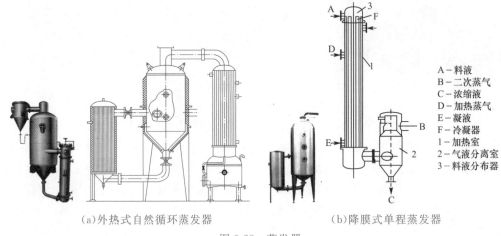

A-料液
B-二次蒸气
C-浓缩液
D-加热蒸气
E-凝液
F-冷凝器
1-加热室
2-气液分离室
3-料液分布器

(a)外热式自然循环蒸发器　　　　　　(b)降膜式单程蒸发器

图 3-28　蒸发器

3.5　分离单元操作

在化工生产中,常需将原料、中间产物或粗产物进行分离,以获得符合工艺要求的化工产品或中间产品。分离过程是将一种或几种组分的混合物分离成至少两种具有不同组成产品的过程。分离方法可分为机械分离和传质分离两类。

3.5.1　机械分离单元操作

机械分离用于非均相混合物的组分提取或净化,主要依靠混合物各组分的尺寸和密度差等物理性质差异,在重力、离心力、压力差等推动下,用简单的机械方法完成物料的分离,如沉降和过滤单元操作。

1. 沉降

沉降是依靠混合物各组分的密度差异,分离非均相混合物的机械分离方法。根据推动力为重力或离心力的差异,可分为重力沉降和离心沉降。典型的重力沉降设备有降尘室和沉降槽,如图3-29所示。降尘室用于分离气体中的尘粒,由于设备直径扩大,气体流速降低,颗粒因密度大而与气体分离。沉降槽用于分离悬浮液或乳浊液,料浆经水平挡板折流后沿径向扩展,速度减小,沉降至底部排出,清液经溢流堰溢出。重力沉降速度较小,流体的停留时间长,设备的体积较大,常用于分离尺寸较大(如大于 $75\ \mu m$)的颗粒。

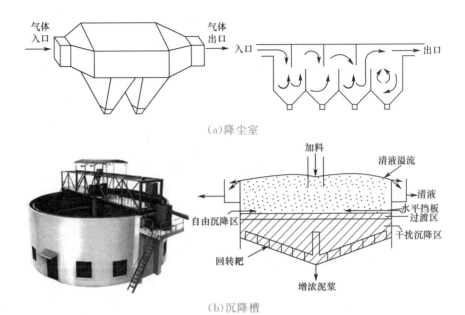

（a）降尘室

（b）沉降槽

图 3-29　降尘室和沉降槽

离心沉降设备在离心力场中进行非均相混合物的分离。适用于分离密度或尺寸较小、用重力沉降不易分离的颗粒。由于离心力可调，也可用于颗粒的粒径分级。如图3-30所示的旋风分离器，是工业上常用的分离和除尘设备。它主要由进气管、上圆筒、下部的圆锥筒、中央升气管组成。含尘气体从进气管沿切向进入，受圆筒壁的约束旋转，向下做螺旋运动。气体中的尘粒密度大于气体密度，所受离心力较大，因此尘粒随气体旋转向下，同时在惯性

旋风分离器工
作示意动画

离心力的作用下向器壁移动，最后沿器壁落入圆锥底的排灰斗。气体旋转向下，到达圆锥底部附近时，因阻力增大而转入中央升气管旋转向上，最后从顶部排出。旋风分离器的结构简单，无运动部件，操作不受温度、压力限制，分离效率较高，一般用来除去气体中直径大于 $5\ \mu m$ 的颗粒。

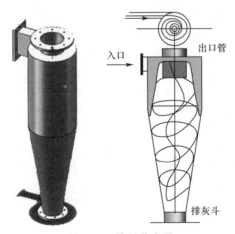

图 3-30　旋风分离器

离心沉降机用于液体非均相混合物(乳浊液或悬浮液)的分离。其转速可以根据需要调整,对于难分离的混合物可以选用转速高、离心分离因数大的设备,所以这类设备适用于分离比较困难的体系。较常见的离心沉降机有转鼓式、碟片式和管式等,如图 3-31 所示。

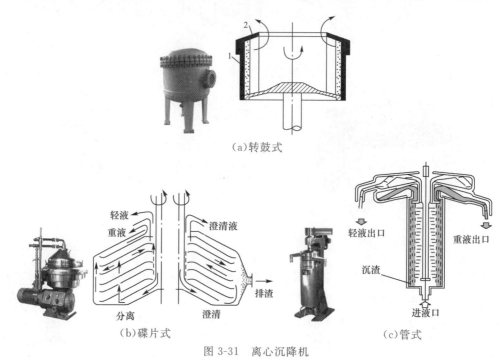

图 3-31　离心沉降机

2. 过滤

过滤是从悬浮液中分离出固体颗粒的一种单元操作。在外力作用下,悬浮液中的液体通过多孔介质的孔道,固体颗粒被截留下来,从而实现固、液分离。过滤操作的方式主要有滤饼过滤和深层过滤两种,如图 3-32 所示。滤饼过滤时,颗粒因尺寸大于过滤介质的孔道,或因架桥作用而被截留在过滤介质表面,形成饼状沉积物;深层过滤时,颗粒尺寸小于过滤介质的孔道,但在流动过程中黏附在孔道壁上,适用于悬浮液中颗粒含量少的场合,如自来水的净化。过滤操作所处理的悬浮液称为滤浆,所用的多孔物质称为过滤介质(当过滤介质是织物时,也称为滤布),通过介质孔道的液体称为滤液,被截留的物质称为滤饼或滤渣。

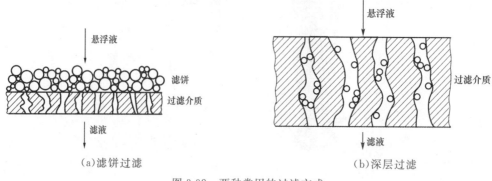

图 3-32　两种常用的过滤方式

　　如图 3-33 所示为常用的板框式过滤机、叶滤机和回转真空过滤机。板框式过滤机和叶滤机是间歇操作设备,每个操作循环由组装、过滤、洗涤、卸渣、清理五个阶段组成。板框式过滤机将滤布包裹的框与板交替地置于架上并压紧。滤浆由泵压入,经滤框上角孔道并行进入各个滤框。滤液分别穿过滤框两侧的滤布,沿滤板板面的沟道排至滤液出口。固体物则积存于框内形成滤饼,逐渐填满整个滤框。滤饼经洗涤后,松开板框,取出滤饼并清洗滤布及板框,准备下一个循环。板框过滤机的优点是结构简单紧凑、过滤面积大而占地面积小、操作压强高、滤饼含水量少、对各种物料的适应能力强;缺点是间歇操作,劳动强度大,生产效率低。叶滤机的滤叶浸没在滤浆中,在压力差作用下,滤液穿过滤布进入滤叶内部,再从排出管引出,滤饼则沉积于滤叶外部表面,滤饼可用振荡器或压缩空气卸下。叶滤机的优点是设备紧凑,密闭操作,每次循环滤布不需装卸,劳动力省;缺点是结构相对较复杂,造价较高。回转真空过滤机是工业上应用最广的一种连续操作的过滤设备。转筒安装在中空的转轴上,表面围以金属网和滤布,下部浸入滤浆。转筒沿圆周分隔成若干个互不相通的扇形格,每格都有单独的孔道与分配头转动盘上相应的孔相连。旋转一周时,转筒表面的每一部分,都依次经历过滤、洗涤、吸干、吹松、卸渣等阶段,完成一个操作周期。

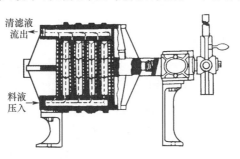

板框式压滤机
的过滤和洗涤

（a）板框式过滤机

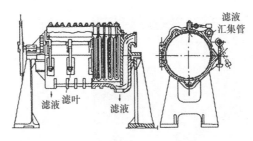

叶滤机的构造

（b）叶滤机

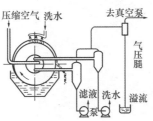

回转真空过滤机

（c）回转真空过滤机

图 3-33　过滤机

3.5.2 传质分离单元操作

传质分离是分离均相混合物的主要方法,以质量传递为基础。在均相混合物中加入能量(如加热)或质量(如溶剂)分离剂,使均相混合物产生相分离,依靠组分在相际间的传递(气-液传质、液-液传质等),实现均相混合物中各组分的分离。如精馏、吸收、萃取、干燥、吸附、膜分离等单元操作。

1. 气-液传质单元操作

精馏是化工生产中分离均相液体混合物的典型单元操作,应用最为广泛。精馏分离是根据溶液中各组分挥发度(或沸点)的差异,使其中各组分得以分离。将均相液体混合物加热,使之部分汽化,形成气液两相。当气液两相趋于平衡时,由于混合物中易挥发组分的挥发性能强(沸点较低),气相中易挥发组分的含量必然比原来溶液高,而残留液相中的易挥发组分含量比原来溶液低,使均相液体混合物得到一定程度的分离。同理,若将获得的气相部分冷凝,难挥发组分会更多地转移到液相中,而气相中易挥发组分的含量相对原气相有所增加,即原气相得到了一定程度的分离。

典型的板式精馏塔结构如图 3-34(a)所示。原料由设在塔中的进料板加入,塔釜的釜液被再沸器加热,部分汽化,在压力差作用下返回塔内,作为塔内的气相回流,上升至塔顶后由塔顶冷凝器将其全部冷凝。塔顶蒸气中富含易挥发组分,将其冷凝液的一部分作为塔顶产品即馏出液采出,另一部分作为塔顶的液相回流返回塔内。回流液依靠重力从塔顶沿塔流下,在下降过程中与来自塔底的上升蒸气在多块塔板上进行多次逆向接触和汽(液)化分离,使混合物中的组分达到较高程度的分离。回流液流至塔底部时,被再沸器加热,部分汽化,而未汽化的液相则作为塔底产品采出。

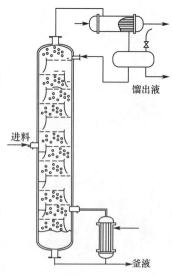

(a)板式精馏塔

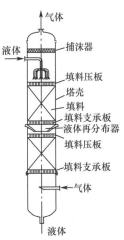

(b)填料吸收塔

图 3-34 用于精馏和吸收操作的气-液传质设备

塔板是气液两相接触传质的场所,精馏塔的塔板一般从上至下排序,塔内任意第 n 层板上的气液两相组成如图 3-35 (a)所示。进入第 n 层板的液相来自上一层$(n-1)$塔板,其流量为 q_{nLn-1};进入第 n 层板的气相来自下一层$(n+1)$板的上升蒸气,其流量为 q_{nVn+1}。两相的组成分别为 x_{n-1}、y_{n+1}。两相温度不同$(t_{n+1} > t_{n-1})$,且互不呈相平衡关系。当两相在第 n 层板上相互接触时,会同时发生传热和传质过程。液相被加热,部分汽化,液相中的易挥发组分因挥发能力强,向气相转移;而气相被部分冷凝,气相中的难挥发组分向液相转移。气液两相每接触一次,就进行一次部分汽化和部分冷凝过程,使气相中的易挥发组分得到一次增浓,液相中的难挥发组分得到一次浓缩。在液相继续下降的过程中,在每层塔板上逐级发生气液两相的接触传质过程,使下降液体中的易挥发组分被上升气相不断提馏出来,即其难挥发组分不断增浓。到达塔底时,液相中难挥发组分的浓度增至最高。只要塔板数足够多,气相回流量足够大,即可从塔底获得高纯度的难挥发组分产品。同理,气相在逐级上升的过程中,与流下的液相多次接触进行传热、传质而得到精制,使其中的难挥发组分不断向液相中转移,同时液相中易挥发组分向气相中转移。随气相逐级上升,其中的易挥发组分不断增浓。到达塔顶时,气相中的易挥发组分浓度达到最高。只要塔板数足够多,塔顶的液相回流量足够大,在塔顶即可获得所要求纯度的易挥发组分产品。塔板上的多次部分汽化和部分冷凝作用,使精馏塔实现混合物的高纯度分离。

吸收是从气体混合物中分离出一种或多种组分的常用单元操作。吸收操作中,将混合气与某种溶剂(或称吸收剂)接触,利用混合气中各组分在溶剂中的溶解度差异或与溶剂中活性组分的化学反应活性差异,使易溶组分溶解于溶剂中而与气体分离。气体吸收过程的实质是溶质由气相到液相的质量传递过程。工业上的吸收过程是在吸收塔内进行的,如图 3-34(b)所示的填料吸收塔。在逆流吸收过程中,吸收剂从塔顶加入,靠重力向下流动,并在填料表面形成液膜;气相从塔底进入吸收塔,在压力差的作用下向上流动,并与液膜充分接触,在各组分溶解度差异的传质推动力作用下进行质量传递。吸收操作也可以采用并流、部分溶剂再循环等多种流程。

侯德榜制碱法

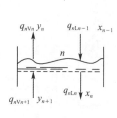

（a）气液两相组成

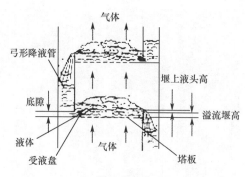

（b）塔板的结构

图 3-35 塔板的结构及气液相组成

2. 气-液传质设备

化工生产中使用的气-液传质设备多为塔设备,其主体结构是一个圆筒状塔体,塔体内部装有传质元件及其他附属结构,两相流体在塔内的传质元件上进行充分接触传质,实现混合物的组分分离。按照传质元件的结构特征,可以将塔设备分为板式塔和填料塔。

（1）板式塔

板式塔是精馏、吸收以及萃取过程中应用最早的塔设备之一,技术上较为成熟,是目前工程中应用的主要塔设备之一。其主要优点是塔的生产能力大、操作稳定且具有较大的操作弹性、造价低、制造维修方便。

精馏塔设备
的发展史

板式塔由塔体、裙座、塔板、除沫装置、设备管道和塔附件等几部分组成,其中塔板(也称塔盘)是其核心部件,通常由气体通道、降液管和溢流堰三部分组成。如图 3-35(b)所示,圆筒形塔体内水平设置一定数量的塔板,塔板上均匀开有一定数量的气体通道,供气体自下而上穿过板上的液层流向塔顶,形成气相回流。每层塔板设有降液管,是液体逐层向下流动至塔釜的通道,形成液相回流。塔板上的溢流堰能维持塔板上一定高度的液层,保证气液两相在塔板上形成足够的相际传质面积。塔板是完成气液两相

板式塔(普通浮
阀塔)结构展示

传质、传热的场所,气液两相每经过一层塔板,即完成一个分离级的操作,两相浓度均发生一定的变化。正常操作时,板式塔内气液两相在每层塔板上成错流流动,在整个塔高方向成逆流流动,两相流体的组成沿塔高呈阶梯式变化。因此,板式塔是一种逐级接触式传质设备。板式塔的种类繁多,并以气体通道类型加以命名,如泡罩塔、筛板塔、浮阀塔等,其塔板结构及特点见表3-3。

表 3-3   常用的塔板类型

名称	示意图	结构及工作原理	优点	缺点	应用
泡罩塔板		气体通道由升气管和泡罩组成,经升气管穿过塔板,在泡罩的顶端回转并沿泡罩底端的缝隙均匀地进入塔板上的液层,进行两相传质	气液负荷变动较大时也具有较好的操作性能,不易堵塞	结构复杂,制造成本高,阻力大	历史上应用广泛,近年来逐渐被其他类型的塔板取代

（续表）

名称	示意图	结构及工作原理	优点	缺点	应用
筛孔塔板		气相通道为塔板上冲压出的均匀分布的筛孔（直径 3～8 mm 或 10～25 mm）	结构简单、造价低、阻力小、效率较高	需控制筛孔气速，避免筛孔处发生液体的大量泄漏	应用日趋广泛的常用塔板之一
浮阀塔板	阀片　凸缘　塔板上的孔　浮阀"腿"	阀孔上安装阀片，根据气速自动调节开度，避免严重漏液或流动阻力过大；气体通过阀孔上升，经阀片与塔板的间隙沿水平方向进入液层传质	兼具泡罩塔板和筛孔塔板的优点，操作弹性大、生产能力大、塔板效率高	易结焦、高黏度物料易黏结阀片与塔板；浮阀易脱落或被卡住，降低塔板效率和操作弹性	应用最广泛的一种塔板

（2）填料塔

填料塔是化工传质分离单元操作的主要设备之一。与板式塔相比，填料塔具有生产能力大、分离效率高、压降小、操作弹性大、塔内持液量小等突出特点，因而在化工生产中得到广泛应用。特别是近 20 年来新型高效塔填料和新型塔内件的成功开发，使其广泛应用于分离过程。

填料塔由塔体、填料、（再）分布器、栅板以及气（液）体进出口等部件组成。如图3-34(b)所示，圆筒形塔体底部装有填料支承板，填料以散堆或规整堆砌的方式放置在支承板上。填料的上方安装填料压板，防止填料被上升气流吹动。气相从塔底进入，通过塔底的气体分布装置沿塔截面均匀分布并沿填料层的空隙向塔顶流动。液相从塔顶经液体分布器均匀地淋洒在填料层上，直径较大或填料层较高时，还需要分段设置液体收集及再分配装置，防止由于液体向塔壁集中（壁流效应）造成气液两相在填料层中分布不均，使传质效率下降。气液两相通过填料表面形成的液膜进行相际质量传递。正常操作下，填料塔内气液两相的组成沿塔高连续变化，属于微分接触式气-液传质设备。

塔填料是填料塔中气液接触的基本构件，是决定填料塔操作性能的主要因素。按填料的结构及其使用方式，可分为散堆填料和规整填料两大类。散堆填料是将具有一定几何形状和尺寸的填料，随机地堆积在塔内；主要有环形填料、鞍形填料、环鞍形填料及球形填料；所用的材质有陶瓷、塑料、石墨、玻璃以及金属等。规整填料是由许多尺寸和形状相同的材料组成填料单元，以整砌的方式装填在塔体中；主要包括板波纹填料、丝网波纹填料、格利希格栅填料和脉冲填料等，其中尤以板波纹填料和丝网波纹填料应用居多；所用材料主要有金属、陶瓷、金属丝网和塑料丝网等。表 3-4 列出了常用的塔填料。

填料塔结构展示

表 3-4   常用的塔填料

名称		示意图	结构	优点	缺点	应用
散堆填料	环形填料	拉西环	外径与高相等的小圆环	结构简单,加工方便,造价较低	孔隙率小且分布不均,气液相通过能力小,传质效率较低	最早使用的塔填料,使用日趋减少
		鲍尔环	在拉西环的圆环壁上开两层矩形孔,开孔部分向内弯曲形成舌片	气流阻力小,液体分布均匀,传质效率较高	—	应用广泛,性能优良
		阶梯环	鲍尔环的改进结构,具有较小的高径比和锥形翻边结构	填料之间呈点式接触,处理能力大,传质效率高	—	是目前环形填料中性能最为优良的一种
	鞍形填料	弧鞍形	马鞍形状,流动阻力小,表面全部敞开,利用率高	—	结构对称,填料表面易重叠,传质效率低	目前工程上应用较少
		矩鞍形	两面不对称结构,克服弧鞍形填料易重叠的缺点	具有较好的液体分布性能和传质性能	—	—
		环矩鞍形	将环形填料和鞍形填料的结构特点集于一体	气体通过能力大、传质效率高	—	性能优良,应用广泛
	球形填料		塑料材质,由许多板片或格栅构成的球体	填料床层均匀,气液相分布性能好	—	—
规整填料	板波纹填料		由金属薄板先冲孔后,再压制成波纹状的若干片波纹板,平行叠合而成圆盘单体	气体通量大,流体阻力小,传质效率高,加工制造方便,造价较低	—	目前十分通用的高效规整填料之一
	丝网波纹填料		以细密的丝网为材质制成的与板波纹填料相类似结构的规整填料	密集丝网的毛细作用,使液体易润湿伸展成膜,表面积较大,传质效率较高	材质较贵,造价较高	特别适合难分离物料,在精密精馏和真空蒸馏中应用广泛

（续表）

名称	示意图	结构	优点	缺点	应用
格栅填料		由一些垂直、水平或倾斜的板条组成，在垂直嵌板上设有左右交替排列的水平突边，格栅由金属嵌板点焊连接而成	填料层孔隙率大，因而其气相通量大，流体阻力小，填料抗污染和抗堵塞能力强	传质效率较低	一般应用较少

3. 液-液萃取单元操作

液-液萃取，简称萃取，通过组分在液-液相际进行质量传递而分离混合物，是分离均相液体混合物的常用单元操作。将液体混合物与某种溶剂（或称萃取剂）接触，形成部分互溶（或完全不互溶）的两个液相，利用液体混合物中各组分在液体溶剂中的溶解度差异，使各组分在两相中重新分配，溶解度大的组分更多地传递到液体溶剂相中，从而实现混合物的分离或提纯。

萃取操作可以在液-液传质设备中进行。与气-液传质相比，液液两相密度差远小于气液两相密度差，且随溶质含量的增加，混合液浓度趋近于临界混溶点，两相密度差迅速下降，使得驱动两相流动的推动力随之减少，湍动减缓，影响萃取操作的分离效率和生产能力。常用的萃取设备有混合-澄清槽和塔式萃取设备。

（1）混合-澄清槽

混合-澄清槽问世最早，目前仍广泛使用。如图 3-36 所示，它由混合器和澄清槽组成。原料液和溶剂同时加入混合器内，经搅拌器搅拌，其中一液相均匀地分散到另一液相中，在相际接触中发生传质。由于原料液的各组分在溶剂中的溶解能力不同，使各组分在溶剂相和原溶剂相中重新分配。然后将混合物导入澄清槽沉降分相，即形成重相和轻相（萃取相和萃余相）。重相和轻相分别从排出口引出。为进一步分离混合物，可将多个混合-澄清槽按逆流或错流流程组合，属于逐级接触式操作，所需级数按分离要求确定。混合-澄清槽具有结构简单，处理量大，级效率高，对物料适应性好，容易放大和多级连续操作等优点，其缺点是占地大，溶剂储量大，由于需要动力搅拌装置和级间的物流输送设备，因此设备费和操作费较高。混合-澄清槽广泛应用于湿法冶金工业、原子能工业和石油化工工业，尤其在所需级数少、处理量大的场合，具有一定的实用性和经济性。

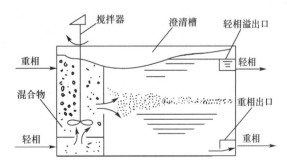

图 3-36　混合-澄清槽

（2）塔式萃取设备

液-液萃取也可以在板式塔、填料塔等设备中按照逐级接触式或微分接触式进行。另外，还可以根据萃取操作的特点，设计专门的塔式萃取设备，如喷洒塔、转盘萃取塔等。塔式萃取设备中，通常一个液相作为连续相，另一个液相以液滴的形式分散在连续相中进行传质。分散的两相进行相对流动，以实现液滴的凝聚和两相分层。因此，塔式萃取设备具有液体分散装置，以提供连续相和分散相的传质条件，另外，塔顶和塔底设计足够的分离空间，保证两相的分层。不同的塔式萃取设备分别采用了不同的结构和方式，以促进两相的混合和分离。常见的塔式萃取设备见表 3-5。

表 3-5　　　　　　　　　　　　常见的塔式萃取设备

名称	示意图	结构及工作原理	优点	缺点	应用
喷洒塔	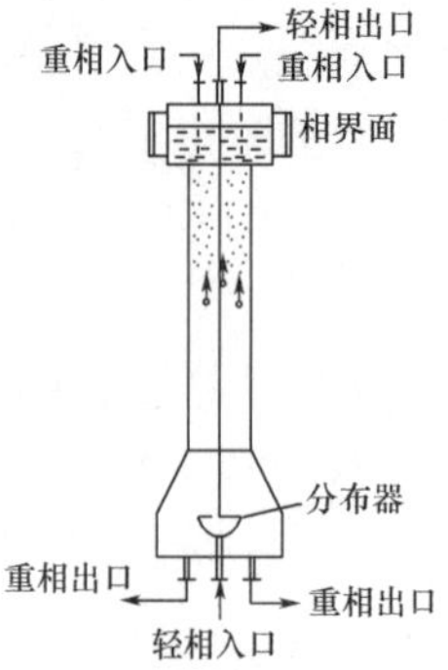 轻相出口、重相入口、重相入口、相界面、分布器、重相出口、重相出口、轻相入口	微分接触式。轻、重两相分别从塔底和塔顶加入，由于两相密度差而逆向流动	无塔内件，阻力小，结构简单，投资费用少，易维护	轴向返混严重，相际接触面积小，接触时间少。无液滴凝聚和再分散作用，传质效率低	可用于水洗、中和或处理含有固体的悬浮物系
筛板萃取塔	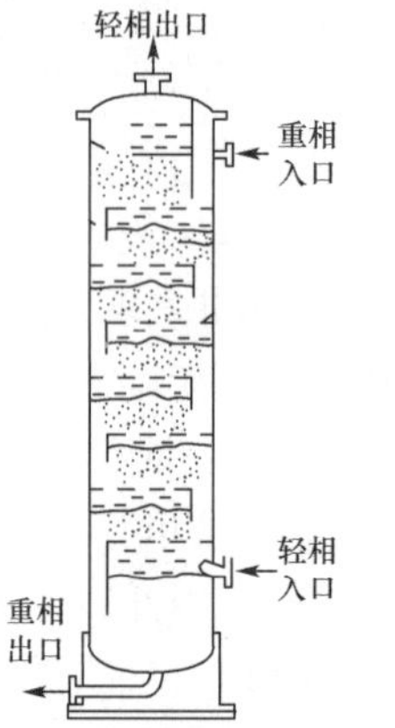 轻相出口、重相入口、轻相入口、重相出口	逐级接触式。分散相液滴穿过多块筛板上的连续相液层时，多次分散、凝聚，直至塔两端澄清、分层、排出	结构简单，造价低廉	级效率较低	适用于所需理论级数少，处理量大，物料具有腐蚀性的萃取过程
填料萃取塔	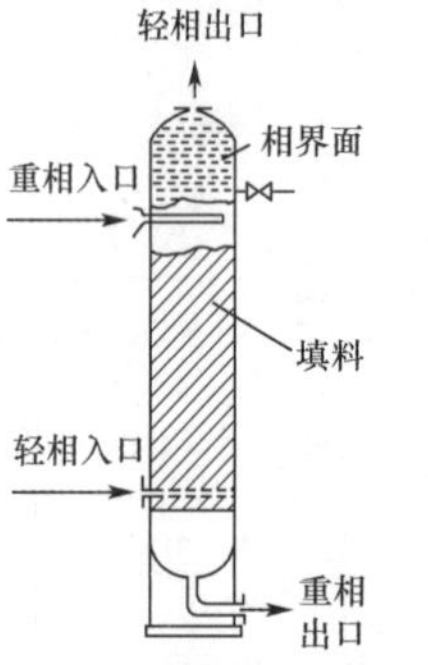 轻相出口、相界面、重相入口、填料、轻相入口、重相出口	微分接触式。两相在填料表面接触传质，连续进行分散、凝聚，促使表面不断更新，抑制轴向返混	结构简单，造价低廉，操作方便	级效率较低	各种高效填料的开发，促进了填料萃取塔的应用

（续表）

名称	示意图	结构及工作原理	优点	缺点	应用
转盘萃取塔	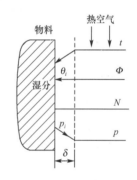 轻相出口 相界面格子板 重相入口 固定板 转盘 轻相入口 格子板 重相出口	多层环形固体挡板将塔分成多个小空间，抑制轴向返混。同轴圆盘以高速转动，造成连续相的湍流和分散相液滴的破裂或合并，促进表面更新	结构简单，造价低廉，操作弹性和通量较大，易于实现连续、间歇以及逆流、并流操作，传质效率较高	动设备加工强度及精度要求高，维护工作量大	常用的萃取设备，在石化工业应用较广；也可处理含固体的物料，或作为化学反应器

4. 干燥单元操作

干燥是利用热能除去固体物料中湿分（水或有机溶剂）的单元操作。如图 3-37 所示，在对流干燥过程中，由于干燥介质（常用热空气，也可采用高温烟道气、过热蒸汽或其他惰性气体）的温度高于物料表面的温度，热量以对流方式从干燥介质传至物料表面，再由表面传至物料的内部；同时，干燥介质中的湿分分压低于固体物料表面的湿分分压，湿分汽化并通过物料表面扩散至干燥介质的主体，而湿物料内部的湿分以液态或气态透过物料层扩散至表面。因此，干燥是传热和传质同时进行的单元操作。

工业上常用的对流干燥器包括厢式干燥器、气流干燥器、流化床干燥器以及喷雾干燥器等。厢式干燥器是使用最早的干燥设备，主要是以热风通过湿物料的表面而达到干燥的目的。图 3-38 所示为水平气流厢式干燥器，湿物料放置在多层长方形浅盘

图 3-37　热空气与物料间的传质与传热

上，新鲜空气由风机抽入，经加热后沿挡板均匀地进入各层之间，平行流过湿物料表面，进行传热、传质。控制空气的流速（常用范围为 1~10 m/s），使物料不被气流带走。厢式干燥器的优点是结构简单，适应性强，物料损失小，盘易清洗；主要缺点是物料不易分散，产品质量不均匀、干燥时间长，工人劳动强度大，热效率低。厢式干燥器多应用在小规模、多品种、干燥条件变动大、干燥时间长的场合。

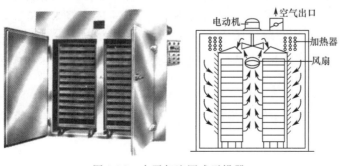

图 3-38　水平气流厢式干燥器

流化床干燥器中,颗粒在热气流中呈流态化,上下翻动,彼此碰撞、混合,气、固间进行传热、传质,以达到干燥目的。图 3-39 所示为多层流化床干燥器,湿物料逐层下落至最下层后排出,热空气则由床底送入,并向上通过各层,由床顶经旋风分离器回收其中夹带的粉尘后排出。流化床干燥器中,气、固接触表面积大,颗粒间搅混充分,传热、传质效率高,设备简单,无运动部件,易于操作控制。

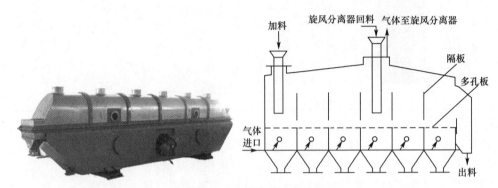

图 3-39 多层流化床干燥器

气流干燥也称"瞬时干燥"。气流干燥器主要由空气加热器、加料器、干燥管、旋风分离器和风机等设备组成,基本流程如图 3-40 所示。热空气进入干燥管底部,将加料器连续送入的湿物料吹散、悬浮,气、固间接触表面积大,传热、传质效率高。由于干燥介质的上升速度大于湿物料最大颗粒的沉降速度,形成气力输送床,减少了产品的输送装置,缩短了物料在干燥管中的停留时间(仅 0.5~3 s)。干燥后的物料随气流进入旋风分离器,产品由下部收集,湿空气经袋式过滤器(或湿法、电除尘等)回收粉尘后排出。气流干燥器适宜于处理含非结合水及结块不严重又不怕磨损的粒状物料,尤其适宜于干燥热敏性物料或临界含水量低的细粒或粉末物料。其缺点是系统流动阻力较大,且需配备粉尘收集装置,增加了动力消耗和设备成本。

喷雾干燥器用于液体物料的干燥,是发展最快、应用最广泛的一种干燥设备。如图 3-41所示,在直立圆筒式干燥室中,液态物料通过雾化器分散成细小的液滴,在热气流中自由沉降并迅速蒸发,最后被干燥为固体颗粒与气流分离。大颗粒收集到干燥器底部后排出,细粉随气体进入旋风分离器后分出。废气在排空前经湿法洗涤塔(或其他除尘器)洗涤以提高回收率,并防止污染。喷雾干燥器的优点是干燥时间短(一般只需 3~10 s),适用于处理热敏性物料以及溶液、悬浮液、浆状液体等多种物料,可以直接获得干燥产品,过程易于连续化、自动化,有利于减轻粉尘飞扬,改善劳动环境。其缺点是热效率低、设备占地面积大、成本高、对除尘回收设备要求高。

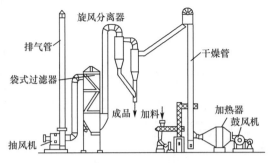

图 3-40　气流干燥器

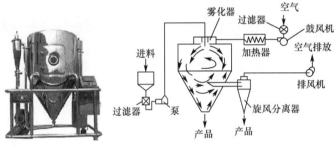

图 3-41　喷雾干燥器

参考文献

[1]李淑芬，王成扬，张毅民. 现代化工导论[M]. 北京:化学工业出版社，2011.

[2]张玉清，王新德. 化工工艺与工程研究方法[M]. 北京:科学出版社，2008.

[3]大连理工大学. 化工原理[M]. 2 版. 上. 北京:高等教育出版社，2009.

[4]大连理工大学. 化工原理[M]. 2 版. 下. 北京:高等教育出版社，2009.

[5]徐瑞云，陈桂娥. 化工实践[M]. 上海:华东理工大学出版社，2012.

[6]潘艳秋，吴雪梅. 化工原理. 下册. 北京:化学工业出版社，2017.01.

第4章

化工工艺过程原理

4.1 合成氨生产工艺

4.1.1 氨的介绍

1. 氨的用途

大连理工大学与
我国大化肥

随着人类生存和发展的需求增加,带来了对粮食和基本化工原料的需求增加。合成氨是粮食作物生长所需氮元素的基本载体,更是最基本的化工原料和制冷工质。

氨作为无机化工原料的典型用途如下:

由此可见,我们必须加快合成氨工业的发展,增加产量,以满足人类不断增长的需求。

2. 氨的发现

17世纪中期,英国的普林斯特(Priestly)加热氯化铵(卤砂,sal ammoniac)与石灰时出现的新物质被命名为氨(ammonia)。三十年后,法国的伯索雷特(C. L. Berthollet)证实了氨由氮、氢元素组成。后历经几代人的持续努力,试图将氮气、氢气直接合成为氨,始终未果。

3. 合成氨的发展

哈伯合成氨法

18世纪中期,气体反应动力学、化学热力学、催化科学等学科的迅猛发展,使得化学家能够在多学科支持的平台上综合性、系统性地研究氢气、氮气直接合成为氨的化学反应,包括其可能性和过程机理。

19世纪初,德国化学家哈伯,历经近十年努力,首次将氢气、氮气直接合成为氨,并将其转化率提高到6%。他的研究提出了经典的结论:氢气、氮气合成氨过程的平衡系数随合成的压力升高而增大,随温度的升高而减小。哈伯研究的工艺流程框架是：将氢气、氮气在高温下通过催化剂床层，先完成部分合成反应，其产物气体经过低温提取分离出氨组分，未反应的氢气、氮气与补充的新鲜气体，重复循环通过催化剂床层，进一步参与循环反应。整个过程在高压下完成，同时进入催化剂床层的原料气体的升温过程，是通过离开催化剂床层含产物氨混合气体的加热来完成的。混合气体中氨的低温提取分离过程，是采用蒸发成品氨来降温、冷凝混合气体中氨组分的方法来实现的。哈伯将这种氢气、氮气直接合成为氨的方法定义为"循环合成法"，为此他申报了专利，这就为后来的合成氨工业化流程奠定了理论基础。哈伯在科研上实现的工业化设想，受到了当时工业化诸多因素的限制，其工艺流程所需条件也倍显苛刻。首先是可用于工业化的廉价催化剂的获取，其次是原料氢气对金属材料严重腐蚀的问题。在德国巴斯夫（BASF, Badische Anilin und Soda Fabrik）公司的鼎力支持下，授权布什（Carl Bosch）对合成氨实现工业化的可行性技术，实施了大量的研究。主要是在催化剂的选择和使用方面，先后尝试了 2 500 多种催化剂的组合配方，综合分析、系统研究了催化剂的活性和毒性机理，经过 20 000 多次的巨大工作量的努力，最终确定了采用廉价的 α-铁系列催化剂，同时探明了对这种催化剂有害的物质是硫、氧和含氧化合物。在设备防腐方面采用纯铁衬里的方式，缓解了氢气对碳钢的腐蚀性问题。为此，布什在巴斯夫公司的大力支持下，经过持续的努力，奠定了合成氨工业化的基础。

　　哈伯开拓性的基础研究成果与布什辉煌的工业化基础进程的完美结合，实现了人类直接用氢气、氮气合成氨工业化的伟大创举。采用哈伯-布什法实现工业化合成氨的第一套装置建成于 1913 年，位于德国巴斯夫公司所在地以北的澳宝（Oppau），当时的产量是 30 t/d。

4. 合成氨工业的成熟

　　哈伯-布什法奠定的合成氨工业的基石，后经欧美一些国家的部分改进，使它逐步走向完善和成熟，这阶段主要针对合成氨工艺流程和反应器内部结构做了更加实用的补充。主要有法国的克劳德（George Claude）高压法，较大幅度地提高了合成氨的平衡常数，按此工艺建设的合成氨厂，1929 年所产氨占当时世界合成氨产量的 9%。还有著名的意大利的卡萨里高压法，主要针对合成气中的氨采用了冷凝分离的方法，而不是哈伯采用的水洗分离法。这样使循环气中含有部分氨，这部分氨占有部分分压，在循环进入合成塔后大大降低了反应热量，使得催化剂寿命延长，更有利于工业化。同时改进了合成氨反应器的结构，设置内外两层壳体，外壳体与内壳体［催化剂框（触媒框）壳体］间设置了环隙通道，低温工艺氢气、氮气沿环隙通道进入反应器内的流程方法，大大降低了外壳体的温度。并且提出了催化剂框内设置中心管，内装电加热器，供开工加热提高催化剂床层的反应温度，使反应器的工艺结构更加适用化。在 1927 年所建的合成氨厂中，这种结构的反应器占 19%，至 20 世纪 50 年代合成氨单系列生产已有相当的规模，达到 400 t/d 的产量。

5. 合成氨大型工业化

　　合成氨工业的技术模式在 20 世纪 60 年代以后随着大型工业离心机的密封关键环节的突破，将可用汽轮机驱动的大型离心式压缩机引入合成氨装置，替代了往复式压缩机，使合成氨工业的产量取得了又一次飞跃。美国凯洛格公司在 1963 年建成了 540 t/d 的合成氨装置；1966 年，进一步将产量扩大到 900 t/d，并突显出大型合成氨装置具有投资少、成本低、占地少和劳动生产效率高等优点，从此奠定了大型合成氨工业发展的方向。

经过近 20 年的发展，新建的合成氨装置大多为 1 000～1 500 t/d 的规模。1972 年，建于日本千叶的合成氨装置规模已达到 1 540 t/d。在此期间我国也陆续引进了数十套年产 30 万吨规模的合成氨生产装置，每套合成氨装置同时配套年产 54 万吨合成尿素的装置，构成了我国氮肥工业的主体框架。目前世界最大的合成氨装置生产规模已达年产 130 万吨，建设在委内瑞拉的 Ferti Nitro 公司。2009 年丹麦的托普（Topso）索公司宣布将为澳大利亚 Perdaman 化工和化肥公司，在澳大利亚西部的科利（Collie）地区建设尿素项目，该项目是以煤为原料的大型合成氨-尿素综合项目，其中合成氨单系列生产能力为 3 500 t/d，是目前全球最大的单线合成氨装置。

4.1.2　合成氨生产中的安全提示

1.氨的物理性质

常温、常压下，氨是具有强烈刺激性的无色气体。气氨相对空气较轻：以空气密度为 1 的相对密度为 0.596 7，临界温度为 132.4 ℃，临界压力为 1.13×10^4 kPa，密度为 0.235 g/mL；液氨的密度为 0.638 5 g/mL（0～4 ℃），蒸发潜热为 1 205.09 J/g（15 ℃）。

2.氨的毒性及中毒

液氨经口入：0.15 mL/kg；气氨经呼吸入：5×10^{-3} kg^{-1} 会引起中毒。吸入氨轻度中毒会出现医学上的鼻炎、咽炎、气管炎、支气管炎病症。表现为咽喉灼痛、咳嗽、咳痰、咯血、胸闷、胸骨后面疼痛等。吸入氨重度中毒会出现喉头水肿、声门狭窄、呼吸道黏膜脱落、气管阻塞、窒息，还可能直接出现肺水肿症状。

眼睛和皮肤接触氨的症状是：低浓度氨能刺激眼睛，能迅速产生湿润皮肤的刺激作用；高浓度氨将灼伤眼睛，引起疼痛、水肿、膨出、白内障、眼睑与眼球粘连、结膜炎、失明，还能引起严重的化学灼伤，使皮肤出现咖啡样着色，呈软性胶状，破坏皮肤深层组织。

3.氨中毒应急处理

对于眼睛和皮肤接触中毒者，应立即用清水或生理盐水清洗接触部位 20 分钟以上，并及时就医。对于吸入者应立即将其撤离到通风、洁净区，提供必要的氧气输入，并及时就医。

4.1.3　合成氨原料的来源

1.氢气的来源

合成氨工业所用氢气的来源可根据其工艺流程所确定的原料路线来确定。一般由含碳氢化合物的一次能源提供氢组分，如天然气、煤炭、石油。

2. 氮气的来源

氮气来源是大气中的氮组分,可采用化学或物理的方法获取大气中氮组分加以利用。化学方法是指在引入空气时,燃烧除掉氧气,剩余氮气。物理方法是指先将空气液化,再根据液氧、液氮的沸点不同,用蒸馏分离的方法提取氮气。

3. 合成氨工业生产技术路线

合成氨工业生产的技术路线由造气、净化、合成、产品氨分离四部分组成。

(1)造气:就是要造出合成氨所需要的氢气和氮气。

对于造氢气,主要是用含碳氢化合物的原料或含氢组分的原料,在所提供的能量(温度、压力)作用下,将其分子结构破坏后,重新组合成新的化合物,使其主要产出原料氢气和部分二氧化碳、一氧化碳等。

对于造氮气,主要是引入空气,经物理或化学方法处理,将氧气、氮气分离,得到原料氮气组分。

(2)净化:就是将造气过程中产生的对后续工艺有害的物质净化除掉,可依据不同的工艺流程选用不同的工艺方法。

有害物质主要是引起后续工艺催化剂中毒的物质,针对合成氨反应器内部的铁系列催化剂的有害物质主要有:硫、氧、含氧化合物(流程中涉及的水、一氧化碳、二氧化碳)。

(3)合成:就是将纯净的氢气、氮气合成为氨。

纯净的氢气、氮气在合成氨反应器内,在催化剂和高压、高温下合成为氨。为保证合成氨工业的连续、稳定生产,控制其转化率约为 15%,压力为 $15 \sim 30$ MPa,温度为 $450 \sim 500$ ℃。

(4)产品氨分离:就是将已经转化为氨气的组分,从反应混合物中分离出来,获得产品。

现代合成氨工业仍然采用经典的低温、冷冻分离方法,用氨制冷单元系统将合成产物混合气体中的氨气组分冷凝为液氨,未转化的氢、氮原料气体循环使用。

4.1.4　天然气制氢合成氨工艺(凯洛格流程)

1. 简介

我国"六五"期间,首批引进了八套美国凯洛格(Kellogg)公司的年产 30 万吨合成氨生产装置,每套装置配年产 54 万吨合成尿素生产装置,主要用于解决我国的农业化肥之需。

凯洛格合成氨生产装置采用中压(4 MPa)、高温工艺流程,其中合成回路采用高压(15 MPa)循环流程,该流程具有合理的温度、压力升降趋势,节能效果明显。

以凯洛格合成氨装置为主工艺流程的配置有蒸汽锅炉水系统、仪表风系统、工艺冷却水系统、空气过滤系统、惰性气体处理系统、燃料气系统等。

引进的凯洛格合成氨装置,以天然气、水蒸气、空气为原料,采用加压催化法生产无水液氨和气态二氧化碳,设计能力为无水液氨 1 000 t/d、气态二氧化碳 1 286 t/d。

凯洛格流程装置配置的蒸汽发生装置,其产出的 252 000 kg/h 的 10.5 MPa 蒸汽产量可以满足该装置工艺过程所需蒸汽和主要动力设备所需蒸汽。

2. 凯洛格合成氨装置工艺流程

凯洛格合成氨流程如图 4-1 所示。

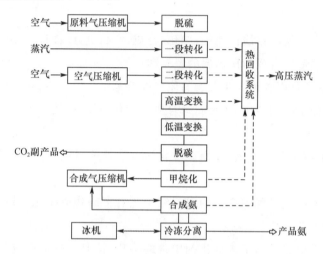

图 4-1　凯洛格合成氨流程

凯洛格流程装置中主要设备及管道的符号和颜色标记如下:

符号:B—炉子;C—换热器;D—反应器;E—塔器;F—罐和槽;J—泵和压缩机。

颜色:红色—蒸汽;紫红色—高压蒸汽;绿色—水;黄色—氨;黑色—二氧化碳;蓝色—空气。

4.1.5　合成氨生产工艺流程

1. 造气系统

造气系统由天然气脱硫、一段转化、二段转化、高低温变换工艺组成。

(1)原料天然气的压缩与脱硫

该工序的作用是清除天然气中的硫化物。因为硫化物对各道工序中的催化剂非常有害,同时对设备、管道的材料有腐蚀作用。

首先将天然气中所含的有机硫用氢气还原成无机硫(H_2S),主要有以下反应过程:

硫醇去除:　　　　　　$R-SH+H_2 \longrightarrow RH+H_2S$

硫醚去除:　　　　　$R-S-R'+2H_2 \longrightarrow RH+R'H+H_2S$

二硫醚去除:　　　$R-S-S-R'+3H_2 \longrightarrow RH+R'H+2H_2S$

噻吩去除:　　　　$C_4H_4S+4H_2 \longrightarrow n\text{-}C_4H_{10}(正丁烷)+H_2S$

硫氧化碳去除:　　　　　$COS+H_2 =\!=\!= CO+H_2S$

二硫化碳去除:　　　　$CS_2+4H_2 \longrightarrow CH_4+2H_2S$

将有机硫全部用氢气还原成无机硫后,脱除无机硫的反应为

$$H_2S+ZnO =\!=\!= ZnS+H_2O$$

原料天然气的压缩与脱硫工艺流程如图 4-2 所示。原料天然气经压缩机吸入罐 116-F、油滴过滤器 101-L,除去凝析油和夹带的水分。经原料气压缩机 102-J 压缩至 4.0 MPa,再经一段转化炉 101-B 对流段的盘管预热到 400 ℃左右。正常操作时与来自普里森(Prism)系统进合成气压缩机 103-J 二段缸入口的富氢气体混合;普里森停运时,还原氢气可由 103-J 一段缸出口的含有氢气的少量循环气混合提供。这样,4.0 MPa、400 ℃、含氢气约 5% 的原料气进入加氢转化反应器 101-D。与氢气混合的原料气自上而下通过两层钴钼催化剂床层,将不易脱除的有机硫全部还原成无机硫(H_2S)。含有 H_2S 的天然气经两台并联(切换使用)的氧化锌脱硫反应器 108-Da、108-Db 进行脱硫反应。脱硫后的天然气中,残硫量控制在 5×10^{-7}(0.5 mg/L)。

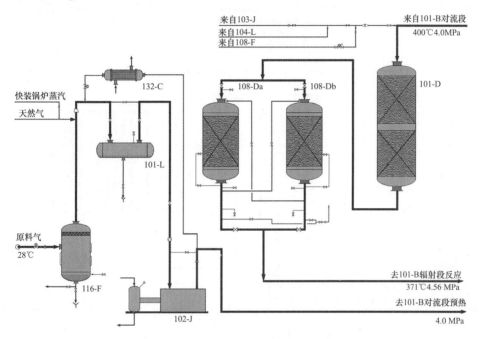

图 4-2　原料天然气的压缩与脱硫工艺流程

(2)原料气的加压蒸汽转化

该工序的作用是把天然气中的甲烷转化为 CO、H_2 和 CO_2。其中,H_2 是合成氨的原料之一,CO 尚需在下道工序进一步转化。原料气的加压蒸汽转化工艺流程如图 4-3 所示。

本流程采用轻烃蒸汽两段转化法,其中一段转化反应为

$$CH_4 + H_2O(气) \longrightarrow CO + 3H_2 - Q$$

$$CH_4 + 2H_2O(气) \longrightarrow CO_2 + 4H_2 - Q$$

同时还发生 CO 变换反应:

$$CO + H_2O(气) = CO_2 + H_2 + Q$$

脱硫后的天然气与来自中压工艺蒸汽管网的温度 316 ℃、压力 3.7 MPa 的过热蒸汽混合,为防止一段反应生焦,阻塞催化剂床层,要将过热蒸汽控制在过量状态。混合后的反应

物气体去一段转化炉 101-B 的对流段预热,使温度升到 510 ℃。预热后混合气体分成 9 路进入一段转化炉的 9 根进气支管,每根支管有 42 根转化炉管,气体由上猪尾管(消除热膨胀结构)分别进入 378 根转化炉管。每根炉管内上、下部分别装有 16×6 mm 和16×16 mm拉西环结构的镍系列催化剂,气体自上而下通过催化剂床层,在高温下进行转化反应。转化后原料气中的甲烷含量由约 90% 降到约 9%。

一段转化炉所用的燃料是天然气及少量吹出气、驰放气和部分石脑油,与空气混合后,由一段转化炉顶部的 160 个烧嘴喷射燃料,燃烧供热。

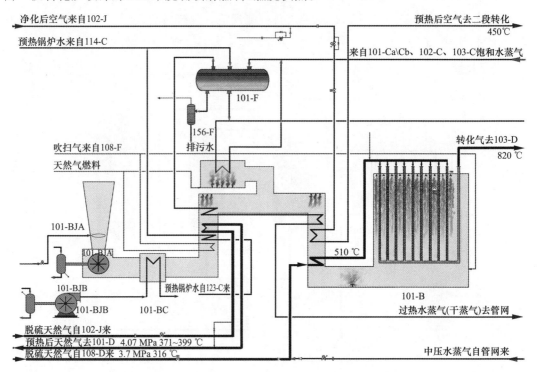

图 4-3 原料气的加压蒸汽转化工艺流程

(3)一段转化炉结构

凯洛格结构一段转化炉由辐射段和对流段组成,其中辐射段完成转化过程,对流段完成热量回收过程。

辐射段结构如图 4-4 所示,一段转化炉辐射段呈长方形,长、宽、高各约 13 m、16 m、10 m。除转化炉管外,还有其他一些组成部分,其中上集气管和上猪尾管设置在炉体的上部,下集气管和上升管在炉内。

由于炉管在 800~900 ℃下操作,热膨胀量较大,一般热态要比冷态长 150~250 mm。为此,炉管与其他管线的连接采用挠性连接,即用含碳量较低、挠性较好的细合金管作为连接管,称为"猪尾管",使炉管有自由伸缩的余地。凯洛格型转化炉只有上猪尾管,连接上集气管和反应炉管,在炉管热膨胀时起弹性补偿作用。

炉管的下端直接焊在一根水平的下集气管上,每 42 根炉管成为一排,汇合于一根下集气管内,每一个管排的中间位置设置上升管,日产千吨的转化炉有管排 9 组,9 个上升管集中于炉顶上的一个输气总管 107-D。一段炉的热量来自炉顶的 160 个烧嘴,分成 10 排与转化管排相间排列。在炉底砌有 10 个烟道,与炉顶 10 排烧嘴相对,并与 9 个下集气管相间排列。炉体的外壳是钢板,炉墙及炉底内砌保温块,最里层是绝热耐火砖,靠钢板上的挂钩固定。炉顶的耐火砖挂在钢梁上,上铺保温材料。

对流段结构:对流段也是辐射段燃烧的烟道,位于辐射段的一侧。烟道气在这里先自下而上流动,在最高处与辅助锅炉来的烟道气汇合,又从上而下流动,由位于地面的风机抽入烟囱放空。整个对流段呈 JI 型。

对流段主要用来回收辐射段产生的烟道气热量,在对流段中,按烟道气流动方向,依次把热量通过盘管传热给工艺原料气、工艺空气、过热蒸汽、锅炉给水、燃料天然气和助燃空气。烟道气热量被回收,其温度由 1 038 ℃ 分段下降,最终达 130 ℃,最后由引风机抽至烟囱而排空。其流程分布如图 4-5 所示。

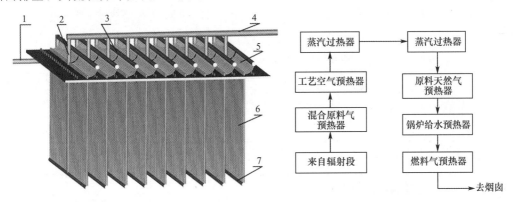

图 4-4　辐射段结构

1—进气总管;2—上升管;3—上集气管;4—输气总管;

5—上猪尾管;6—反应炉管;7—下集气管

图 4-5　烟道内设置 6 组盘管分布

对流段内各组盘管的安装顺序是根据被加热流体的温度高低而制定的。盘管内流体流动方向与管外烟道气呈逆流。

对流段各加热器的尺寸需要仔细地设计确定。加热器尺寸过小时,完成不了预热的热负荷,尺寸过大时又会使管子内物料预热温度过高。可以采取控制使用烟道烧嘴的个数,控制辅助锅炉的燃烧量,以及蒸汽过热器高温段之前设冷空气进口(防止蒸汽过热器超温)等方法进行调节。

(4)二段转化

二段转化反应:将未转化的天然气进一步转化为 CO、H_2 和 CO_2,转化所需更高的温度是靠引进空气燃烧,燃烧掉 O_2,同时获得 N_2 组分。在引进空气燃烧时,应考虑引入空气的量,使氢、氮的比例控制在接近 3∶1。燃烧掉 O_2 满足转化反应所需热量的同时也额外获得了大量的热量,可供热量回收系统回收再利用,产生高压蒸汽,为装置提供动力和原料水蒸气。

二段转化反应器内的反应：

$$2CH_4+O_2 \longrightarrow 2CO+4H_2+Q$$

$$2H_2+O_2 \Longrightarrow 2H_2O(气)+Q$$

$$2CO+O_2 \Longrightarrow 2CO_2+Q$$

$$CH_4+H_2O(气) \longrightarrow CO+3H_2-Q$$

从一段转化炉管出来的工艺气，由9根下集气管汇集后经9根上升管，温度又提高约10 ℃，达到830 ℃。再经输气管107-D进入二段转化炉103-D的顶部，与预热到450 ℃的工艺空气在103-D顶部的混合器处混合，发生剧烈的燃烧反应，产生约1 200 ℃的高温，提供残余甲烷进一步转化所需的热量。1 200 ℃的高温气体，自上而下通过镍催化剂床层，发生化学反应，使残余甲烷含量进一步降到0.3%，反应过程吸收热量，使出口工艺气温度降到1 003 ℃。转化气与过量的剩余工艺蒸汽从二段转化炉的底部出来，进入下一工序，将CO变换为CO_2。

变换工艺是在370 ℃进行的，为了满足工艺要求，同时回收高温热量，将转化气引入两个并联的废热锅炉101-Ca、101-Cb的壳程，高温工艺转化气与管程的锅炉水换热，其工艺气温度下降到482 ℃。之后，继续进入第二废热锅炉102-C的管程，进一步与壳程的锅炉水换热，温度降到371 ℃，满足变换工艺的温度要求，进入下一工序的变换系统。这三台废热锅炉是系统蒸汽的主要来源，满足装置的动力、工艺、加热所需。如图4-6所示。

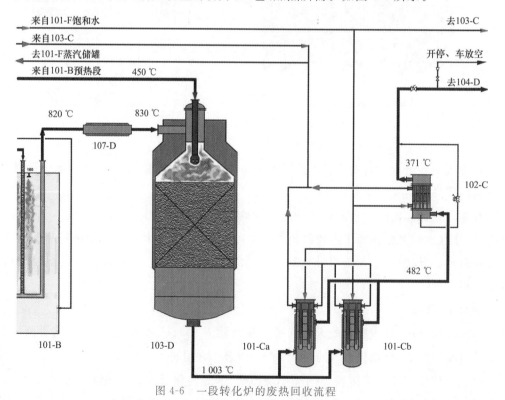

图 4-6 一段转化炉的废热回收流程

(5)二段转化炉结构

二段转化炉为一立式圆筒,壳体是碳钢材质,内衬耐火材料。直径约 4 m,高约 13 m。由一段转化炉来的气体从顶部混合器的侧壁进入炉内,空气从炉顶直接进入空气分布器。空气分布器为夹套式,空气首先通过夹层,从内层底部的中心孔进入里层,再由喷头上的 3 排 50 个小管喷出。空气流过夹层对喷头表面和小管有冷却的作用。空气从小管喷出后,立即与一段转化气混合燃烧,温度最高可达 1 200 ℃。为防止空气分布器烧坏,采用 Incoly 800H 镍基耐温合金钢制成,外面喷镀高温涂层四层,主要成分是金属锆。此外,空气通过小孔的流速在 30 m/s 以上,也是为防止烧坏设备。催化剂床层高约 4 m,上层是耐高温的铬催化剂,下层是镍催化剂。床层上铺有一层六角形耐火砖,可耐 1 870 ℃ 高温,其目的是防止高温气流直接喷到催化剂上面使催化剂损坏。催化剂床层最下层铺有 SiO_2 含量小于 0.5% 的氧化铝球。为防止外壳超温,炉外有水夹套。在耐火衬里破坏的情况下也可避免外壳过热。水夹套有两种类型,一种是直流式,夹套内有冷水循环流过;另外一种是沸腾式,夹套里的水保持常压沸腾状态,补充的水量只限于蒸发量。沸腾水温度较高,似不利于冷却,但其传热迅速、均匀,保护作用更好。不过沸腾式水夹套对水质要求较高,应当用蒸汽冷凝液。

(6)CO 高、低温变换成 CO_2

因 CO 是合成氨铁系列催化剂的毒物,必须除掉。经转化后的工艺气中含有 12.9% 的 CO,将其与工艺水蒸气进行变换反应,一方面清除大部分 CO,另一方面反应生成有用的氢气。这一过程是在高、低温变换炉 104-D 内完成的。CO 高、低温变换的工艺流程如图 4-7 所示。

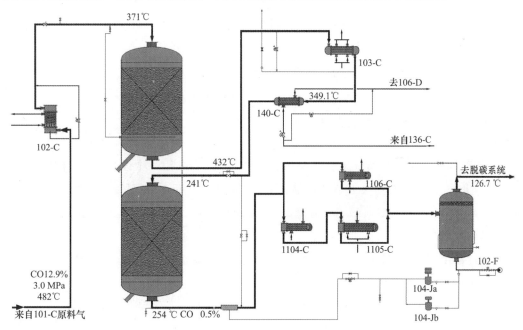

图 4-7 CO 高、低温变换的工艺流程

高温变换：

由第二废热锅炉 102-C 出来的温度为 371 ℃、压力为 3.0 MPa 的工艺气，进入高变炉，自上而下通过两层铁催化剂，进行 CO 的变换反应。

CO 变换反应：　　　　　$CO + H_2O(g) \Longrightarrow CO_2 + H_2 + Q$

这是一个放热反应，高变炉出口工艺气中的 CO 含量降至 3.09%，温度升至 432 ℃，高温变换热量可回收。

高温变换热量回收系统：

该系统是由一台废热锅炉 103-C 和甲烷化炉进气加热器 104-C 组成。

高变炉出口气体，先经过高变气废热锅炉 103-C 管程把热量传给壳程的锅炉给水，产生的 10.15 MPa 蒸气使变换气温度降到 356 ℃，然后经过 104-C 管程与甲烷化气进一步换热被冷却到 240 ℃。

低温变换：

高变炉出口工艺气经热量回收后，进入低变炉，通过低变的两层氧化锌催化剂床层与工艺水蒸气继续反应，使出口工艺气中的 CO 含量降到 0.49%，温度为 254 ℃，压力为 2.9 MPa。

低温变换热量回收系统：

从低变炉底部出来的变换工艺气，分两路进入冷凝液废热锅炉 1104-C 管程，使工艺气温度降到 177 ℃，然后进入 CO_2 再生塔气体再沸器 1105-C 管程，气体被冷却到 131 ℃，另一路并联进入锅炉给水加热器 1106-C 管程，两路汇合，使出口气温度降至 82 ℃。在此，大部分水蒸气被冷凝下来，再经过气水分离罐 102-F 分离出冷凝液。

变换气从气水分离罐 102-F 的顶部引出，进入脱除 CO_2 的脱碳系统。

以上几道工序构成了合成氨的造气系统，即制成了合成氨所需的粗原料气。

粗原料气的主要成分是：H_2，61.25%；N_2，19.80%；CO_2，17.92%。

(7) 变换设备

高、低温变换炉 104-D 实际上是高变和低变两个反应器共用一个设备壳体，中间用蝶形封头分开；上部为高变部分，装有氧化铁催化剂；下部为低变部分，装有氧化锌催化剂。设备内径约 4 m，高约 15 m。变换炉主要有绝热型、冷管型，最广泛采用的是绝热型。

2. 净化系统

净化过程由 CO_2 "本菲尔特"液脱除 CO_2、甲烷化、脱除水工艺组成，净化系统工艺流程如图 4-8 所示。

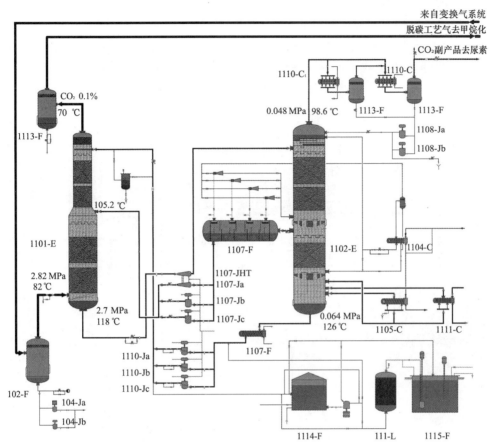

图 4-8 净化系统工艺流程

(1)脱除 CO_2

造气系统制成了合成氨所需的 H_2 和 N_2,同时也出现了对合成工序有害的 CO、CO_2 以及残留水分。它们作为有氧化合物是合成氨反应器工艺催化剂的毒物,在进入合成工序之前必须清除干净。

本工序采用"本菲尔特"液脱碳法,其化学反应方程式如下:

$$K_2CO_3 + CO_2 + H_2O \Longrightarrow 2KHCO_3 + Q$$

这是一个反应前后物料体积缩小、平衡过程可逆的放热反应。

"本菲尔特"贫液的组成为:碳酸钾(K_2CO_3),27%~30%;乙二醇胺(DEA),2%~3%;五氧化二钒(V_2O_5),0.75%~1.5%;硅酮油,微量。

从气水分离罐 102-F 出来的低变工艺气,压力为 2.8 MPa,温度为 82 ℃。低变工艺气进入 CO_2 吸收塔 1101-E 的底部,自下而上穿过四层鲍尔环填料,与自上而下流动的"本菲尔特"贫液和半贫液进行充分接触,CO_2 被吸收,使出塔工艺气中 CO_2 含量降至0.1%以下。出塔工艺气再经过出塔气液分离罐 1113-F,除去夹带的液滴,送往甲烷化工序。

本菲尔特液的再生流程是:

吸收塔底部的含大量 CO_2 的富液(压力为 2.7 MPa),先经过水力透平 1107-JHT 带动机泵运转,回收吸收塔的压力能源,富液减压后再进入 CO_2 触吸塔 1102-E,在触吸塔顶部通过闪蒸和化学平衡原理,解吸出部分 CO_2,从再生塔中部引出解吸出了部分 CO_2 的半贫液,用半贫液泵 1107-Ja～c 送到 CO_2 吸收塔的中部入口。解吸塔下部由再沸器提供热量,根据化学平衡原理进一步将剩余 CO_2 解吸出来,解吸塔底部出来的完全脱除了 CO_2 的贫液,用贫液泵 1110Ja～c 送到 CO_2 吸收塔顶部,循环使用。

另外,还有一台活性炭过滤器 1118-F,用来去除部分贫液和新鲜本菲尔特补充液中的杂质,起到工质过滤的作用。

(2)甲烷化脱除 CO、CO_2

甲烷化工序的任务是除去经变换和脱碳后气体中残留的微量 CO、CO_2,得到合格的氮、氢混合气体,送往合成工序,如图 4-9 所示。

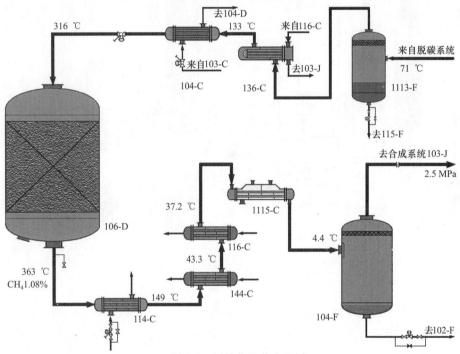

图 4-9 甲烷化工艺流程图

脱除 CO、CO_2 的反应方程式如下:

$$CO+3H_2 \longrightarrow CH_4+H_2O(g)+Q$$
$$CO_2+4H_2 \longrightarrow CH_4+2H_2O(g)+Q$$

甲烷化反应需要在较高温度下进行,因此工艺气进入甲烷化反应器之前需要预热。

由 CO_2 吸收塔出来的压力为 2.7 MPa、温度为 71 ℃ 的工艺气,首先进入设在合成气压缩机 103-J 一段缸出口的合成气/甲烷化进气换热器 136-C 的壳程,预热到 113 ℃,然后进入变化气/甲烷化炉进气换热器 104-C 管程,进一步加热到 316 ℃,进入甲烷化炉 106-D。

甲烷化炉 106-D 装有镍催化剂,工艺气自上而下通过催化剂床层,CO、CO_2 被工艺气中的 H_2 还原成甲烷,含量控制在 10^{-5}(10 mg/L)以下,甲烷含量为 1.08%。反应消耗了部分 H_2,使其含量由 74.5% 降到 74%。

甲烷化反应是强烈的放热反应,反应后的工艺气温度升至 363 ℃,需回收热量。

（3）脱除水

水分也是合成工序的毒物，必须脱除。

甲烷化炉出口工艺气为 363 ℃，回收其热量后，温度降低，到达水的露点，冷凝下来，从而与工艺气分离脱除。

甲烷化炉出口工艺气首先经过锅炉给水换热器 114-C 管程，冷却到 149 ℃，再经过甲烷化气水冷器 144-C 壳程，冷却到 43.3 ℃，再经过段间水冷器 116-C 冷却到 37.2 ℃，经过氨冷器 1115-C 冷却至 4.4 ℃，最后经合成气压缩机气液分离罐 104-F 除去冷凝水。此时合成气为纯净的 H_2、N_2，压力为 2.5 MPa，送入合成工序。

上述的脱碳、甲烷化、脱除水分工序构成了净化系统，将粗原料气净化为合成氨所需的纯净的氮、氢混合气体。

3. 合成系统

将纯净的氢、氮混合气体合成为氨，未转化气体作为循环气体，与补充的部分新鲜气混合后重新参与循环使用。

（1）合成气的压缩

合成气的压缩工艺流程如图 4-10 所示。

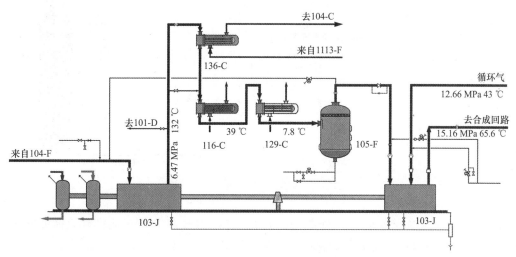

图 4-10　合成气的压缩工艺流程

净化后的工艺气为 4.4 ℃、2.5 MPa，进入合成气压缩机 103-J 的低压缸，压缩到 6.47 MPa，温度升到 132 ℃。然后分三步冷却：首先在甲烷化气换热器 136-C 的管程被冷却；第二步经合成气压缩机段间水冷器 116-C 管程，用水冷却到 39 ℃；第三步在合成气压缩机段间氨冷器 129-C 的管程被液氨冷却到 8 ℃，然后流经段间水分离罐 105-F 中分离出大部分的水。水分含量很低的合成气离开 105-F 后，进入合成气压缩机 103-J 的高压缸，压缩到 15.16 MPa，在高压缸的最后一个叶轮的入口处补充的部分新鲜气与未转化的循环气混合后进入合成回路。

合成循环气出 103-J 高压缸后，进入合成气压缩机水冷器 124-Ca、124-Cb 的管程，冷却到 38 ℃，出来后分两路继续冷却。

第一路经一级氨冷器 117-C 管程，冷却到 21 ℃，继续经二级氨冷器 118-C 管程，冷却到

1.1 ℃。

第二路则经合成塔进气/循环气换热器 120-C 壳程，冷却到－9.4 ℃。

两路汇合后再经三级氨冷器 119-C 管程，被进一步冷却到－23 ℃。此时，合成循环气中的大部分气氨被冷凝为液氨，然后在高压氨分离器 106-F 中分离出来。

为充分利用冷量，从高压氨分离器 106-F 出来的温度－23 ℃的合成循环气，首先进入 120-C 的管程，再进入合成塔进/出气换热器 121-C 的管程，完成工艺换热后，温度升至 141 ℃，进入氨合成塔 105-D。如图 4-11 所示。

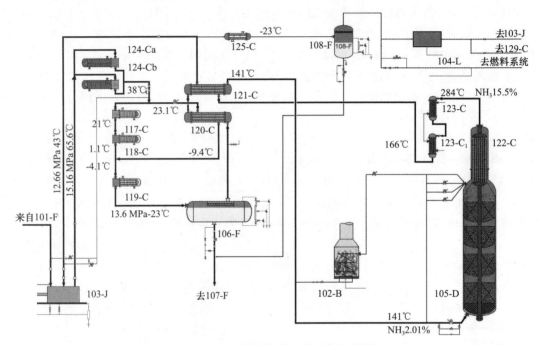

图 4-11　合成循环气的冷量回收流程图

（2）氨的合成

氨合成的反应温度为 454~482 ℃，压力为 14.06~14.76 MPa。入塔合成循环气氨含量为 2.01%，出塔气氨含量为 15.5%。

合成过程是一个体积缩小，强放热的可逆过程。反应方程式为

$$N_2 + 3H_2 \rightleftharpoons 2NH_3$$

合成过程在氨合成塔内部完成。反应在高温、高压条件下进行，是一个强放热过程。同时，工艺气含氢气组分，对材料有腐蚀。因此，合成塔既要能够承受高压，还要能够处理反应过程的放热，解决高温带来的氢腐蚀问题。

（3）氨合成塔的结构

氨合成塔是合成氨装置的心脏，其结构如图 4-12 所示。外部结构是层板强度壳体，内置催化剂框，装填有四层铁系列催化剂。在合成塔顶部设置有内置换热器 122-C，用于处理反应过程产生的热量。因此该设备的外壳体是内压容器，而内置催化剂框壳体是外压容器，还兼有塔设备外形的结构特点。

合成循环气由氨合成塔 105-D 的底部进入，沿外壳体与催化剂框间的环隙上升，进入塔

上部内置换热器 122-C 的壳程,被反应后的高温产物气体预热,达到入催化剂床层的温度要求,然后自上而下地通过催化剂框中的四层催化剂。由于每层催化剂上的反应都是强放热反应,因此,上层催化剂床层出口的工艺气温度将大幅升高,超过催化剂的"热点"温度(加速催化剂老化的温度)。在进入下一层催化剂床层之后,气体温度是通过床层间引入冷激气(入塔工艺气 141 ℃)控制。气体依次经过催化剂床层以后,被引入一根直立的上升中心管,将产物气由底部引入到顶部的内置换热器 122-C 的管程,加热入塔工艺气,最后从塔顶引出。

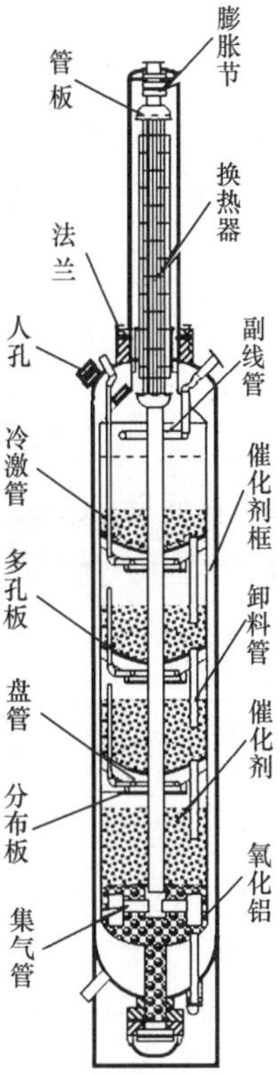

合成产物气含 15.5% 的气氨,需降低温度,使其液化加以分离,这一过程由冷冻系统完成。

合成塔出口气先经过锅炉给水换热器 123-C 管程,温度由 284 ℃ 冷却到 166 ℃,再经过 121-C 与进塔气换热,使温度进一步降到 43 ℃,最后回到合成气压缩机 103-J 高压缸循环段(最后一个叶轮),与部分补充的新鲜工艺气混合,并被压缩。这样,就完成了整个合成回路。

由于整个合成回路的未转化工艺气是循环使用的,其中的惰性气体 Ar、CH_4 的浓度将累积增加,占有分压,严重影响化学平衡。为了控制惰性气体 Ar、CH_4 的浓度,需要不断地从合成回路中排放一部分循环气,防止惰性气体浓度升高。

排放的循环气中含有部分氨,为了回收这部分氨,用氨冷器 125-C,将气体温度降到 -23 ℃,回收液氨后的气体,再经过氢气回收系统(普里森系统)回收氢气,余下气体引入一段转化炉作为燃料烧掉。

氨合成塔备有一台开工加热炉 102-B,开工时合成工艺气温度较低,首先需要通过开工加热炉内部的盘管,被管外部的火焰加热后,温度升高,从合成塔的上部进入催化剂床层,加热床层,使床层温度升高,达到催化剂的起始活性温度后,催化剂开始正常工作。反应过程中放出热量,达到维持正常工艺过程所需温度要求后,加热炉停止工作,工艺气改走正常生产管道。

(4)氨冷冻系统和产品氨的净化

在合成塔出口气中含有 15.5% 的气氨,采用氨冷冻系统将这部分产品连续地从合成循环气中分离出来。

氨冷冻系统的作用有两个:

第一是氨产品精制:由氨压缩机 105-J 调整和控制液氨闪蒸槽 110-F、111-F、112-F 的蒸发压力,使槽内液氨连续闪蒸,这样使槽内温度、压力下降,把来自高压氨分离器 106-F 的液氨中溶解的不凝气(H₂、N₂、CH₄、Ar 等)释放出来,这部分含 CH_4 的释放气送至燃料系统,闪蒸槽内的产品氨得到了精制。

第二是提供制冷量:将闪蒸后温度更低的液氨作为制冷剂,送至合成回路的 117-C、118-C、119-C 三个氨冷器的壳程,提供制冷量,与管程中来自合成回路的合成气交换热量,使合成气温度

图 4-12 氨合成塔结构

逐级下降至-23.3 ℃,被冷凝为液氨,并在高压氨分离罐106-F中被分离出来。

氨冷冻系统是一种常见的制冷系统,主要由压缩机、冷凝器、低压氨分离器、节流阀、蒸发器等组成,如图4-13所示。在制冷过程中,液氨工质在蒸发器内吸热后被蒸发为气氨,释放出潜热(制冷量),气氨被引入压缩机压缩后,经过冷凝器降温,重新冷凝为液氨工质,被打入蒸发器中再蒸发,完成了一个制冷循环过程。

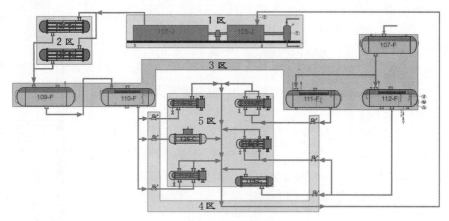

图4-13　氨冷冻系统

1区—氨蒸气压缩机;2区—冷凝器;3区—液氨储罐;4区—节流阀;5区—蒸发器

凯洛格流程配置的氨冷冻系统有其独特的流程,在常规的氨制冷流程中,将液氨产品作为制冷工质,更巧妙利用制冷剂(合成系统自产产品)的蒸发、压缩、冷凝,将工质中的杂质(不凝气)分离除掉,同时提供制冷量。与常规氨制冷系统不同,它是一个开放式的流程,主要制冷设备有:氨蒸发器(三个液氨闪蒸槽)110-F、111-F、112-F,氨压缩机(冰机)105-J、氨冷凝器127-Ca、127-Cb,氨泵120-J、124-J、125-J,低压氨分离器107-F,液氨受槽109-F和节流阀组成。

凯洛格流程的氨冷冻系统流程具有两部分功能。

第一部分:氨冷冻系统(产品净化)

由氨压缩机(冰机)105-J控制液氨闪蒸槽110-F、111-F、112-F的蒸发压力,使槽内液氨连续闪蒸,蒸发出来的低温氨蒸气(含杂质不凝气)被冰机105-J吸入汽缸,经压缩后,压力、温度升高至1.67 MPa,136 ℃,进入氨冷凝器127-Ca、127-Cb壳程,与管程冷却水换热,温度降到42.2 ℃,在液氨储罐(液氨受槽)109-F内被冷凝成液氨,含 H_2、N_2、CH_4、Ar 的不凝气被释放出来,引入驰放气回收系统,经吹出气分离罐108-F时回收其中的氨,回收的液氨引入低压氨分离器107-F中。液氨受槽109-F中的液氨(热氨)大部分作为产品外送,少部分通过管道、节流阀引入一级液氨闪蒸槽110-F,参与氨冷冻系统循环。一级液氨闪蒸槽110-F通过冰机105-J控制其蒸发压力为0.605 MPa,得到13.3 ℃的制冷剂,为一级氨冷器117-C、闪蒸气氨冷器126-C,合成气压缩机段间氨冷器129-C提供制冷剂。蒸发出的气氨,被吸入冰机,进行下一个循环。如图4-14所示。

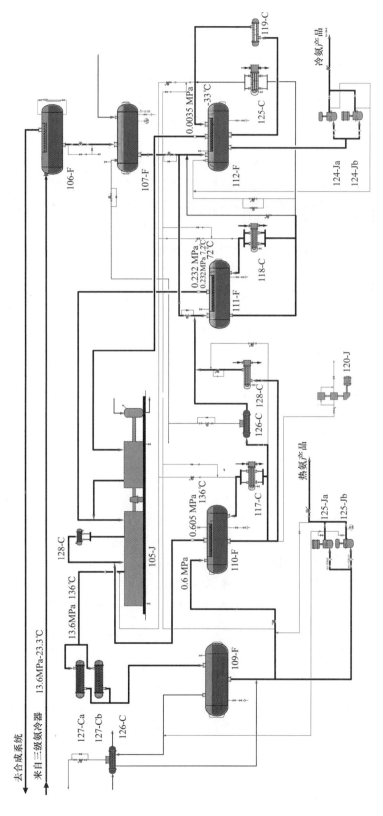

图 4-14　氨冷冻系统工艺流程图

第二部分：制冷系统

另一路主要的制冷剂来自低压氨分离罐107-F。这里介绍一下制冷系统的主要设备及其应用。

低压氨分离器107-F接受由高压氨分离器106-F送来的、从合成循环气中分离出来的溶有不凝气的液氨，还接受从吹出气分离罐108-F送来的少量液氨。从107-F出来的液氨进入制冷系统分两路，一路进入三级液氨闪蒸槽112-F，另一路进入二级液氨闪蒸槽111-F。

液氨受槽109-F，所有在系统中闪蒸出来的气氨，全部送入冰机105-J压缩，并在氨冷凝器127-Ca、127-Cb中过冷，全部冷凝为液氨后收集在该受槽中，大部分用热氨产品泵125-J外送作为热氨产品，其余送一级液氨闪蒸槽110-F。

一级液氨闪蒸槽110-F，压力为0.605 MPa，蒸发温度为13.3 ℃。由液氨受槽109-F出来的部分液氨，经过节流阀，将压力降为0.6 MPa后进入一级液氨闪蒸槽110-F。出来的液氨一部分经热虹吸效应，通过合成回路的一级氨冷器117-C。同时还有两路，分别通过氨冷器126-C和129-C。

二级液氨闪蒸槽111-F，压力为0.232 MPa，蒸发温度为7.2 ℃，液氨从一级液氨闪蒸槽110-F进入二级液氨闪蒸槽111-F闪蒸。出来的液氨大部分经热虹吸效应，通过合成回路的二级氨冷器118-C循环。少量液氨则从0.032 MPa减压到0.003 5 MPa，通过吹出气氨冷器125-C送入三级液氨闪蒸槽112-F。

三级液氨闪蒸槽112-F，压力为0.003 5 MPa，蒸发温度为－33 ℃。三级液氨闪蒸槽112-F的液氨，大部分来自低压氨分离器107-F，小部分来自二级液氨闪蒸槽111-F。经过高度闪蒸，几乎把所有在高压氨分离器106-F中溶解的不凝气（H_2、N_2、Ar、CH_4）从产品中蒸除掉。出来的液氨大部分经热虹吸效应，通过合成回路的三级氨冷器119-C循环；小部分经过冷氨泵124-Ja、124Jb送往液氨受槽109-F。

氨压缩机（冰机）105-J对系统的作用有两个方面：一是把一级、二级和三级液氨闪蒸槽维持在所需要的压力，既满足将溶解的不凝气从产品氨中分离出来，同时保障为氨冷器提供液氨制冷剂的温度，保证各氨冷器正常工作；二是把所有从一级、二级和三级液氨闪蒸槽闪蒸出来的气氨压缩，经过氨冷凝器127-Ca、127-Cb与水换热后，冷凝为液氨，并稍过冷。

冰机105-J是带有段间水冷器128-C的双缸离心式压缩机，由一台中压凝汽式透平驱动。冰机的低压缸有四级叶轮，从三级液氨闪蒸槽112-F吸入压力为0.003 5 MPa、温度为－33 ℃的气氨，经压缩后的出口气再与来自二级液氨闪蒸槽111-F的气氨混合，然后进入高压缸。

冰机105-J的高压缸有七级叶轮。来自低压缸的气氨，经过高压缸的三级叶轮压缩，经过段间水冷器128-C冷却后，与一级液氨闪蒸槽110-F来的气氨汇合，进入高压缸二段，气体经过最后四级叶轮压缩到1.76 MPa，温度为136 ℃。

冰机105-J出口的气氨经过两台并联的氨冷凝器127-Ca、127-Cb，气氨几乎全部被冷凝为液氨，收集在液氨受槽109-F内。闪蒸出的不凝气则送去作燃料。

4.2　催化裂化工艺

4.2.1　石油化工产业布局

1.产业概述

石油、煤炭、天然气是人类赖以生存的三大能源,石油通过炼制以及深加工,能够为人们提供众多的生产、生活资料。

现代石油加工已经形成了完整的产业链条。加工石油产品主要分为两大部分。其一是炼油厂一次炼油加工出的油头-油尾产业链条,即燃料油以及提炼出的机用油,如人们熟知的汽油、煤油、柴油、重油、润滑油、蜡。一次炼油基本是采用物理方法加工石油的。其二是经过二次炼油加工出的油头-油尾和化尾产业链条。如将一次炼渣进一步加工出汽油、柴油、油浆,以及将一次炼油产出的油品,在分子结构层面上的进一步加工,重组分子结构,生成不饱和烃、环烃、芳烃、多环烃,进一步分离出人类所需的八大基础化工原料:乙烯、丙烯、丁二烯、苯、甲苯、二甲苯、乙炔、萘。二次炼油采用化学方法,同时应用催化技术。

催化裂化是二次炼油过程,是化学过程与物理过程的结合体,具有独特的工艺特点,催化裂化装置是最典型的石油化工装置之一。

2.催化裂化装置工艺原理

催化裂化是重要的二次炼油过程,是将重质油加工为轻质油的重要手段,肩负着我国80％以上汽油和30％以上柴油的生产任务。它是将常压与减压馏分油、常渣油、减渣油、丙烷脱沥青油、蜡膏、蜡下油等重质油,在适宜的温度、压力和催化剂作用下,经过分解、异构化、氢转移、芳构化、缩合等一系列化学反应,转化成炼厂气、汽油、柴油、油浆、焦炭等产品的生产过程。表 4-1 列出了主要催化裂化产品。

表 4-1　　　　　　　　　　　　　催化裂化产品

名称	主要成分	成分含量/％	性质和用途
干气	C_1、C_2、H_2、H_2S	10	燃料气
液化气	C_3、C_4	20	用于化工或燃料气
汽油	$C_5 \sim C_{11}$	30~60	车用燃料
柴油	$C_{10} \sim C_{20}$	0~40	进一步炼制作燃料
油浆	稠环芳烃为主	5~7	化工利用
焦炭	缩合产物	5~19	再生过程烧掉

催化裂化具有轻质油收率高,汽油辛烷值高(80~90),柴油十六烷值低(30~40),气体

产品中烯烃含量高等特点。

催化裂化生产的产品要求是:汽油 10% 干点不高于 70 ℃;柴油凝固点为 -10 ℃、0 ℃、5 ℃,闪点不低于 55 ℃;液化气中 C_5 含量不大于 3%;干气中 C_3 以上含量不大于 3%;油浆中固体含量(残存催化粒子)不大于 2 g/L。

催化裂化的生产过程包括以下几个部分:

(1)反应-再生部分

由原料油的催化裂化反应和催化剂的再生反应两部分组成,工艺任务是完成重质原料油转化为多组分混合油气的过程。

原料油被加热后与蒸气混合经过喷嘴雾化,引入提升管反应器与三氧化二铝分子筛催化剂均匀混合,在催化剂作用下发生催化裂化反应,不断生成和输出产物油气组分,同时缩合反应使催化剂表面积炭失去活性。将失去活性的催化剂导入烧焦罐再生器,通入空气燃烧掉其表面上的积炭,使之再生。恢复活性的催化剂再次引入提升管反应器循环使用。

烧焦过程放出的热量又以催化剂为载体,不断带回反应器,供给提升管反应器内反应所需的热量,过剩热量由专门的内、外取热器取出,产生蒸汽自用,还可外卖电厂。

(2)分馏部分

将提升管反应器的多组分混合油气产物引入分馏塔,根据各组分沸点的不同,在分馏塔上设置相应的油品引出口,部分油品经温度调整后,再输送回塔内,这样通过调整回流温度,达到控制油品馏程分离的目的。在分馏塔内将混合油气分离成富气、粗汽油、轻柴油、回炼油、油浆馏分,并保证汽油干点、轻柴油凝固点和闪点合格,同时回收热量,产生中压蒸汽。

(3)吸收稳定部分

将分馏过程产出的粗油品,进一步分离、提炼,提高馏分油品的纯度。

从分馏塔塔顶出来的富气中带有汽油组分,而粗汽油中也溶解有 C_5、C_{11} 组分。吸收稳定系统的作用就是利用吸收和精馏的方法以及各组分在液体中的溶解度不同,将富气和粗汽油分离成干气($\leqslant C_2$)、液化气(C_3、C_4)和稳定汽油($C_5 \sim C_{11}$)组分。控制好干气中的 C_{3+} 和 $C_{3=}$ 含量、液化气中的 C_{2-} 和 C_{5+} 含量,稳定汽油的 10% 干点。

(4)产品精制部分

产品精制部分任务是脱除硫化物,产出合格产品。由汽油脱硫醇及干气、液化气脱硫、硫醇两部分组成。

①汽油脱硫醇部分

采用美国 Merichem 公司的 Mericatsm 专利技术,即纤维膜脱硫技术。核心设备是纤维膜接触器,使汽油与碱液这两种不互溶的液体作非分散性接触,汽油中的硫化氢及硫醇在催化剂的作用下,被分别氧化成硫代硫酸钠及二硫化物。经分离后硫代硫酸钠溶于碱液中,二硫化物溶于汽油中。间断注入新鲜碱液和排出碱渣。

②干气、液化气脱硫、硫醇部分

干气及液化气脱硫采用胺法脱硫,脱硫溶剂选用复合型甲基二乙醇胺(MDEA)。脱硫后的富氨液送至气分装置再生后循环使用。液化气脱硫醇采用预碱洗脱硫化氢、催化剂碱液抽提脱硫醇工艺,催化剂碱液经再生后循环使用。

产品精制装置为 $3.5×10^6$ t/a 重质油催化装置的配套装置,该装置的主要任务是对汽油进行脱硫化氢及脱硫醇处理,保证铜片腐蚀不大于 1 级,硫醇含量不大于 10^{-5};对干气进行脱硫化氢处理,保证硫化氢含量小于 20 mg/m³;对液化气进行脱硫化氢及脱硫醇处理,使硫化氢加硫醇含量小于 $2.0×10^{-5}$。

4.2.2　催化裂化装置生产流程及说明

1. 催化裂化部分流程

(1)催化裂化反应原理

重质油原料经过加热炉加热后,进入提升管反应器与再生后的催化剂混合,在一定的温度、压力下发生分解(裂化)、异构化、芳构化、氢转移、缩合等化学反应。反应后的油气进入分馏塔,分出塔顶油气(富气)和粗汽油、轻柴油、重柴油、回炼油和油浆。富气由气压机压缩后送入吸收、解吸系统,干气出装置,脱乙烷汽油进入稳定塔,塔顶出气态烃(干气)、液化气,塔底出稳定汽油。如图 4-15 所示。

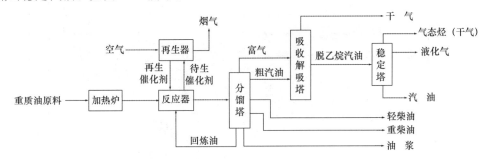

图 4-15　催化裂化装置工艺流程简图

其化学反应方程式如下:

烷烃主要分解反应:
$$C_{16}H_{34} \longrightarrow C_8H_{16}+C_8H_{18}$$

烯烃双键异构化反应:

$CH_3-CH_2-CH_2-CH_2-CH=CH_2 \longrightarrow CH_3-CH_2-CH=CH-CH_2-CH_3$

烯烃骨架异构化反应:

$CH_3-CH_2-CH=CH_2 \longrightarrow$ (CH_3)C=CH_2

芳构化反应:

$CH_3-CH_2-CH_2-CH_2-CH=CH_2-CH_3 \longrightarrow$ 环己烷-CH_3 $\longrightarrow$ 苯-CH_3

整个反应过程的时间与温度的控制是保障油品收率的关键因素。

(2)反应-再生单元工艺流程

图 4-16 所示为催化裂化反应-再生单元工艺流程。

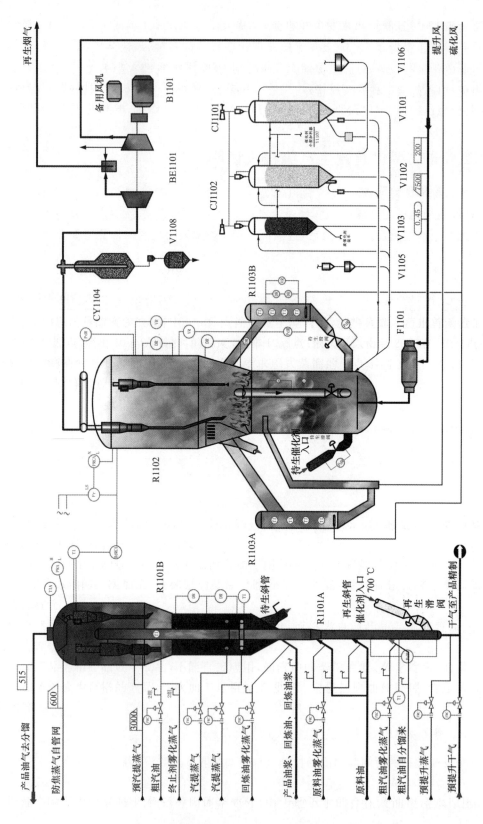

图 4-16 催化裂化反应-再生单元工艺流程

①催化裂化反应

混合原料油(90 ℃)从装置外由原料油泵 P1201A、B 抽出后,经原料油-顶循环油换热器 E1206A、B 换热至 122 ℃,经原料油-轻柴油换热器 E1210A、B 换热至 160 ℃,再经原料油-分馏一中段油换热器 E1207 换热至 180 ℃,最终经原料油-循环油浆换热器 E1215A、B 加热至 200 ℃,分 10 路经原料油雾化喷嘴进入提升管反应器 R1101A 下部;自分馏部分来的回炼油和回炼油浆,混合后经雾化喷嘴进入提升管反应器中部,与 700 ℃高温催化剂接触完成原料的升温、汽化及反应,515 ℃反应油气与待生催化剂颗粒在提升管反应器出口处,经内置的一级旋风分离器快速分离,使气、固两相得到初步分离,然后沿出口(升气管)进入内置的二级旋风分离器,进一步完成气、固分离,除去反应油气中携带的催化剂颗粒。沉降器内置的一级旋风分离器设置 3 台,二级旋风分离器设置 6 台,一级旋风分离器的升气管(出口)分别与 2 台二级旋风分离器的入口连接。产物油气经旋风分离器除掉催化颗粒后,离开沉降器,进入分馏塔 T1201。

②催化剂再生

待生催化剂经再生器一级旋风分离器的汽提段初步汽提出油气,然后进入沉降器下段的人字形挡板汽提段,与蒸汽逆流接触,进一步汽提出催化剂所携带的油气。汽提后的催化剂沿待生斜管下流,经待生滑阀的控制进入再生器 R1102 的烧焦罐下部,与自再生器上部二密相来的再生催化剂混合,开始烧焦。在催化剂沿烧焦罐向上流动的过程中,烧去约 90% 的焦炭,同时温度升至约 690 ℃。经过部分烧焦过程,表面积炭较低的催化剂,在烧焦罐顶部经大孔分布板进入二密相,在二密相区 700 ℃的条件下,最终完成焦炭及 CO 的燃烧过程。表面积炭被完全烧掉,得到再生的催化剂,经再生斜管及再生滑阀的控制进入提升管反应器底部,在干气的提升下,完成催化剂加速、分散过程,然后与雾化原料接触,再加入催化裂化反应循环过程。

再生器内置两级旋风分离器:一、二级旋风分离器各设置 16 台,共 32 台,每台一级旋风分离器的出口(升气管)分别与相对应的二级旋风分离器切向入口相连接。

再生器烧焦所需的主风由主风机 B1101 提供。主风由来自于大气中的空气,经过滤后进入主风机,主风机将空气升压后,经主风管道、辅助燃烧室及主风分布管,进入再生器,提供催化剂再生所需的氧气。

再生器产生的烟气经一、二级旋风分离器分离催化剂后,再经三级旋风分离器进一步分离催化剂颗粒,然后,CO_2 烟气引入烟气轮机 BE1101,烟气轮机膨胀做功,驱动主风机高速旋转,将主风压力升高。出烟气轮机膨胀做功后的烟气,温度较高,是可回收能源,将其引入余热锅炉进一步回收烟气的热能,使烟气温度降到 201 ℃以下,最后经烟囱排入大气。

当烟机停运时,主风由备用风机提供,此时再生烟气经三级旋风分离器后由双动滑阀及降压孔板 PRO1101 降压后再进入余热锅炉。

开工用的催化剂由冷催化剂罐 V1101 或热催化剂罐 V1102,用非净化压缩空气输送至再生器,正常补充催化剂可由催化剂小型自动加料器 V1107 输送至再生器。CO 助燃剂由助燃剂加料斗 V1114、助燃剂罐 V1113,用非净化压缩空气经小型加料管线输送至再生器。

为保持催化剂活性,需从再生器内不定期卸出部分催化剂,由非净化压缩空气输送至废催化剂罐 V1103,此外三级旋风分离器回收的催化剂,由三级旋风分离器催化剂储料罐 V1108 用非净化空气输送至废催化剂罐 V1103,再由槽车运至适宜的地方处理。

(3)反应-再生单元主要设备

①提升管反应器

提升管反应器是催化裂化反应的关键设备。提升管反应器主要有直管式和多用折叠式两种,前者用于高低并列式提升管反应器,后者用于上下同轴式提升管反应器,如图 4-17 所示。

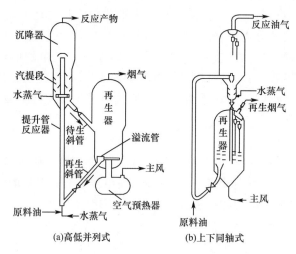

图 4-17　直管式和多用折叠式提升管反应器

如图 4-18 所示,提升管反应器一般是长度为 30～45 m 的直管,被提升的雾化油气原料在提升管内的停留时间多为 1～4 s,依据处理的物料量确定提升管的管径。提升管内油气物料经裂化反应体积膨大,出现自下而上气流线速度增大的现象,提升管可做成下段直径略小于上段直径的异径形式。我国年处理量 350 万吨催化裂化装置的提升管直径为 1 800/2 000 mm。提升管下段沿环向开有上、中、下三层进料口,其中回炼油入口在最上层,有四个均布的喷嘴;原料油入口在中、下段分两层,每层有十个均布的喷嘴。物料的喷入是根据工艺要求,使原料渣油、回炼油从不同位置均匀进入提升管,使其有利于选择性的裂化反应。

进料口以下的部分直管段称预提升段,预提升采用干气和水蒸气作为提升介质,加干气的目的是减轻过多的湿热蒸汽引起的催化剂失活,同时节省蒸汽。汽提气流沿提升管底部向上吹入提升管内,以活塞流动形式带动由再生斜管来的高温再生催化剂向上流动,边流动边使高温催化剂与雾化油气均匀混合,进入到提升管反应段发生催化裂化反应。产物混合油气与催化剂混合物体积增大,加速向上部出口流动,为使油气在出提升管后立即终止反应,减少过度反应而炭化的现象发生,提升管出口设置输入终止剂入口和快速气、固分离装置。终止剂的作用是将混合油气、催化剂迅速降温,快速气、固分离装置是使油气与催化剂迅速分开,避免接触时间过长,导致反应过度。

为进行参数测量和取样,沿提升管还装有热电偶管、测压管、采样口等。除此之外,提升管反应器的设计还要考虑耐热、耐磨以及热膨胀等问题。

②沉降器

沉降器是用碳钢焊制而成的圆筒形设备,其结构如图 4-19 所示。上段为沉降段,下段为汽提段。沉降段内装有两级气、固分离用的旋风分离器,其中一级旋风分离器三个,二级旋风分离器六个。沉降器顶部封头内置集气室,并开有混合油气出口。

沉降器的作用是使提升管出口的油气和催化剂快速分离,防止过度裂化反应而积炭。油气中携带的催化剂颗粒经旋风分离器分离出来,进入汽提段,而油气经顶部集气室收集后去分馏系统。表面积炭的催化剂所夹带的油气,经一级旋风分离器出口处的汽提段和沉降器下段的数层人字形挡板的汽提段汽提后返回沉降段,再次经旋风分离器分出,以减少油气损失,积炭的催化剂则沿待生斜管进入再生器去烧炭。

沉降器直径由气体(油气、水蒸气)流量及线速度决定,沉降段的线速度一般不超过 0.5～0.6 m/s。沉降段空间高度由旋风分离器料腿的压力平衡时所需料腿的长度确定,即料腿内应有一定的固料高度,使其压力产生的力臂能够大于出口翼阀的力臂,保证固料能顺利排出,固料高度通常为 9～12 m。汽提段的尺寸一般由催化剂循环量以及催化剂在汽提段的停留时间决定,停留时间一般为 1.5～3 min。

③再生器

再生器是决定整个装置处理能力的关键设备,其结构如图 4-20 所示。

再生器由筒体和内部构件组成。筒体由碳钢焊接而成,其内壁易受高温和催化剂颗粒冲刷的影响,因此,筒体内壁衬了一层耐磨、隔热材料,保障设备正常运行。在筒体的中间用大孔分布板将筒体分为密相和稀相,或称密相和二密相。下部为密相段,上部为稀相段,中间变径处通常叫过渡段。密相段也称为烧焦罐,是待生催化剂在流化风(主风)供氧的情况下,对表面积炭失去活性的催化剂进行燃烧再生反应的场所。流化风使待生催化剂形成密相流化床层,流化气体线速度一般为 0.6～1.0 m/s,再生好的催化剂,在气流的带动下,沿大孔分布板的孔眼(直径为 50 mm)进入稀相段,进一步烧掉残余积炭。完成再生以后,催化剂被收集,沿再生斜管进入提升管反应器重新参与反应。

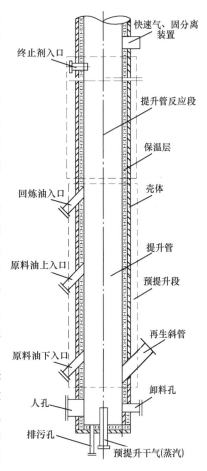

图 4-18 提升管反应器

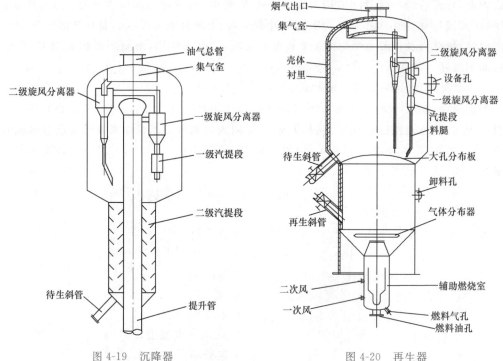

图 4-19　沉降器　　　　　　　　图 4-20　再生器

密相段直径通常由烧焦所能产生的湿烟气量和气体线速度确定,该套装置密相段直径达 9.3 m。密相段高度一般由催化剂藏量和密相段催化剂密度确定,该套装置密相段高度达 14 m。稀相段是再生好的催化剂沉降段,为使催化剂易于沉降,稀相段气体线速度不能太高,一般为 0.6~0.7 m/s,再生后的催化剂粒子沉降后,沿再生斜管进入反应器循环使用,其催化剂流量由待生滑阀控制。因此,稀相段直径通常大于密相段直径,便于气速的降低,该套装置稀相段直径是 15.6 m。稀相段高度应由沉降要求和旋风分离器料腿长度要求确定,该套装置稀相段高度是 12 m,过渡段高度是 5 m。一般适宜的稀相段高度是 9~11 m。

④旋风分离器

旋风分离器是气固分离并回收催化剂的设备,它主要由内圆柱筒、外圆柱筒、圆锥筒、料腿、灰斗以及翼阀组成,它的操作状况好坏直接影响催化剂的损耗量。

旋风分离器的类型很多,如图 4-21 所示。其工作原理是:进入旋风分离器的气体携带大量催化剂颗粒,以很高的流速（15~25 m/s）从切线方向进入分离器内,沿圆柱筒内壁的环形通道做旋转运动,由于固体颗粒产生的离心力大,被甩到边缘,颗粒沿锥体自上向下进入料腿,进一步收集进

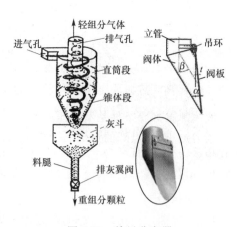

图 4-21　旋风分离器

到灰斗中;而气相密度小,在向下移动的过程中进入旋风分离器缩颈处,由于阻力增加,转为向上流动的反相气流,由于气、固流向不同而产生分离的条件。气体从内圆柱筒向上流出,颗粒沿料腿排出。

旋风分离器灰斗的作用是脱除气体,防止气体被催化剂带入料腿,保证料腿将回收的催化剂颗粒送回到床层。正常操作时料腿内催化剂应具有一定的料面高度,保证足够的料面压力使催化剂顺利下流,料面的高度也要求料腿有一定的长度。

翼阀的作用是控制固体催化剂颗粒的流出,调节料腿中催化剂储量,单向排料并阻止外部气体反传到料腿内。翼阀开启条件是料腿内催化剂颗粒重力产生的力矩大于翼阀闸板开启的力矩。

⑤主风分布管

主风分布管是再生器的空气分配器,作用是使进入再生器的空气均匀分布,使气流形成良好的流化状态,保证气、固均匀接触,强化再生反应。其主要有两种结构形式,如图 4-22 所示。

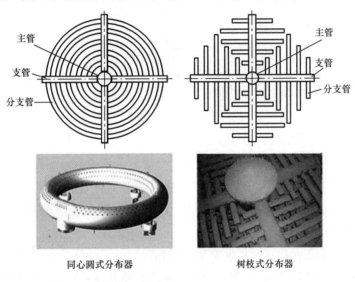

图 4-22　主风分布管

⑥辅助燃烧室

辅助燃烧室是催化装置开工期间用来烘干器壁、加热主风空气和催化剂的设备,紧急停工时也用来维持一定的主风温降速度。当装置正常运行时,辅助燃烧室是主风空气流通的通道。辅助燃烧室是一个特殊形式的加热炉,设在再生器的下面。其结构形式有立式和卧式两种。

⑦滑阀

滑阀结构如图 4-23 所示。

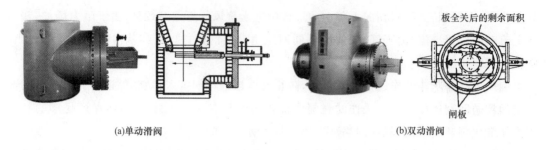

(a)单动滑阀   (b)双动滑阀

图 4-23 滑阀

（a）单动滑阀

单动滑阀用于高低并列式催化裂化装置,该装置设有提升管反应器、沉降器和再生器。单动滑阀安装在输送催化剂的斜管上,其作用是调节催化剂在再生器与沉降器之间的循环量,出现重大事故时,用以切断两器的联系,防止反应器内油气进入烧焦罐内与火焰接触,造成严重的事故。运转中滑阀的正常开度为 40%～60%。

（b）双动滑阀

双动滑阀是一种两块阀板双向运动的超灵敏调节阀,安装在再生器出口管线上。其作用是控制烟气流量,调节再生器的压力,使之与沉降器保持一定的压差。双动滑阀的两块阀板都留有月牙缺口,即使滑阀全关时,中心仍有一定大小的通道,这样可避免再生器超压。

⑧取热器

为保证装置的正常运转,维持反应-再生系统热量平衡是至关重要的。

通常以馏分油为原料时,反应-再生系统能基本维持热量平衡,但加工重质原料油时,生焦率大,催化剂表面污染较严重,使再生器烧焦过程产生的热量超过两器热平衡的需要,必须设法取出再生器的过剩热量。再生器的取热方式有内取热、外取热两种,原理都是利用高温催化剂与水换热,产生蒸汽回收烧焦热量。

内取热是直接在再生器内加设取热盘管,这种方式投资少,操作简便,传热系数高;但发生故障时只能切断流程或停工检修,所取热量对再生器内部热量的可调范围较小。

外取热是将高温催化剂引出再生器,在外取热器内装取热水套管,用水回收热量,然后再将降温后的催化剂送回再生器,达到取热目的。外取热器具有热量可调范围大、操作灵活和维修方便等优点。外取热器分上流式和下流式两种,所谓上流式或下流式是指取热器内的催化剂返回再生器的流动方式,自下而上或者自上而下。图 4-24 所示为上、下流式外取热器。左侧的外取热器是下流式,高温催化剂沿取热斜管靠重力进入取热器,流量由滑阀控制,回收热量以后,催化剂又沿取热器下部返回烧焦罐。右侧的外取热器是上流式,也称气控式外取热器。高温催化剂沿斜管进入取热器,被取走热量,降温后的催化剂,又被气控风带动,沿取热器上部返回烧焦罐。

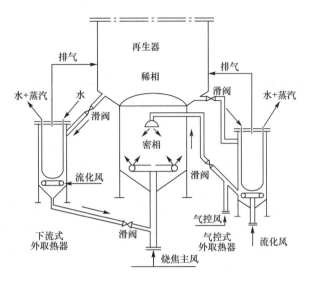

图 4-24 上、下流式外取热器

⑨三机组

催化裂化装置烟气能源回收一般采用四机组(烟气轮机、主风机、电动机/发电机、蒸汽轮机)构成。本套装置由于重质油烧焦过程产生大量高温烟气,故采用了省掉蒸汽轮机的三机组结构。其流程原理为:烟气轮机是动力机,高温烟气膨胀做功带动烟气轮机旋转,并带动主风机工作,为烧焦罐提供主风,还带动发电机旋转发电。若烟气量不够,启动电动机辅助烟气轮机共同带动主风机运转。做功后的烟气能量品位下降后,进入废热锅炉进行能量的梯级回收利用。最后一级是省煤器回收热能,乏气进入烟囱排入大气。

(4)热工部分

主要是将过程的废热加以回收产生蒸汽,一部分自用,另一部分外卖电厂。

装置发汽设备包括:外取热器(两台)、循环油浆蒸汽发生器(两组)、分馏二中段蒸汽发生器及余热锅炉等。其中外取热器用一台汽包,循环油浆蒸汽发生器每两台为一组,每组共同用一台汽包,分馏二中段蒸汽发生器及余热锅炉各用一台汽包,因此本装置系统中共设有五台汽包。其中外取热器、循环油浆蒸汽发生器及分馏二中段蒸汽发生器分别用烟气与催化剂、循环油浆及分馏二中段回流油作为热源,而余热锅炉则用再生烟气作为热源。

自系统来的流量为 196 t/h 的除盐水与催化气压机凝汽透平产生的流量为 27 t/h 的凝结水一起送至装置分馏塔塔顶油气换热器 E1201A~H 加热,将水温提高到 90 ℃,然后进入大气旋膜式除氧器 V1501A、B,自解吸塔底重沸器来的流量为 37 t/h 的凝结水也一并进入除氧器 V1501A、B。流量为 260 t/h 的除盐水经除氧后由中压锅炉给水泵 P1501A~D 加压进入余热锅炉 B1501 的水-水换热器进行换热(热源来自一级省煤器出口),然后进入省煤器中预热至 170 ℃。预热后的除氧水分别送至余热锅炉汽包、外取热器 V1401 汽包、循环油浆蒸汽发生器 V1402A 和 B 汽包及分馏二中段蒸汽发生器 V1403 汽包,其水流量分别由各自汽包液位控制。

装置(余热锅炉)产的 250 t/h 的中压过热蒸汽,除 26.8 t/h 的蒸汽自用外,其余 223.2 t/h 蒸汽全部送至电厂汽轮机做功。装置开工时使用的中压过热蒸汽由电厂供给,装置正常生产及开工使用的 1.0 MPa 蒸汽由系统管网供给。为保证装置的生产安全,在中压蒸汽管网与低压蒸汽管网之间设置了减温减压器,其作用如下:①装置自产的中压过热蒸汽减温减压;②来自系统的中压过热蒸汽减温减压;③中压饱和蒸汽减温减压。

正常情况下,自烟机来的 484 ℃ 再生烟气进入余热锅炉,温度降至 200 ℃ 后排至烟囱。余热锅炉投入运行前再生烟气可经过旁路烟道排至烟囱。

本装置由于再生部分过剩热量较多,装置总取热负荷约 85 480 kW,设计采用两台外取热器,同时在再生器内设置蒸汽过热管,使部分装置产生的中压蒸汽过热。两台外取热器,一台采用气控外循环式,一台采用阀控式。取热管均采用大直径的翅片管,蒸汽循环采用自然循环方式。

另外,在过热器和省煤器之间设蒸发段,因烟机停运时,进入烟气余热锅炉的烟气温度很高,经过热器后的温度仍可使省煤器沸腾,而使装置中蒸汽发生设备的汽包液位无法控制。增加蒸发段后,用余热锅炉汽包与蒸发受热面之间的自然循环吸收烟气的热量,产生的蒸汽回到余热锅炉汽包。

(5)分馏部分

分馏的主要任务是依据催化裂化反应产出的混合油气中,各组分油气的沸点不同,调控馏程温度,将混合油气分离成富气、粗汽油、轻柴油、回炼油、油浆,并保证汽油干点、轻柴油凝固点和闪点合格。分馏过程是在分馏塔 T1201 中完成的,流程如图 4-25 所示。

分馏塔共有 34 层塔盘,塔盘采用双溢流结构,塔中间设置两个集油器,在塔底部装有 7 层人字形挡板。

沉降器 R1101B 来的反应油气进入分馏塔底部,通过人字形挡板与循环油浆逆流接触,洗涤掉反应油气中残存的催化剂颗粒,降低温度,使油气呈"饱和状态"进入分馏塔进行分馏。油气经过分馏后得到富气、粗汽油、轻柴油、回炼油、油浆。为提供足够的内部回流,并使塔的负荷分配均匀,分馏塔分别设有四个循环回流。

分馏塔塔顶油气经分馏塔塔顶油气换热器 E1201A~H 换热后,再经分馏塔塔顶油气干式空冷器及分馏塔塔顶油气冷凝冷却器 E1202A~P、E1203A~H 冷至 40 ℃ 后进入分馏塔塔顶油气分离器进行气、油、水分离。分离出的粗汽油经粗汽油泵 P1202A、B 可分成两路,一路作为吸收剂经粗汽油冷却器 E1220 冷却至 35 ℃ 后打入吸收塔 T1301,另一路作为反应终止剂打入提升管反应器终止段入口。富气进入气压机 C-1301,含硫的酸性水流入酸性水缓冲罐 V1207,用酸性水泵 P1203A、B 抽出,一部分作为富气洗涤水、提升管反应器终止剂,另一部分送出装置。

分馏塔多余热量分别由顶循环回流、一中段循环回流、二中段循环回流及油浆循环回流取走。

顶循环回流自分馏塔第四层塔盘抽出,用顶循环油泵 P1204A、B 升压,经原料油-顶循环油换热器 E1206A、B 及顶循环油-热水换热器 E1204A~D 降温至 95 ℃ 后,再经顶循环油空冷器 E1205A~D 调节温度至 80 ℃ 返回分馏塔第 1 层。

一中段回流油自分馏塔第 21 层抽出,用一中段循环油泵 P1206A、B 升压,经稳定塔底重沸器 E1311、原料油-分馏一中段油换热器 E1207、分馏一中段油-热水换热器 E1208 换热,将温度降至 200 ℃ 返回分馏塔第 16、18 层。

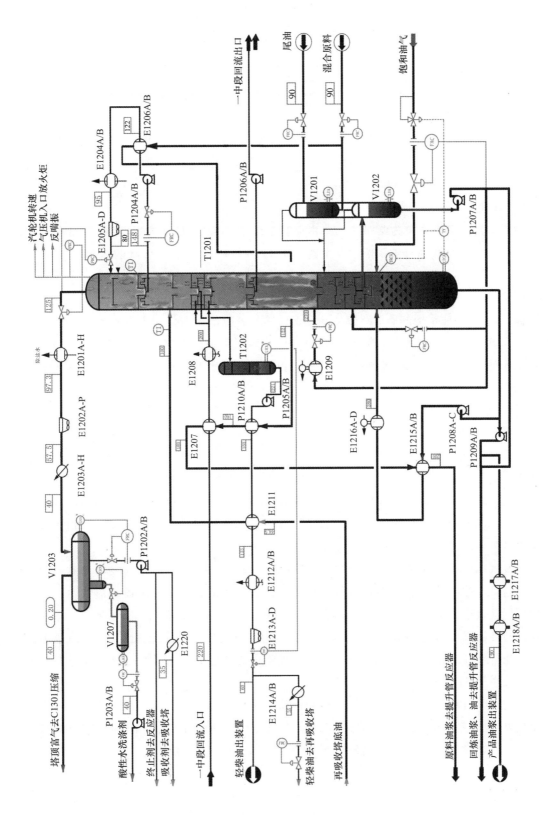

图 4-25　分馏部分流程图

轻柴油自分馏塔第 15、17 层抽出自流至轻柴油汽提塔 T1202,汽提后的轻柴油由轻柴油泵 P1205A、B 抽出后,经原料油-轻柴油换热器 E1210A、B、轻柴油-富吸收油换热器 E1211、轻柴油-热水换热器 E1212A、B、轻柴油空冷器 1213A~D 换热冷却至 60 ℃后,再分成两路。一路作为产品出装置;另一路经贫吸收油冷却器 E1214A、B,降温至 35 ℃后至再吸收塔 T1303 作再吸收剂。

二中段回炼油自分馏塔第 33 层自流至回炼油罐 V1202,经二中段回炼油泵 P1207A、B 升压后,一路与回炼油浆混合后进入提升管反应器,另一路返回分馏塔第 33 层,第三路作为二中段循环回流,经过换热器 E1209 产生 3.5 MPa 级饱和蒸汽后,将温度降至 270 ℃返回塔内,第四路作油浆过滤系统浸泡油。

油浆自分馏塔底分为两路。一路由循环油泵 P1208A~C 抽出后,经原料油-循环油浆换热器 E1215A、B、循环油浆蒸汽发生器 E1216A~D 产生 3.5 MPa 级的饱和蒸汽,将温度降至 280 ℃后,分上、下两路返回分馏塔。另一路由产品油浆外甩泵 P1209A、B 抽出后再分为两路:一路作为回炼油浆与回炼油混合后直接送至提升管反应器 R1101;另一路经油浆过滤后,经产品油浆冷却器 E1217A、B 及 E1218A、B 冷却至 90 ℃,作为产品油浆送出装置。

为防止油浆系统设备及管道结垢,设置油浆阻垢剂加注系统。桶装阻垢剂先由化学药剂吸入泵 P1103 打进化学药剂罐 V1105,再由化学药剂注入泵 P1101A~C 连续注入循环油浆泵 P1208A~C 出口管线。

(6)吸收稳定部分

吸收稳定部分流程如图 4-26 所示。从分馏塔顶油气分离器来的富气进入气压机一段进行压缩,然后由气压机中间冷却器冷却至 40 ℃后,进入气压机中间分离器进行气、液分离。分离出的富气再进入气压机二段,二段出口压力(绝)为 1.6 MPa。气压机二段出口富气与解吸塔塔顶气及富气洗涤水汇合后,先经压缩富气干式空冷器 E1301A~D 冷凝,与吸收塔塔底油汇合进入压缩富气冷凝冷却器 E1302A~D 进一步冷却至 40 ℃后,进入气压机出口油气分离器 V1302 进行气、油、水分离。

经气压机出口油气分离器分离后的气体进入吸收塔进行吸收,作为吸收介质的粗汽油分别自第 4 层或第 13、19 层进入吸收塔,吸收过程放出的热量由两中段回流取走。其中一中段回流自第 7 层塔盘下集油箱流入吸收塔一中段回流泵 P1305A、B,升压后经吸收塔一中段油冷却器 E1303 冷却至 35 ℃返回吸收塔第 8 层塔盘;二中段回流自第 30 层塔盘下集油箱抽出,由吸收塔二中段回流泵 P1306 送至吸收塔二中段油冷却器 E1304 冷却至 35 ℃,返回吸收塔第 31 层塔盘。

经吸收后的贫气至再吸收塔,用轻柴油作吸收剂进一步吸收后,干气分为三路:第一路至提升管反应器作预提升干气;第二路作油浆过滤器反冲洗干气;第三路至产品精制脱硫,作为工厂燃料气。塔底富吸收轻柴油返至分馏塔 T1201 第 13 层。

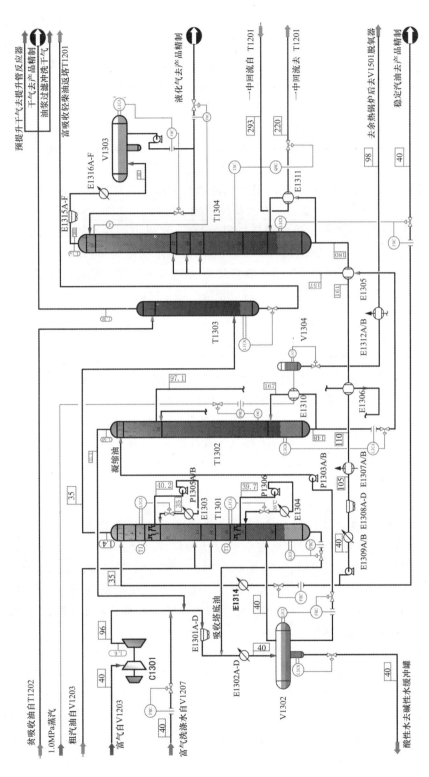

图 4-26　吸收稳定部分流程图

凝缩油由解吸塔进料泵 P1303A、B 从油气分离器 V1302 抽出后进入解吸塔第一层,由解吸塔中段重沸器 E1306、解吸塔塔底重沸器 E1310 提供热源,以解吸出凝缩油中 C_2 以下的组分。解吸塔中段重沸器采用热虹吸式,以稳定汽油为热源;采用热虹吸式的解吸塔塔底重沸器以 1.0 MPa 蒸汽为热源,凝结水进入凝结水罐 V1304,经凝结水-热水换热器 E1312A、B 送至余热锅炉。脱乙烷汽油由解吸塔塔底流出,经稳定塔 T1304 进料换热器 E1305 与稳定汽油换热后,送至稳定塔进行多组分分馏,稳定塔塔底重沸器 E1311 也采用热虹吸式并由分馏塔一中段循环回流油提供热量。液化石油气从稳定塔塔顶馏出,经稳定塔塔顶油气干式空冷器 E1315A~F、稳定塔塔顶冷凝冷却器 E1316A~F 冷却至 40 ℃后进入稳定塔塔顶回流罐 V1303。经稳定塔塔顶回流油泵 P1308A、B 抽出后,一部分作为稳定塔回流,其余作为液化石油气产品送至产品精制脱硫、硫醇。

稳定汽油自稳定塔塔底先经稳定塔进料换热器、解吸塔中段重沸器、稳定汽油-热水换热器 E1307A、B,分别与脱乙烷汽油、解吸塔中段油、热水换热后,再经稳定汽油干式空冷器 E1308A~D、稳定汽油冷却器 E1309A、B 冷却至 40 ℃,一部分由稳定汽油泵 P1309A、B 经补充吸收剂冷却器 E1314 冷却至 35 ℃后送至吸收塔作吸收剂,另一部分作为产品至产品精制脱硫醇。

2. 公用工程

(1)1.0 MPa 蒸汽系统

1.0 MPa 蒸汽从装置外管网进入装置内 1.0 MPa 蒸汽管网,经蒸汽分水器 V1117 后供装置反应-再生系统、分馏系统、吸收稳定系统和机组等用汽,同时供给产品精制系统用汽。另外,从中压蒸汽系统来的一部分中压蒸汽,经减温减压器并入装置内 1.0 MPa 蒸汽管网。正常生产时,装置用的 1.0 MPa 蒸汽大都从装置外进入,只有一小部分从减温减压器来。如果装置外蒸汽管网供汽出现问题,则必须大量使用从减温减压器来的 1.0 MPa 蒸汽,以确保全装置的平稳运行。

(2)净化风、非净化风系统

0.7 MPa 净化风进入装置后,直接进入净化风罐 V1110,从罐顶出来后,除供给滑阀吹扫、仪表、产品精制、催化剂小型加料流化和自动加料器等用风外,还有一路进入净化风罐 V1111,供烟机密封、放火炬蝶阀、气压机入口蝶阀、防喘振阀、阻尼单向阀等用风。

0.7 MPa 非净化风进装置后,进入非净化风罐 V1112,供给反应-再生系统松动、催化剂罐松动冲压、辅助燃烧室、再生器燃烧油、催化剂加卸料输送和工艺管线吹扫等用风,还分出一条线供产品精制系统用风。

(3)余热回收站

余热回收站主要由热媒水循环泵 P1601A、B、隔油罐 V1601A、B、油水分离器 V1603A、高效除油纤维过滤器 FI1601A、蒸汽加热器 E1602A、海水冷却器 E1601A、B 以及各种仪表、加料与取样设备构成。

热媒水在热源处取热,温度升高后进入隔油罐,之后进入热媒水循环泵,经水泵升压后送到各用户使用。热媒水回水返回到余热回收站再进行加热,如此形成闭路循环系统。其中一部分热媒水经油水分离器和高效除油纤维过滤器,除去热媒水中的悬浮物和油,然后进入热媒水循环泵入口。

为了保证气液分离装置用水条件,设置了临时加热器 E1206A,用 1.0 MPa 蒸汽加热热媒水供水。如果热媒水回水温度较高,影响与催化装置的工艺介质换热,可通过海水冷却器将回水冷却,然后再送入催化装置取热。

(4)污水预处理

自装置来的含油污水进入污水提升池(以下称为 1# 污水池),经污水提升泵送入油水分离器,在油水分离器中依靠油、水的密度差进行油、水的分离。分离出的污水进入污水提升池(以下称为 2# 污水池),经处理后由污水提升泵送至污水处理厂;分离出的污油进入污油提升池(以下称为污油池),经污油提升泵送入装置的污油管道(二中段返塔管线)中或装车运走。

3. 产品精制部分

(1)汽油脱硫醇

自 3.5×10^6 t/a 重质油催化裂化装置来的汽油,经汽油过滤器 FI3101A、B 除去大于 300 μm 的固体颗粒后,进入空气-汽油混合器 MI3101 与空气混合。混有空气的汽油从纤维膜接触器 FFC3101 顶端注入,与催化剂碱液接触并流通过纤维膜接触器。汽油中的硫化氢及硫醇在催化剂的作用下,被分别氧化成硫代硫酸钠及二硫化物。经分离后硫代硫酸钠溶于碱液中,二硫化物溶于汽油中。

脱硫化氢催化反应方程式为

$$H_2S + 2NaOH \Longrightarrow Na_2S + 2H_2O$$
$$2Na_2S + H_2O + 2O_2 \Longrightarrow Na_2S_2O_3 + 2NaOH$$

脱硫化氢反应总方程式为

$$2H_2S + 2NaOH + 2O_2 \Longrightarrow Na_2S_2O_3 + 3H_2O$$

脱硫醇催化反应方程式为

$$RSH + NaOH \longrightarrow RSNa + H_2O$$
$$2RSNa + H_2O + \frac{1}{2}O_2 \longrightarrow RSSR + 2NaOH$$

脱硫醇催化反应总方程式为

$$2RSH + \frac{1}{2}O_2 \longrightarrow RSSR + H_2O$$

新鲜碱由碱液泵 P3102A、B 间断补充,并经过碱液过滤器 FI3102 过滤。为弥补由于干基汽油携带饱和水,造成的碱液浓度逐步升高,通过新鲜水加入泵 P3106A、B 连续补充新鲜水。

汽油及催化剂碱液在碱洗沉降罐 V3101 中沉降分离,分离后的碱液由催化剂碱液循环泵 P3106A、B 循环使用,汽油及尾气进入汽油沉降罐 V3102 中分离,分离出来的尾气经尾气分液罐 V3109 后送至催化烟囱放空;汽油经汽油成品泵 P3101A、B 升压后送出装置。碱洗沉降罐中设置聚结器 CP3101,减少汽油夹带的碱液,保证汽油中的 Na^+ 含量小于 1.0×10^{-6}(质量分数)。

催化剂由催化剂加入混合器 MI3103 注入,以保证循环碱液中催化剂浓度达到 2.0×10^{-4}(质量分数)。

(2) 干气及液化气脱硫

液化气自 3.5×10^6 t/a 重质油催化裂化装置来,经液化气缓冲罐 V3201 后,由液化气进料泵 P3201A、B 送入液化气脱硫抽提塔 T3201,用浓度为 30% 的甲基二乙醇胺溶液进行抽提,脱除硫化氢后的液化气经液化气胺液回收器 V3203 进一步高效分离并回收胺液后,送至液化气脱硫醇部分。

干气自 3.5×10^6 t/a 重质油催化裂化装置来,经干气冷却器 E3201A、B 冷却后进入干气分液罐 V3202 分液,然后进入干气脱硫塔 T3202,与浓度为 30% 的甲基二乙醇胺溶液逆向接触,干气中的硫化氢和部分二氧化碳被溶剂吸收,塔顶净化干气用循环除盐水洗涤后,经干气胺液回收器 V3204 分液后送至燃料气管网。

液化气脱硫抽提塔 T3201 和干气脱硫塔 T3202 的塔底富液合并送至气体联合装置再生。

(3) 液化气脱硫醇

液化气脱硫后,经液化气-碱液混合器 MI3301 与 10% 碱液混合后,进入液化气预碱洗沉降罐 V3301,经沉降分离后,碱液循环使用,新鲜碱液由催化剂碱液循环泵 P3301A、B 间断补充,碱渣靠自身压力排至碱渣罐 V3106,液化气至液化气脱硫醇抽提塔 T3301,用溶解有磺化酞菁钴催化剂的碱液进行液-液抽提,脱硫醇后的液化气再用除盐水洗涤以除去微量碱,最后经液化气砂滤塔 T3302 进一步分离碱雾及水分后送出装置。

液化气脱硫醇抽提塔塔底的催化剂碱液用热水加热至 60 ℃,进入氧化塔 T3303,用非净化空气再生,经二硫化物分离罐 V3303 分离并冷却后,催化剂碱液经催化剂碱液循环泵送至液化气脱硫醇抽提塔循环使用;硫醇氧化所生成的二硫化物间断排至碱渣罐,分离出的尾气与汽油脱硫醇尾气合并送至催化裂化装置烟囱排空。

4.2.3　炼油小常识

炼厂气:炼制石油,如裂化、焦化、重整等过程中产出的气体产品,主要成分是氢气、甲烷和烯烃等。

液化石油气:炼厂气经压缩、冷凝后分离出来的混合烃。主要成分是丙烷、丙烯、丁烷、丁烯等,常压下为气态,加压后呈液态。

石脑油:原油炼制从初馏点至 220 ℃馏分的轻质油。经催化重整可产高辛烷值汽油,也可产溶剂油。

直馏馏分油:常压蒸馏得到的馏分油。保留着原油化学组成的烷烃,基本不含不饱和烃,辛烷值低,一般为 40~60。经二次加工后,其组成变化较大,往往含有不饱和烃和芳烃,辛烷值高,一般为 80~90。

渣油:炼制原油时,在蒸馏过程中得到的塔底油,包括常压渣油和减压渣油两种。常渣沸点高于 350 ℃;减渣沸点高于 500 ℃。

重油:炼油过程中常压沸点高于 350 ℃ 的馏分油。

油浆:主要成分是稠环化合物。可用来加工优质石油焦、炭黑、橡胶填充油等。

轻质油:与重质油相对应,常压沸点低于 350 ℃ 的馏分油。包括汽油、煤油和柴油。

凝析油：天然气凝析出来的液相组分，又称天然汽油。其主要成分是 $C_5 \sim C_8$ 烃类的混合物。

溶剂油：原油直馏馏分经过分馏或者重整抽余油，用作溶剂的油类。

汽油：石油加工的重要产品之一，馏程 30～220 ℃，汽油发动机专用燃料。分为直馏汽油、催化裂化汽油、热裂化汽油、重整汽油、焦化汽油、烷基化汽油、异构化汽油、芳构化汽油等。

辛烷值：汽油抗爆性判定指标。规定异辛烷（2,2,4-三甲基戊烷）抗爆性最好，辛烷值为100；正庚烷抗爆性最差，辛烷值为 0。用研究法测定汽油样品的抗爆性与含 90％异辛烷和10％正庚烷标准试样一致时，定义该汽油为 90♯。现有汽油牌号为 92♯、95♯、98♯。

柴油：石油加工的重要产品之一，馏程 200～350 ℃，是柴油发动机专用燃料。

柴油的十六烷值：判定柴油压燃性能的指标。正十六烷易燃烧，规定其十六烷值为 100；α-甲基萘不易燃烧，规定其十六烷值为 0。若柴油样品与含 40％正十六烷、60％α-甲基萘的混合液相等，该样品的十六烷值即为 40。

柴油的标号：判定柴油低温流动性的指标。如 10♯、5♯、0♯、－10♯、－20♯、－35♯和－50♯牌号柴油，分别表示其凝固点是 10 ℃、5 ℃、0 ℃、－10 ℃、－20 ℃、－35 ℃、－50 ℃。

航空煤油：涡轮发动机（飞机）的专用燃料。分煤油型（馏程 140～180 ℃）、宽馏分型（馏程 60～280 ℃）、高密度型（密度大于 0.83 g/cm^3）。

燃料油：船舶锅炉、加热炉、冶金炉和其他工业炉专用燃料。由裂化、直馏、减馏残渣制成，黏度大，非烃化合物、胶质及沥青质多。如燃料油的运动黏度为 180 cS，就称它为 180♯燃料油。

润滑油：对机械起润滑作用的油品，也包括一些不起润滑作用的油品，如电器绝缘油、切削油等。低速机械用高黏度润滑油，高速机械用低黏度润滑油。

润滑脂：俗称黄油，是润滑油基础油加稠化剂制成的固体或半流体状的可塑性润滑材料。用于不宜使用润滑油的轴承、齿轮等部位。

基础油：石油馏分或残油经过脱沥青、精制、脱蜡和补充精制后制成的润滑油料。基础油可以单独使用，但主要是与其他油品或添加剂掺和使用。

蜡：分为石蜡和地蜡两类。石蜡由 $C_{17} \sim C_{36}$ 的大分子正构烷烃组成，相对分子质量为300～600。地蜡主要由大分子异构烷烃和 $C_{37} \sim C_{53}$ 的环烷烃组成，相对分子质量为500～700。

沥青：多环的缩合芳香烃为主，富含胶质和 O、N、S 杂原子，相对分子质量为 1 000～10 000，是道路和建筑用材料。

石油焦：减压渣油在 490～550 ℃高温下分解、缩合、焦炭化后生成的固体焦炭。由焦化装置直接生产得到的焦炭称为原焦或生焦。用于高炉冶炼、金属铸造或用作冶金电极原料。

瓦斯油：馏程 200～500 ℃的石油馏分，又称为粗柴油。

胶质：从石油中分离出来的、通常是褐色至暗褐色的黏稠液体或无定型固体。它的分子结构非常复杂，含有相当多的环状结构，属稠环系。胶质具有很强的着色能力，油品的颜色主要是由于胶质的存在而造成的。

闪点：油品用开口瓶（或闭口瓶）法加热，挥发的油蒸气与空气混合，接触点火器发生闪燃时的最低温度,称为该油品的闪点。它是判定油品可能出现火灾的温度安全极限。

燃点:用上述方法继续加热升温,直至挥发蒸气与空气混合气体接触点火器点燃并燃烧至少5 s时的最低温度,称为该油品的燃点。

自燃点:油品加热升温与空气接触时,在没有引火的条件下,油品与空气剧烈氧化而产生自行燃烧时的最低温度,称为自燃点。所有石油产品的自燃点均较常温高很多,因此在高温炼油时,一定要避免油品外溢与空气接触。油品愈轻,其闪点与燃点愈低,而自燃点却愈高,见表4-2。

表4-2 油品的闪点、燃点和自燃点

名称	闪点/℃	燃点/℃	自燃点/℃
汽油	−50～−20	—	416～530
煤油	28～60	80～84	380～420
柴油	50～370	220	300～330
润滑油	120～530	—	300～380

干点:用恩氏蒸馏实验法,将100 mL汽油放置于烧瓶里,加热蒸馏。蒸出首滴汽油时的温度,叫作初馏点;蒸出10 mL汽油时的温度,叫作10%点;依次可以得到20%点、30%点……;蒸至最后一滴油的温度,叫作干点。车用汽油要求恩式蒸馏的干点不高于205 ℃,10%点不高于79 ℃。这样可控制馏程范围内汽油的组成。

4.3 原油常减压蒸馏工艺

4.3.1 概述

石油是指气态、液态和固态的烃类混合物,具有天然的状态。原油是指石油的基本类型,储存在地下岩层内,在常压下呈液态。

原油是一种由不同烃类组成的复杂混合物。用蒸馏的方法将原油分离成轻、重不同"馏分"的过程称原油的一次加工,也称原油蒸馏。馏分是一个混合物,馏分的沸点范围简称为馏程或沸程。

从天然原油直接蒸馏得到的馏分,称为直馏馏分,或称为直馏产品。例如直馏汽油(石脑油)、直馏煤油、直馏柴油等。

直馏产品为粗产品或半成品,不能直接应用,如汽油的辛烷值低、杂化物多,通常经过精制和调和才能成为合格的产品,一次加工是粗加工过程。它包括原油预处理、常压蒸馏和减压蒸馏等。

4.3.2 原油预处理工艺

1.简介

原油中除了含少量泥沙、铁锈等固体杂质外,由于地下水的存在及油田注水原因,开采出的原油一般都含有 10%～20% 的水,并且这些水中都溶有钠、钙、镁等盐类,以微粒状态悬浮在原油中,形成较稳定的油包水型乳化液,很难分离。原油的含水含盐给运输、储存、加工和产品质量造成了极大的危害。

水的危害:原油含盐和水会对后续的加工工序带来不利的影响。水的汽化潜热很大,若水与原油一起发生相变时,必然要消耗大量的燃料和冷却水,会增加燃料消耗和蒸馏塔顶冷凝冷却器的负荷。原油含水过多会造成精馏塔操作不稳定,有时是引起精馏塔液泛的主要原因。

盐的危害:原油中含无机盐主要是氯化钠、氯化钙、氯化镁等。这些盐类易水解生成盐酸,腐蚀设备,也会受热后在换热器和加热炉管壁上形成盐垢,增加热阻,降低传热效果,使泵的出口压力增大,增加动力消耗,严重时甚至会击穿炉管或堵塞管路,造成停工停产。

因此,原油蒸馏前,必须严格进行原油预处理,使原油中的盐脱至 <3 mg/L,水含量 <0.2 mg/L。由于盐是溶解在水中,脱水的同时,盐也脱去,常采用电-化学方法进行。

2. 电-化学脱盐脱水原理

含水的原油是一种比较稳定的油包水型乳状液,之所以不易脱除水,主要是由于它处于高度分散的乳化状态。特别是原油中的胶质、沥青质、环烷酸及某些固体矿物质都是天然的乳化剂,它们具有亲水或亲油的极性基团。因此,极性基团浓集于油水界面而形成稳定的单分子保护膜,如图 4-27 所示。

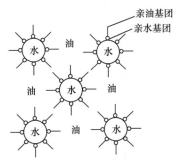

图 4-27　乳化剂形成"油包水"型乳化液示意图

油包水乳化膜阻碍了小颗粒水滴的凝聚,只有破坏这种乳化状态,使水聚结增大而沉降,才能达到油与水的分离目的。脱水的关键是破坏稳定的乳化膜,常用化学法和电-化学法。

(1) 化学法

向原油中注入破乳剂,破乳剂在原油中分散后,逐渐接近油水界面并被油面膜吸附。由于它比天然乳化剂有更高的活性,因而可将乳化膜中的天然乳化剂替换出来,新形成的膜是不牢固的,界面膜容易破裂而发生水的聚结。破乳剂是一些醚类、酰胺类、酯类的表面活性剂所组成,用量一般为 10～20 ppm。

(2) 电-化学法

乳化液在电场中破乳主要是静电力作用的结果。无论是在交流还是在直流电场中,乳化液中的微小水滴都会因感应产生诱导偶极,即在顺电场方向的两端带上不同电荷,接触到电极的水滴还会带上静电荷,因而在相邻的水滴与电极板间均产生静电力。水滴在电场力作用下,形成椭圆球体,随着电场强度增大,其偏心率变大,水滴变尖,如图4-28,形成微小液滴。然后再加入适量破乳剂,借助电场力作用,使微小液滴聚结成大水滴,如图4-29,最后利用油水比重差,沉降脱除。

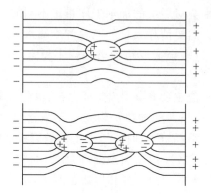

图 4-28 高压电场中水滴的偶极聚结示意图

图 4-29 乳化液破乳过程示意图

3. 电-化学脱盐脱水工艺流程

(1)电脱盐脱水设备

原油电脱盐脱水设备主要是电脱盐罐。有卧式和直立式两类,目前一般都采用卧式,其结构示意图如图 4-30 所示。主要由外壳电场、电极板及原油分配器等组成。

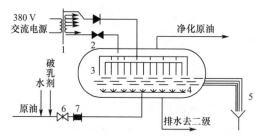

图 4-30 卧式交直流脱盐脱水罐结构示意图

1—变压器;2—整流器;3—电极板;4—原油分配器;
5—液位管;6—混合阀;7—混合器

外壳电场:380 V 交流电源经升压整流变为电压 5.85～11.25 kV 的直流电送至电极,并在极板间形成直流强电场。同时,在极板与水层之间形成交流弱电场。

电极板:卧式电极板的层数,国内原来多采用四层,间距较小。实践证明,电极板层数过多相间距过小,不仅脱盐效果不好,而且电耗增多并易短路跳闸。现大多炼油厂都相继改为 2～3 层电极,间距也适当加大。

原油分配器:主要有两种形式,一类是喷头将原油直接喷在两层电极之间,另一类是在脱盐罐下部进料,经多孔分配器均匀喷出。前者适用于轻质原油而后者适用于重质原油。

罐的上部为电场空间,下部为水沉降分离空间,中间有油水界面。悬挂在罐中的电极与另一极容器壁组成电场。含水原油自下而上流动,受电场作用,水滴不断积聚增大,靠密度差自油中沉降至罐底。

(2)原油电－化学二级脱盐脱水工艺流程

工艺条件:温度:80～120 ℃;压力:0.15～0.2 mPa;注水量:一级 5%、二级 3%;停留时间:2 min;电场强度:700～1 000 V/CM。原油脱盐脱水工艺流程级数的选定与原油的含盐量和脱后原油的含盐要求有关,一级脱盐量约 90%～95%。为了深度脱盐,必须采用二级电脱盐工艺流程,如图 4-31 所示。一般控制脱盐后原油含盐量<3 mg/L、含水量<0.2%。

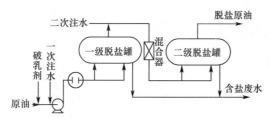

图 4-31 典型二级电脱盐流程示意图

由图 4-31 可知,经换热使原油达到规定温度,送入一级罐进行第一次脱水、脱盐。一级脱后原油再与破乳剂及二次注水混合进入二级罐进行第二次脱水、脱盐。通常二级罐排水含盐量不高可将他回注到一级混合阀前,这样既节省用水又减少含盐污水的排出量。注水目的:主要是洗去悬浮在原油中的盐,另外可促进破乳剂与原油充分混合。

4.3.3 常减压蒸馏工艺

1.常减压蒸馏原理

(1)常压蒸馏原理

精馏又称分馏,它是在精馏塔内同时进行的液体多次部分气化和气体多次部分冷凝的过程。原油之所以能够利用分馏的方法进行分离,其根本原因在于原油内部的各组分的沸点不同。

在原油加工过程中,把原油加热到 360～370 ℃进入常压分馏塔,在气化段进行部分气化,其中汽油、煤油、轻柴油、重柴油这些较低沸点的馏分优先汽化成为气体,而蜡油、渣油仍为液体。

(2)减压蒸馏原理

液体沸腾必要条件是蒸气压必须等于外界压力。降低外界压力就等效于降低液体的沸点。压力愈小,沸点降的愈低。如果蒸馏过程的压力低于大气压以下进行,这种过程称为减压蒸馏。

2.常减压蒸馏主要设备

(1)加热炉

目前,炼油厂使用较广泛的管式加热炉有圆筒炉和立式炉。以圆筒炉为例。

圆筒形管式加热炉一般由辐射室(炉膛或燃烧室)、对流室和烟囱三部分组成,其外形与结构如图 4-32、图 4-33 所示。辐射室、对流室内分别布满了垂直的或水平的、耐高温的合金钢炉管,原油在管内流动。炉底装有油-气联合燃烧器(喷嘴)。喷出的火焰温度高达 1 000~1 500 ℃以上,主要以辐射传热的形式将大部分热量传递给辐射炉管内流动的原油。

原油由上而下,先进入对流炉管预热,再进入辐射炉管。管内原油与管外高温烟气经逆向流动,通过炉管壁不断吸收热量至炉出口处,以达到生产工艺所要求的温度。

当烟气温度降至 800 ℃左右,由下而上经辐射室进入对流室。在对流室,高温烟气主要以对流传热的方式将热量传递给对流炉管内流动的原料油。烟气温度降至 200~300 ℃后经烟囱被排出。

图 4-32   圆筒管式加热炉   图 4-33   圆筒管式加热炉内部结构

(2)机泵

在炼油生产过程中,由于其原料,中间产品和最终产品基本上都是液体,因此,液体的输送是炼油生产过程不可缺少的重要环节。通常将液体输送的设备称为泵,泵的种类很多,如往复泵、离心泵、旋转泵等。其中离心泵是炼油过程中使用最多的设备之一,构造主要由泵体、叶轮、轴和填料函等部件组成,如图 4-34 所示。图 4-35 为 RY 型风冷式热油泵,能耐 400 ℃以上高温。

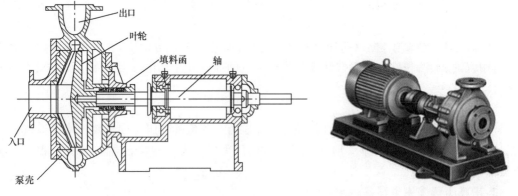

图 4-34   RY 型风冷式热油泵结构图   图 4-35   RY 型风冷式热油泵

（3）换热器

目前炼油厂应用最多的是管式换热器，其换热设备的传热面由管子构成，如管壳式（列管式）、套管式、蛇管式等。现以管壳式为例加以说明，常见的管壳式为固定管板式和浮头式换热器。

（4）常减压塔

在常减压装置中，都有一个"高瘦"和一个"矮胖"两个直立的塔器，它们都属于蒸馏塔（精馏塔）。其中"高瘦"的称为常压分馏塔（简称常压塔），"矮胖"的称减压分馏塔（简称减压塔）。原油经过常压加热炉加热后，先进入常压塔进行分馏，塔顶分出轻馏分，塔底重馏分终减压加热炉加热后再进入减压塔进行分馏。图 4-36 为原油常-减压蒸馏装置示意图。

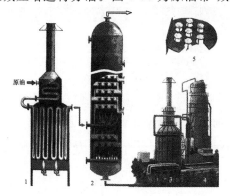

图 4-36 原油常减压蒸馏装置示意图
1—常压加热炉；2—常压塔；3—减压加热炉；4—减压塔；5—浮阀塔盘

常压蒸馏塔的结构：

常压塔是由直圆柱形桶体，高度为 35～40 m，材质一般为 A3R 或 16MnR，对于处理高含硫原油的装置，塔内壁还有不锈钢衬里。一般为椭圆形或半圆形。塔底支座要求有一定高度，以保证塔底有足够的灌注压头。管嘴是将塔体和其他部件连接起来的部件，一般由不同口径的无缝钢管加上法兰和塔体焊接而成。由于进料气速高，流体的冲刷很大，为减小塔体内所受损伤，同时为使气、液分布和缓冲的作用，进料口一般有较大的空间，以利于气液充分分离。

3.常减压三段汽化工艺流程

原油蒸馏装置气化段数可分为：一段气化（常压）、二段汽化（初馏-常压或常压-减压）、三段汽化（初馏-常压-减压）。

目前炼厂应用最为广泛的为初馏-常压-减压三段汽化，初馏（初步气化、闪蒸、初步分离）。设初馏塔的优点是：可减少系统阻力，特别是减少常压塔阻力；初馏塔可进一步脱水、脱硫、脱砷，减少腐蚀性气体对常压塔腐蚀，可得到含砷 $<2\times10^{-8}$ 的轻汽油（重整原料）。典型的初馏-常压蒸馏-减压蒸馏装置的工艺原则流程如图 4-37 所示。

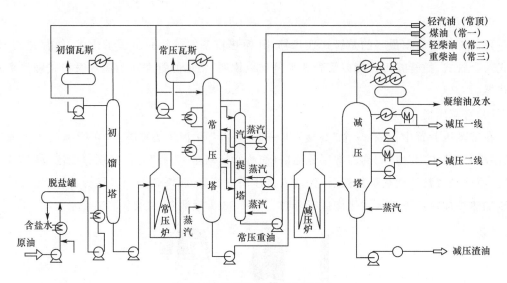

图 4-37　常减压三段汽化工艺初

初馏:由图 4-36,原油经预热至 200~240 ℃经脱盐预处理后,送入初馏塔进行初步分离。从初馏塔塔顶分出轻汽油或催化重整原料油,经过冷凝冷却后,进入油水分离器分离出水和不凝气体(瓦斯气),得轻汽油(国外称"石脑油"),其中一部分返回塔顶作顶回流,初馏塔侧线不出产品。不凝气体称为"原油拔顶气",占原油质量的 0.15%~0.4%,可用作燃料或生产烯烃的裂解原料。

常压蒸馏:初馏塔底油,称作拔头原油(初底油),经加热炉加热至 360~370 ℃,进入常压蒸馏塔(塔板数 36~48),塔顶引出的油气经过冷凝进入气液分离器得到轻汽油和不凝气(常压瓦斯),轻汽油与初顶轻汽油合并出装置,作为催化重整原料、或汽油调和组分。常压塔通常开 3~5 个侧线,第一侧线(常压一线)出煤油;第二侧线出轻柴油,第三侧线出重柴油。

减压蒸馏:减压塔之所以能在减压下操作,是因为在塔顶设置了一个抽真空系统,将塔内的不凝气、水蒸气(湿式减压时)和少量油气连续不断地排除,从而形成真空。

常压塔釜重油由泵抽出,在减压加热炉中加热至 380~400 ℃,进入减压蒸馏塔。采用减压操作是为了避免在高温下重组分的分解裂化。减压塔顶不出产品,塔顶出的不凝气和水蒸气,经冷凝冷却后,由蒸汽喷射抽空器抽出不凝气,维持塔内残压在 1.33 ~8.0 kPa(10~60 mmHg)减压一线油抽出经冷却后,一部分打回塔内作塔顶循环回流以取走塔顶热量,另一部分作为产品出装置。减压塔侧开有 3 ~ 4 个侧线,减压一线为润滑油、减压二为蜡油。减压塔侧线油和常压塔三、四线油,总称"常减压馏分油",用作炼厂的催化裂化等装置的原料。常减压塔侧线产品及温度范围如表 4-3 所示。

表 4-3　　　　　　　　　　　常减压塔侧线产品及温度范围

侧线塔	馏程温度范围/℃	侧线产品
常压塔顶	95～130 ℃	直馏汽油
常压一线	130～240 ℃	航空煤油
常压二线	240～300 ℃	轻柴油
常压三线	300～350 ℃	重柴油
常压四线	350～370 ℃	变压器油
减压一线	370～400 ℃	润滑油
减压二线	400～535 ℃	蜡油
减压三线	535～580 ℃	润滑油原料
减压塔底	>580 ℃	减压渣油

注:初馏点 ～95 ℃　人

4.3.4　生产装置系统运行操作要点

1.常压系统操作条件

常压蒸馏操作的目标为提高分馏精确度和降低能耗为主。影响这些目标的工艺操作条件主要有温度、压力、回流比、塔内气流速度、水蒸气吹入量以及塔底液面等。

(1)温度

常压蒸馏系统主要控制的温度点有加热炉出口、塔顶、侧线温度。

加热炉出口温度:加热炉出口温度高低,直接影响油料的汽化量和带入热量,相应的塔顶和侧线温度都要变化,产品质量也随之改变。如果炉出口温度不变,回流量、回流温度、各处馏出物数量的改变,也会破坏塔内热平衡状态,引起各处温度条件的变化,其中塔顶温度对热平衡的影响最灵敏。加热炉出口温度和流量平稳是通过加热炉系统和原油泵系统控制来实现。

塔顶温度:塔顶是影响塔顶产品收率和质量的主要因素。塔顶温度高,则塔顶产品收率提高,相应塔顶产品终馏点提高,即产品变重。反之则相反。塔顶温度主要通过塔顶回流量和回流温度控制实现。

侧线温度:侧线温度是影响侧线产品收率和质量的主要因素,侧线温度越高,其馏分越重,产品质量越差。侧线温度可通过侧线产品抽出量和中段回流进行调节和控制。

(2)压力

油品汽化温度与其油气分压有关。塔顶温度是指塔顶产品油气分压下的露点温度,侧线温度是指侧线产品油气(煤油、柴油等)分压下的泡点温度、油气分压越低,蒸出同样的油品所需的温度则越低。而油气分压是设备内的操作压力与油品摩尔分数的乘积,当塔内水蒸气吹入量不变时,抽气分压随塔内操作压力降低而降低。操作压力降低,同样的汽化率要求进料温度可低些,燃料消耗可以少些。

因此,在塔内负荷允许的情况下,降低塔内操作压力,或适当吹入汽提蒸汽,有利于进料油气的蒸发。

（3）回流比

回流提供气液两相接触的条件，回流比的大小直接影响分馏的效果，对一般原油分馏塔，回流比大小由全塔热平衡决定。随着塔内温度条件等的改变，适当调节回流量，是维持塔顶温度平衡的手段，以达到调节产品质量的目的。此外，要改善塔内各馏出线间的分馏精度，可借助于改变回流量实现。

（4）气流速度

塔内上升气流由抽气和水蒸气两部分组成，在稳定操作时，上升气流量不变，上升蒸汽的速度也是一定的。在塔的操作过程中，如果塔内压力降低，进料量或进料温度增高，吹入水蒸气量上升，都会使蒸汽上升速度增加，严重时，雾沫夹带现象严重，影响分馏效率。对不同塔板，允许的气流速度也不同，以浮阀塔板为例，常压塔一般为 0.8~1.1 m/s，减压塔为 1.0~3.5 m/s。

（5）水蒸气吹入量

在常压塔底和侧线吹入水蒸气起降低油气分压的作用，而达到使轻组分汽化的目的。吹入量的变化对塔内的平衡操作影响很大，改变水蒸气吹大量，虽然是调节产品质量的手段之一，但是必须全面分析对操作的影响，吹入量多时，增加了塔及冷凝冷却器的负荷。

2. 减压系统工艺操作条件

减压蒸馏操作的主要目标是提高拨出率和降低能耗。因此，影响减压系统操作的因素，除与常压系统大致相同外，还与真空度有关。在其他条件不变时，提高真空度，即可增加拨出率。影响汽化段真空度的主要因素有以下几个方面：

（1）塔板压力降

塔板压力降过大，当抽空设备能力一定时，汽化段真空度就越低，不利于进料油汽化，拨出率降低，所以，在设计时，在满足分馏要求的情况下，尽可能减少塔板数，选用阻力较小的塔板，以及采用中段回流等，使蒸气分布尽量均匀。

（2）塔顶气体导出管的压力降

由于减压塔顶不出产品，为了降低减压塔顶至大气冷凝器间的压力降，采用减一线油打循环回流控制塔顶温度。这样，塔顶导出管导出的只有不凝气和塔内吹入的水蒸气。由于塔顶的蒸气量大为减少，因而降低了压力降。

（3）抽空设备的效能

采用二级蒸汽喷射抽空器，一般能满足工业上的要求。对处理量大的装置，可考虑采用并联二级抽空器，以利抽空。抽空器的严密和加工精度、使用过程中可能产生的堵塞、磨损程度，也都影响抽空效能。

3. 主要设备工艺控制指标

（1）初馏塔

初馏塔工艺控制指标参数见表 4-4。

表 4-4		初馏塔工艺控制指标参数	
名称	温度/℃	压力/MPa	流量/$(t \cdot h^{-1})$
进料流量	235	0.065	121.3
塔底出料	228	0.065	121.2
塔顶出料	230	0.065	5.1

（2）常压塔

常压塔的工艺控制指标参数见表 4-5。

表 4-5		常压塔的工艺控制指标参数	
名称	温度/℃	压力/MPa	流量/$(t \cdot h^{-1})$
常顶回流出塔	120	0.058	
常顶回流返塔	35		10.9
常一线馏出	175		6.3
常二线馏出	245		7.6
常三线馏出	296		9.4
进料	345		121.2
常一中出/返	210/150		24.5
常二中出/返	270/210		28.0
常压塔底	343		101.8

（3）减压塔

减压塔的工艺控制指标参数见表 4-6。

表 4-6		减压塔的工艺控制指标参数	
名称	温度/℃	压力/MPa	流量/$(t \cdot h^{-1})$
减顶出塔	70	−700	
减一线馏出/回流	150/50		17.2/13.00
减二线馏出	260		11.36
减三线馏出	295		11.36
减四线馏出	330		10.1
进料	385		
减一中出/返	220/80		59.77
减二中出/返	305/245		46.69
减压塔底	362		61.98

（4）常压炉和减压炉

常压炉和减压炉的工艺控制指标参数见表 4-7。

表 4-7 常压炉和减压炉的工艺控制指标参数

名称	氧含量/%	炉膛负压/mmHg	炉膛温度/℃	炉出口温度/℃
常压炉	3～6	2.0	610	368
减压炉	3～6	2.0	770	385

4.4 煤制甲醇工艺

4.4.1 概 述

1. 甲醇的性质

甲醇,分子式 CH_3OH,相对分子质量 32,无色,略带有醇香气味,有挥发性,沸点 64.7 ℃,能溶于水,在汽油中有较大的溶解度。甲醇有毒,易燃,蒸气与空气能形成爆炸混合物,其爆炸极限为 6%～34.6%。甲醇对人体的神经系统和血液系统有影响,人饮入 5～10 mL 甲醇就会造成双目失明,饮入 30 mL 会死亡,安全允许的甲醇蒸气含量为 0.05 mg/L。故应注意安全操作和使用。

2. 甲醇的用途

甲醇是一种重要的化工产品,用途很广。它是生产塑料、合成橡胶、合成纤维、农药、染料和医药的原料。其传统用途主要用于生产甲醛、对苯二甲酸二甲酯。随着世界能源的不断消耗,天然气和石油资源的日趋紧张,在甲醇的应用方面又开发了许多新的途径。如以甲醇为原料直接合成汽油、醋酸、人造蛋白等;也可从甲醇出发合成乙醇,然后由乙醇脱水生产乙烯,以代替石油生产乙烯;或以甲醇直接生产乙烯、丙烯等低级烯烃。由于甲醇用途广泛,近年来它的生产能力不断增长。我国甲醇工业 1990 年的产量为 70 万吨,1995 年为 146.9 万吨,2000 年为 208 万吨,2010 年为 1 752 万吨,2011 年为 2 627 万吨,2013 年为 2 878 万吨。但与世界水平相比,无论是生产能力还是应用方面都处在较低水平。40% 产量用于生产甲醛,生产规模小,工艺落后,成本高,与目前我国经济发展不相适应。因此,发展甲醇工业的前景是美好的。

近年来,C_1 化工得到迅速发展,开发了以甲醇为原料的一系列有机化工产品。如在铑催化剂作用下合成醋酐;在 γ-Al_2O_3 催化剂作用下进行脱水反应;再在 ZSM-5 分子筛作用下一步合成高辛烷值汽油;通过一系列硫化、氨化合成蛋氨酸;与异丁烯反应合成甲基叔丁基醚(MTBE)等。

3. 甲醇合成的工艺方法

自 1923 年开始工业化生产以来,甲醇合成的原料路线经历了很大变化。20 世纪 50 年代以前多以煤和焦炭为原料;50 年代以后,以天然气、炼厂气、油田气为原料的甲醇生产流程被广泛应用;60 年代以后,以重油、渣油为原料的甲醇装置有所发展。对于我国,从资源背景来看,煤炭储量远大于石油、天然气储量,在世界石油资源紧缺、油价上涨和我国大力发展煤炭洁净利用技术的背景下,在很长一段时间内煤都会是我国甲醇生产最重要的原料。

按原料不同可将甲醇合成方法分为合成气($CO+H_2$)方法和其他原料方法。

(1)合成气(CO+H_2)生产甲醇的方法

以合成气(CO+H_2)为原料合成甲醇的工艺过程有多种。其发展的历程与新催化剂的应用以及净化技术的发展是分不开的。甲醇合成是可逆的强放热反应,受热力学和动力学控制。通常在单程反应器中,CO 和 CO_2 的单程转化率达不到 100%,反应器出口气体中,甲醇含量仅为 6%~12%,未反应的 CO、CO_2 和 H_2 需与甲醇分离,然后被压缩到反应器中进行一步合成。为了保证反应器出口气体中有较高的甲醇含量,一般采用较高的反应压力。根据采用的压力不同可分为高压法、中压法和低压法。

(2)联醇法

我国结合中小型氮肥厂的特殊情况,自行成功开发了在合成氨生产流程中同时生产甲醇的工艺。这是一种合成气的净化工艺,是为了替代我国不少合成氨生产厂用铜氨液脱除微量碳氧化物而开发的一种新工艺。该法不但流程简单,而且投资少,建设快,可以大、中、小同时并举,对我国合成甲醇工业的发展具有重要意义。

4. 煤气化技术概述

(1)煤气化炉的原理

煤的气化过程是在煤气发生炉(又称气化炉)中进行的。以固定床(移动床)为例,煤气化是以固体煤为原料,以 H_2O、O_2 为汽化剂,在高温条件下,通过化学反应将煤或煤焦中的可燃部分转化为气体燃料(粗煤气或合成气)的过程。煤气化炉内的气化过程由下至上依次分为五层:干燥层、干馏层、还原层、氧化层、灰渣层,见表 4-4。

表 4-4　　　　　　　　　　　煤气化炉内发生的气化反应过程

层数	名称	煤气化过程
1	干燥层	在燃烧层顶部,干燥原料,20~150 ℃
2	干馏层	低温干馏,150~700 ℃
3	还原层	CO_2+C══$2CO$,$C+H_2O$══$CO+H_2-Q$,800~1 100 ℃
4	氧化层	$C+O_2$══CO_2,$2C+O_2$══$2CO+Q$,$C+2H_2$⟶CH_4,1 100~1 200 ℃
5	灰渣层	气化反应后,炉渣所形成的灰尘,保护炉箅,预热汽化剂,300~450 ℃

由煤、焦炭等固体燃料或重油等液体燃料经干馏、气化或裂解等过程所制得的气体,统称为人工煤气。按照生产方法,一般可分为:干馏煤气和气化煤气(发生炉煤气、水煤气、半水煤气等)。人工煤气的主要成分为烷烃、烯烃、芳烃、CO 和 H_2 等可燃气体,将煤隔绝空气加热到一定温度时,煤中所含挥发物开始挥发,产生焦油、苯和煤气,剩余物最后变成多孔的焦炭,这种分解过程称为"干馏"。干馏煤气的主要可燃成分为 H_2、甲烷、CO 等。煤在高温时用空气(或氧气)和水蒸气为汽化剂,经过氧化、还原等化学反应,制成以 CO 和 O_2 为主的可燃气体,采用这种生产方式生产的煤气,称为气化煤气。以石油(重油、轻油、石脑油等)为原料,在高温及催化剂作用下裂解而成的燃气称为油制气,其主要成分为烷烃、烯烃等碳氢化合物。

(2)煤气化炉的分类

按反应器的类型分为三类:固定床(移动床)、沸腾床、气流床,如图 4-53 所示。

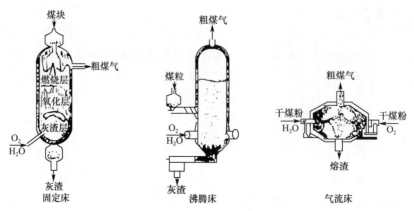

图 4-53　煤气化炉的分类

①固定床气化炉

固定床特点:煤块从炉顶送入炉内,并且自上而下地缓缓移动。空气和水蒸气所组成的汽化剂,从炉底进入炉内,自下而上地逆流进入灰渣层,预热后进入氧化层,并且均匀分布于各反应层之间。煤和汽化剂进行热交换和一系列化学反应,经过干燥、干馏、气化,完成全部反应过程之后,形成灰渣从炉底排出。所产生的粗煤气,从顶部出口排出,粗煤气含焦油和酚。常见固定床气化炉有鲁奇气化炉、BGC-鲁奇炉、常压固定床 UGI、恩德炉、加压固定床鲁奇熔渣炉。

②沸腾床气化炉

沸腾床特点:采用 0.1~10 mm 煤粒作汽化剂的流化介质,通过气体分布板充分接触,在流化状态下完成碳的燃烧反应、CO 还原反应、水蒸气分解反应和水煤气变换反应等。粗煤气中酚和甲烷少,不含焦油。常见沸腾床气化炉有 Winkler 炉、U-Gas 炉、鲁奇(CFB)炉。

③气流床气化炉

气流床特点:采用干煤粉(90 μm)气化,汽化剂通过特殊喷嘴进入气化炉,瞬间着火形成火焰,温度达 1 500~1 700 ℃。煤燃烧气化生成 CO、H_2、CO_2、H_2O,含甲烷很少(1%),灰分以熔渣排出。常见气流床气化炉有 Shell(壳牌)气化炉、GSP 炉、德士古(Texaco)气化炉。

(3)三种先进的煤气化工艺

我国引进并被广泛采用的三种先进煤气化工艺为:鲁奇气化炉、Shell(壳牌)气化炉、德士古气化炉。

①鲁奇气化炉(图 4-54)属于固定床气化炉的一种。1939 年由德国鲁奇公司设计,经不断研究改进已推出了第五代炉型,目前在各种气化炉中实绩最好。

②德士古气化炉(图 4-55)属于湿法进料气流床气化炉的一种,到目前为止运行基本良好,显示了水煤浆气化技术的先进性。但是,德士古气化炉对煤质限制比较严格,成浆性差、灰分较高,还存在耐火砖成本高、寿命短和喷嘴易磨损等问题。

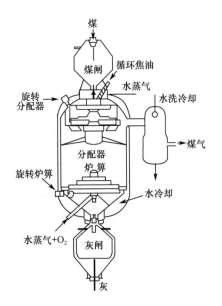

图 4-54　鲁奇气化炉

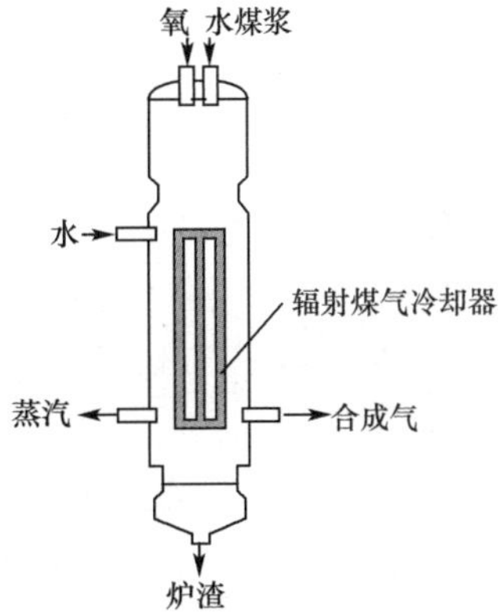

图 4-55　德士古气化炉

③Shell(壳牌)气化炉(图 4-56)属于气流床气化炉
的一种,是目前世界煤气化采用最多的炉型之一。这
种炉型不仅可用不同种类的煤,包括劣质的次烟煤和
褐煤,还可用于生物燃料和废弃物等的气化。Shell(壳
牌)气化工艺于 1972 年开始研究;1978 年在德国汉堡
建成中试装置;1987 年在美国建成投煤量 250～400
吨/天的示范装置;1996 年在荷兰建成大型 IGCC 装
置,气化炉为单系统操作,日处理煤量 2 000 吨。我国
从 2006 年开始先后有岳阳洞庭、大连碳化工有限公司
等 10 余家企业引进了 16 台该类型气化炉。

④三种煤气化技术优缺点比较见表 4-5。

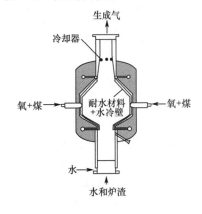

图 4-56　Shell(壳牌)气化炉

表 4-5　　　　　　　　　　　　　　　三种先进的煤气化工艺

气化炉	优点	缺点
鲁奇气化炉	生产能力大;以块煤为原料,尤其适应褐煤;碳转化率高,调节负荷方便	生产的合成气甲烷含量高,焦油和苯酚等液态物较多,生产流程长;投资大,结构复杂,加工难度大
德士古气化炉	水煤浆进料,对煤种的适应较宽;单炉生产能力大,碳转化率高,煤气质量好,甲烷含量低,废物排放少	耗氧量大,投资大,技术费用高
Shell(壳牌)气化炉	干煤粉进料,煤种的适应广;碳转化率高,甲烷含量低,耗氧量低(15%～20%),单炉生产能力大,运转周期长,气化热效率高,气化过程无废气排放	投资高,设备造价大,建设周期长;配套的干燥、磨煤、高压氮气及回炉急冷用合成气加压所需的功耗较大

由于各种煤气化工艺复杂多样,目前世界上还没有万能的气化炉,各种煤气化工艺技术都有其优缺点,具有一定的适应范围。因此,在煤气化工艺选型时,要结合实际情况,选择适合自己的煤气化技术。并在引进后要注意消化、吸收、再创新,避免盲目和不成熟地引进,造成巨大损失。

5. 合成甲醇原理

煤气化主要成分为:CO、CO_2、H_2等,此外还有 H_2S、N_2、COS 等气体混合物。合成气经净化脱除酸性气体等杂质后得到合成甲醇的原料 CO 和 H_2。

主反应方程式:

$$CO+2H_2 \rightleftharpoons CH_3OH \quad -90.8 \text{ kJ/mol}$$

特点:可逆、放热、体积缩小、需加催化剂。

副反应方程式:

$$2CO+4H_2 \rightleftharpoons CH_3OCH_3+H_2O$$
$$CO+3H_2 \rightleftharpoons CH_4+H_2O$$
$$4CO+8H_2 \rightleftharpoons C_4H_9OH+3H_2O$$

必须注意的是,甲醇合成反应的反应热随温度和压力的变化而变化。温度越低、压力越高时,反应热越大。当反应温度低于 200 ℃时,反应热随压力变化的幅度比高温时(高于 300 ℃)更大,所以合成甲醇低于 300 ℃时,要严格控制压力和温度的变化,以免造成温度的失控。

合成甲醇的反应若采用高压,则同时采用高温;反之宜采用低温、低压操作。由于低温下反应速率不高,故需选择活性好的催化剂,即低温高活性催化剂,使得低压合成甲醇法逐渐取代高压合成甲醇法。合成甲醇的催化剂有锌-铬催化剂、铜-锌催化剂等。

6. 煤气化燃气-蒸汽发电与甲醇联产

该技术由两大部分组成,即煤的气化与净化部分和燃气-蒸汽联合循环发电部分。第一部分的主要设备有气化炉、空分装置、甲醇生产装置、煤气净化设备(包括硫的回收装置);第二部分的主要设备有燃气轮机发电系统、余热锅炉、蒸汽轮机发电系统。煤气化燃气-蒸汽发电与甲醇联产的工艺过程如下:煤经气化成为中低热值煤气,经过变换、脱硫、脱氮,除去煤气中的硫化物、氮化物、粉尘等污染物,变为合成甲醇的合成气。在脱硫过程中产生的废气即可燃性气体,送入燃气轮机的燃烧室燃烧,加热气体工质以驱动燃气透平做功,燃气轮机排气进入余热锅炉加热给水,产生过热蒸汽驱动蒸汽轮机做功发电,如图 4-57 所示。

煤气化燃气-蒸汽发电与甲醇联产技术把高效的燃气-蒸汽联合循环发电系统与生产甲醇煤气化技术结合起来,既有高发电效率,又有极好的化工产品,是一种有发展前景的联产发电技术。

7. 合成甲醇工艺流程

Shell 煤制甲醇过程主要有:空气分离(空分)、煤储运、煤气化、耐硫变换、低温甲醇洗(酸性气体脱除)、甲醇合成及精馏等工序,最终制得 99% 以上的甲醇产品。合成甲醇工艺流程如图 4-58 所示。

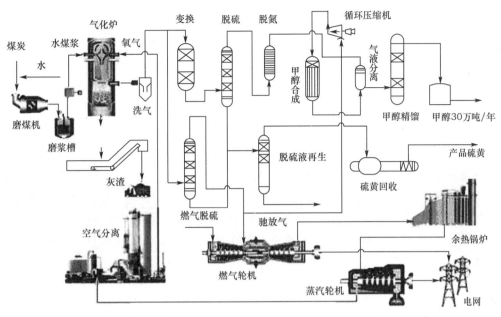

图 4-57 煤气化燃气-蒸汽发电与甲醇联产流程图

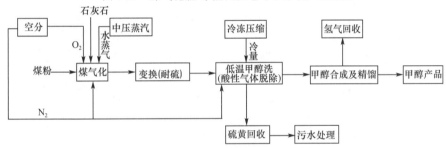

图 4-58 合成甲醇简要工艺流程

4.4.2 空气分离工艺

1.简介

由于煤气化过程须用氧汽做气化剂,氧气从空气分离中得到。空气分离简称空分。

空气分离最常用的方法是深度冷冻法。此方法可制得氧气、氮气和氦气、氩气等稀有气体,所得气体产品的纯度可达 98.0%~99.9%。此外,还可以用吸附、膜分离等方法从空气中分离出氧气、氮气。

2.空气分离精馏原理

(1)空气分离原理

采用低温精馏法分离空气,通过双级精馏塔来实现。空气分离原理在于首先使空气液化,利用空气中各组分物理性质不同(表 4-6),对液化空气进行反复多次蒸发、冷凝,从而获得所需要的产品。

表 4-6   空气中各组分的物理性质

组分	体积/%	沸点/K	临界温度/K	临界压力/MPa
氮气	78.09	77.35	126.10	3.39
氧气	20.94	90.17	154.80	5.04
氩气	0.93	87.29	150.70	4.86
氖气	0.18	27.09	4.44	2.72
氦气	0.05	4.22	5.20	0.229

空气液化的临界温度为 −140.6 ℃,此时,必须把空气压缩到 3.84 MPa 才会使之液化。随着空气温度的降低,当空气被冷却到 −193 ℃ 左右,在 0.1 MPa 下就会液化。因此,在全低压空气分离流程中,以压缩到 0.5~0.57 MPa 的空气作为原料,利用高效膨胀机膨胀制冷,将液化后的空气,在双级精馏塔中分离。上塔顶部得氮气,上塔底部得氧气,上塔中部得粗氩气。

(2)双级精馏原理

如图 4-59 所示,双级精馏塔包括下塔 01C501 和上塔 01C502。主冷凝蒸发器 K1 (01E501)既是下塔 01C501 的塔顶冷凝器又是上塔 01C502 的塔底再沸器。

空气的精馏是在双精馏塔中通过氧-氮混合物的气相与液相之间的热量和质量交换来完成的。在精馏过程中,空气自下向上流动,而液体自上向下流动(回流)。由于氧气的沸点比氮气的沸点高,因此氮气比氧气易蒸发,氧气比氮气易冷凝。上升的气体(氮气为主)就会把下降液体中的氮气蒸发出来,与上升的气体合并后进入上一块塔板。随着精馏的不断进行,气相混合物中氮气的浓度不断增加,只要有足够多的塔板或填料,在下塔 01C501 和上塔 01C502 的塔顶即可获得高纯度的氮气。同样,下降的液体

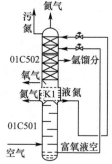

图 4-59 双级精馏原理

(氧气为主)就会把上升气体中的氧气冷凝下来,与下降的液体合并后进入下一块塔板,这样液相混合物中氧气的浓度不断增加,上塔 01C502 和下塔 01C501 的底部可获得高纯度的氧气。

3. 空气分离工艺流程

(1)氧气和氮气的生产

①空气的压缩与冷却系统

如图 4-60 所示,来自大气中的空气经过自洁式陶瓷管过滤器 01S001 除去灰尘等固体杂质后,进入离心式压缩机 01K001 压缩到 0.542 MPa、105 ℃,再进入空冷塔 01C101,即在压缩机一段、二段出口用冷却水进行冷却,以吸收压缩过程产生的热量,减少压缩机的功耗。

空冷塔 01C101 自下而上与塔内冷却水在填料上接触,使空气得到进一步的洗涤和冷却,将空气温度降到 17 ℃,并将空气中残余灰尘洗涤下来。

进入空冷塔 01C101 的水有两股:一股是循环水经过常温水泵 01P101A/B 加压,再经冷水机组 01E101 冷却后,直接送到空冷塔 01C101 中部;另一股是循环水先进入水冷塔

01C102 的顶部喷淋而下,与冷箱里出来的氮气和污氮在填料上接触,部分水蒸发排至大气中,大部分水被冷却下来,由低温水泵 01P102A/B 加压及冷水机组 01E102 进一步冷却后,进入空冷塔 01C101 的顶部冷却工艺气。

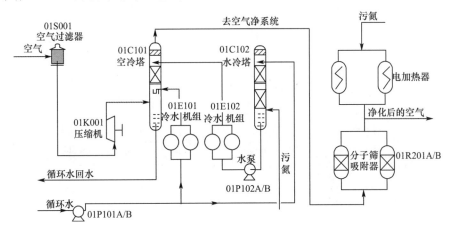

图 4-60　空气的压缩、冷却与净化流程

②空气净化系统

经空冷塔 01C101 冷却后的空气中仍含有 H_2O、CO、CO_2、NO_x 及部分碳氢化合物等杂质,这一净化过程在两台卧式圆筒形分子筛吸附器 01R201A/B 内完成。当冷却后的空气进入分子筛吸附器时,空气中的 H_2O、CO、CO_2、部分碳氢化合物及残留的水蒸气被吸附,从而达到空气净化目的。空气中的 H_2O、CO_2 如果不及时除去,在低温下会变成冰和干冰,堵塞管道,造成停工停产。分子筛吸附器为两台切换使用,其中一台工作时,另一台处于再生状态。再生的方法是:将从冷箱出来的污氮在三台电加热器(两开一备)中加热到 165 ℃,逆向通入分子筛吸附器床层,将吸附的 H_2O、CO、CO_2 及碳氢化合物等解吸出来。当床层需要冷却时,则污氮直接进入分子筛吸附器内。吸附与再生分别在两台分子筛吸附器中同时进行,交替运行的切换程序是自动进行的。分子筛吸附器的工作时间为 4 h,切换周期为 8 h,定时自动切换。

③空气的深冷分离系统

如图 4-61 所示,净化后的空气分两路,一路空气直接进入主换热器(中压板式换热器 01E401 和低压板式换热器 01E402),在主换热器中与返流气体(氧气、氮气、污氮等)换热达到接近空气液化温度(约−173 ℃)后,进入双级精馏下塔 01C501;而另一股空气去增压机,这股空气分成三部分:第一部分为仪表空气和工厂空气,经过增压机第一级压缩冷却后送入仪表空气管网;第二部分空气经增压机第一段增压后进入中、低压板式换热器,再从中、低压板式换热器 01E401/2 内被返流冷气体冷至约−113 ℃后进入透平膨胀机 ET1 膨胀制冷,最后送入下塔 01C501;第三部分空气在增压机的第二段继续增压进入高压板式换热器 01E403,与第一路空气合并进入下塔 01C501。

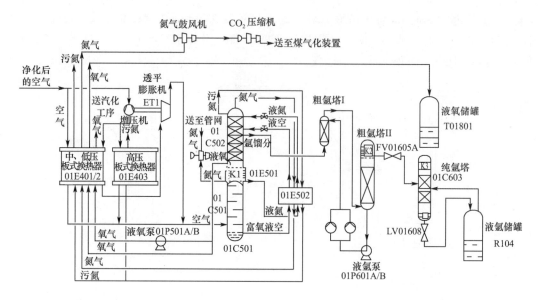

图 4-61　空气的深冷与精馏分离流程

④空气精馏

在下塔 01C501,空气被初步分离成氮气和富氧液空,01C501 顶部的气态氮在主冷凝蒸发器 K1(01E501)中被液化,同时主冷凝蒸发器 K1(01E501)的低压侧液氧被汽化。冷凝下来的液氮分为三部分:一部分作为下塔 01C501 的回流液;一部分经过冷器 01E502 被氮气和污氮过冷并节流后送入上塔 01C502 顶部作回流液;还有一部分作为液氮送液氮储罐。下塔01C501 底部抽出的富氧液空在过冷器 01E502 中过冷后经节流送入上塔 01C502 中部作为回流液。

从上塔 01C502 底部引出的液氧(99.6%,0.1 MPa,−180 ℃),一部分经液氧泵01P501A/B 加压,然后在中、低压板式换热器 01E401/2 被高压空气复热汽化为高压氧气(5.0 MPa),送汽化工序;另一部分经中、低压板式换热器 01E401/2 换热后直接进液氧储罐 T01801。

污氮从上塔 01C502 顶部侧线引出,经过冷器 01E502 过冷后,一部分污氮进入高压板式换热器 01E403 后,再进入水冷塔 01C102,另一部分污氮进入中、低压板式换热器01E401/2换热后作为分子筛吸附器的再生气体。

纯氮气从上塔 01C502 顶部引出,经过冷器 01E502 及中、低压板式换热器 01E401/2 换热回收冷量后出冷箱,通过氮气鼓风机送至 CO₂ 压缩机,压缩至 8.2 MPa,送至管网供汽化使用,少量送至水冷塔 01C102。下塔 01C501 顶部的氮气,经氮气压缩机加压至 8.2 MPa 后送管网各装置使用。

(2)氩气的生产

从上塔 01C502 抽出的氩馏分直接从粗氩塔Ⅰ的底部进入,粗氩塔Ⅰ上部采用粗氩塔Ⅱ底部排出,经液氩泵 01P601A(或 01P601B)加压至约 0.85 MPa 的粗液氩作回流液。粗氩气自粗氩塔Ⅰ顶部引出,在粗氩塔Ⅱ底部导入。粗氩冷凝器 K2(01E601)采用过冷后的液空作冷源,上升气体在粗氩冷凝器 K2(01E601)中冷凝液化,大部分回粗氩塔Ⅱ顶部作回流液,还有约 852 Nm³ 的粗氩气(99.6%)经 FV01605A 阀进入纯氩塔 01C603。

粗氩气从纯氩塔 01C603 上部进入继续精馏,纯氩塔底部的纯液氩经节流阀 LV01608 排入液氩储罐 R104 储存,槽内蒸发的气体返回纯氩塔。

4.4.3 煤储运工艺

煤储运工艺概貌如图 4-62 所示:原料煤采用螺旋卸煤机将煤卸入缝式卸煤槽内,通过叶轮给煤机将原料煤送到卸煤地沟内的胶带输送机上,再经胶带输送机拉到碎煤机室,经筛分、破碎后送入储煤筒仓内储存。煤储运主要分为卸煤、储煤、筛碎及供煤四个部分。

图 4-62 煤储运工艺概貌

1. 卸煤

原料煤采用铁路槽车运进厂内。甲醇生产装置日耗煤 1 089 t,锅炉日耗煤 226 t,采用相同煤种,总消耗量约 1 315 t/d,铁路进煤量 1 709.5 t/d,卸煤槽总容积约 5 000 m³。

2. 储煤

由于储煤对环境要求较高,不宜设置露天储煤场,所以采用筒仓储煤,每个筒仓储煤约 9 500 t。筒仓入煤采用胶带输送机配犁式卸料器,每个筒仓顶设 4 个入料口,每个入料口设重锤锁气装置。筒仓出煤采用环式叶轮给煤机配双路胶带输送机,输送机一开一备;筒仓出煤处设喷水除尘装置,喷水量可根据煤的表面水分高低进行调节或关闭喷水装置。筒仓设有安全保护设施,可实现料位监测、温度监测、可燃气体监测和烟雾监测及报警;并设有喷水降温系统、除尘装置、通风换气系统、防堵煤系统和防爆门。

3. 筛碎

为了保证磨煤机入煤及筒仓入煤粒度要求,在筒仓入料口前增设筛分、破碎装置。筛分采用 GSP-1006 滚轴筛,能力为 500 t/h,筛分粒度按磨煤机要求应≤25 mm,筛子设旁路系统。碎煤采用 HSZ-200 环式破碎机,能力为 200 t/h。

4. 供煤

供煤系统采用双路胶带输送机。供煤即从储煤筒仓出料,每台胶带输送机运煤能力为 240 t/h,设双路胶带输送机,工作时为一开一备,可实现交叉作业。

储存在筒仓内的原料煤和储存在石灰石库中的石灰石在使用时,通过储煤筒仓下部的环式给煤机,分别用胶带输送机送到磨煤干燥工序使用。

4.4.4 Shell(壳牌)气流床气化工艺

1. 本装置的生产方法

采用沈阳西马矿无烟煤为原料生产粗合成气(CO+H₂)。气化炉是将煤炭、石油焦、生物质等燃料转化为合成气(CO+H₂)的装置。主要生产工序为:

(1)磨煤及干燥工艺 (U1100);

(2)煤粉 CO₂/N₂ 加压进料工艺(U1200);

(3)煤气化及合成气冷却工艺（U1300）；

(4)除渣工艺（U1400）；

(5)除灰工艺（U1500）；

(6)湿洗工艺（U1600）；

(7)酸性灰浆汽提及初步水处理工艺（U1700）。

2.煤气化原理

煤气化反应过程及反应方程式概括如下。

由于气流床气化反应温度很高（1 500～1 700 ℃），煤粉受热速度极快，可以认为煤粉中的残余水分瞬间蒸发，同时发生快速的热分解脱除煤中的挥发分，生成半焦和气体产物（CO、H_2、CO_2、H_2S、N_2、CH_4 及其他碳氢化合物）。

(1)生成的气体产物中的可燃性成分（CO、H_2、CH_4、C_mH_n）在富氧的条件下，迅速与 O_2 发生燃烧反应，并放出大量的热，使煤粉夹带流温度急剧升高，并维持气化反应的进行。

$$2CO+O_2 =\!=\!= 2CO_2 \tag{1}$$

$$2H_2+O_2 =\!=\!= 2H_2O \tag{2}$$

(2)固体颗粒与汽化剂（氧气、水蒸气）间的反应。

煤粉固体颗粒或半焦中的固定炭，在高温条件下，与汽化剂进行气化反应。挥发分燃烧后剩下的氧（O_2）与碳（C）发生燃烧和气化反应。

$$C+O_2 =\!=\!= CO_2 \tag{3}$$

$$2C+O_2 =\!=\!= 2CO \tag{4}$$

(3)炽热的半焦与水蒸气进行还原反应，生成 CO、H_2 和 CO_2。

$$C+H_2O =\!=\!= H_2+CO \tag{5}$$

$$C+2H_2O =\!=\!= 2H_2+CO_2 \tag{6}$$

$$C+CO_2 =\!=\!= 2CO \tag{7}$$

$$C+2H_2 \longrightarrow CH_4 \tag{8}$$

(4)煤中的硫，在高温还原性气体存在的条件下，与 H_2 和 CO 反应生成 H_2S 和 COS。

$$S+H_2 =\!=\!= H_2S \tag{9}$$

$$S+CO =\!=\!= COS \tag{10}$$

煤气化炉燃料转化为合成气组成（V%）：

H_2:25～30；CO:30～60；CO_2:5～15；H_2O:2～30；CH_4:0～5；H_2S:0.2～1.0；COS:0～0.1；N_2:0.5～4；Ar:0.2～1.0；NH_3:0～0.3。

3.工艺流程

Shell(壳牌)煤气化工艺以干煤粉为原料，石灰石为助熔剂，纯氧和水蒸气为汽化剂，液态排渣，属加压气流床气化。

如图 4-63 所示，来自碎煤和石灰石储运系统的原料经 U1100 磨煤干燥处理后进入煤粉储仓，再用 N_2 送至煤粉锁斗仓 U1200、煤粉加压仓。由高压 CO_2/N_2 将煤粉、O_2 及中压水蒸气一起送至气化炉 V1301 喷嘴，上述 N_2、O_2 均由空分装置产生。煤粉、O_2 及中压水蒸气在气化炉内的高温（1 500～1 700 ℃）、高压（3.5～4.0 MPa）条件下立即发生燃烧气化反应，气体和少量灰分上升。在此温度下，大部分灰分熔化并滴到气化炉底部，变成一种玻璃状炉渣自入至破渣机 U1400 进行破渣,由渣池排出。同时,为防止在高温下形成有毒副产物苯酚和多环芳烃,出气化炉顶的高温合成气(1 500 ℃)与除尘、湿洗系统返回的合成气(200 ℃左右)混合并急冷至 900 ℃左右。经输气管线送至合成气冷却器 V1302 进一步冷却,回收热量生产过热蒸汽、中压蒸汽,温度降至 350 ℃。

冷却塔底含灰合成气进入干法飞灰除尘工序 U1500,经气体冷却后,送至飞灰储罐。

煤中所含的硫、卤素及氮化物,在气化过程中均生成气态的 H_2S、HCl 和 NH_3。因此,除灰后的合成气进入湿法水洗系统 U1600,在文丘里洗涤塔中加碱除去。洗涤后温度约 160 ℃,尘含量小于 $1 mg/Nm^3$ 的粗合成气送往后续耐硫变换装置。过热蒸汽少部分含灰水经闪蒸、沉降及汽提处理后送污水处理装置 U1700 进一步处理。

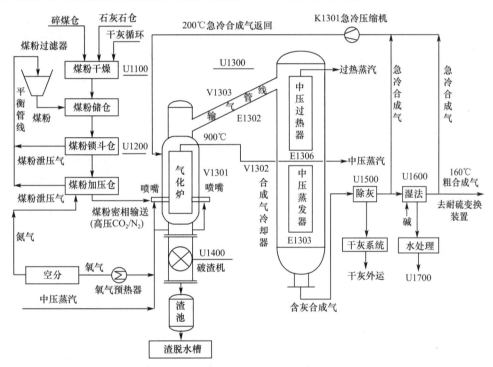

图 4-63　Shell(壳牌)煤粉加压气化工艺流程图

湿法洗涤系统排出的大部分含灰水经处理后循环使用,渣脱水槽的湿渣经破渣机破碎后送至渣池收集器储存,含碳量为 1% 左右,熔渣占主要成分,通过渣锁斗排入渣脱水槽,经过捞渣机将湿渣捞起后再由运渣皮带机送至临时渣场储渣斗储存。渣可作建筑材料或用于铺路基。

(1)U1100 磨煤及干燥工艺

①简述

混配后的碎煤和石灰石在磨煤机中被辊子磨成粉,同时被热的惰性气流干燥。惰性气流进磨煤机时的温度为 140～300 ℃,排出温度为 100～110 ℃;90% 粒度<90 μm,10% 粒度<5 μm;水分<2%。

根据煤种灰分分析及灰熔点等煤灰的特性,按比例添加助熔剂石灰石,以降低煤的灰熔点,使煤渣黏度与汽化温度达成很好的平衡,以满足煤气化生产的要求。

所谓灰熔点,是指煤灰在高温下达到熔融状态的温度,习惯上称作灰熔点。因为煤灰是一种多组分的混合物,它没有一个固定的熔点,而只有一个熔融的温度范围。通常情况下煤灰的熔融性主要取决于煤灰的化学组成。灰分中 Al_2O_3、SiO_2 含量高,灰熔点高;灰分中 Fe_2O_3、CaO、MgO 含量高,灰熔点低。

灰熔点是影响气化操作的主要因素。灰熔点低的原料,汽化温度不能维持太高,否则,由于灰渣的熔融、结块,阻力不一,影响气流均匀分布,易结疤、结块,减少汽化剂接触面积,不利于气化。因此,灰熔点低的原料,只能在低温度下操作。

该系统具有四大关键设备:磨煤机、煤粉袋式过滤器、循环风机和热风炉。磨煤机中的原料煤在微负压和热惰性气体条件下,进行磨粉和干燥。

②工艺原理

常见的磨煤机有:平盘磨、碗式磨、E 型磨和辊式磨。它们的共同特点是碾磨部件由两组相对运动的碾磨体构成。

磨煤:本装置磨煤及干燥采用辊式磨煤机,属于外加力式磨煤机。碾磨原理与传统的轮碾式磨完全相同,磨盘由电机驱动转动,磨辊固定在磨盘上方支架上,随磨盘转动而滚动,磨盘与磨辊之间便形成碾磨力。碎煤块在这两组碾磨体表面之间受到挤压,碾磨成粉。同时,由热风炉提供的热惰性气体(低压氮气)通入磨煤机将煤粉烘干,并将煤粉送到碾磨区上部的煤粉袋式过滤器。经分离后,一定粒度的煤粉随气流被带出磨外,粗颗粒的煤粉返回碾磨区重磨。

干燥:由于本装置煤气化工艺采用干煤粉进料,因此在碾磨的同时,采用直吹式干燥流程。磨煤机将煤磨成合适的有利于煤气化的煤粉(粒度$<90~\mu m$),水分$<2\%$,以免煤粉结团,影响煤的加压输送。

③磨煤干燥工艺流程

磨煤干燥工艺流程如图 4-64 所示。

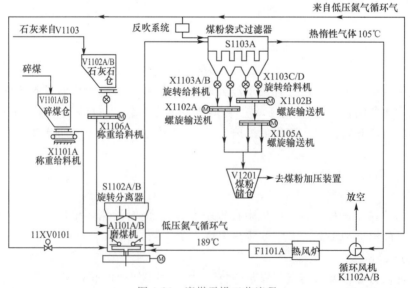

图 4-64　磨煤干燥工艺流程

煤粉干燥流程:碎煤(≤30mm)和石灰石由胶带输送机送至碎煤仓 V1101A/B 和石灰石仓 V1102A/B。碎煤、石灰石分别通过称重给料机 X1101A/B 和 X1106A/B 计量送至微负压的磨煤机 A1101A/B,进行碾磨。煤粉被热风炉 F1101A 送过来的 189 ℃的热惰性气体干燥。在磨煤机上部的旋转分离器 S1102A/B 的作用下,温度为 105 ℃、粒度为 10～90 μm 的煤粉和热气一起从磨煤机顶部出来,被送至煤粉袋式过滤器 S1103A(大布袋)中。在此,煤粉被收集下来,分别经旋转给料机 X1103A/B、X1103C/D 和螺旋输送机 X1102A/B、螺旋输送机 X1105A 输送,最终全部送至煤粉储仓 V1201 中,最终送至煤粉加压装置。旋转分离器 S1102A/B 下部粗颗粒煤粉重返磨煤机 A1101A/B 进行碾磨。热风流程:热气从大布袋 S1103A 上部出来,经循环风机 K1102A/B 输送至热风炉 F1101A,用热惰性气体(开车时用柴油)将其从 105 ℃加热至 189 ℃,送往磨煤机 A1101A/B 将煤粉烘干,再经旋转分离器 S1102A/B 将煤粉送至大布袋 S1103A,如此循环。为维持整个热气循环过程中水分平衡,部分循环气放空。

所有输送系统都是在低压氮气保护下进行的,煤粉收集一段时间后,大布袋 S1103A 因煤粉聚焦阻力增大,程序会自动用低压氮气反吹清灰。

(2)U1200 煤粉加压进料系统工艺

①简述

主要设备:煤粉储仓、煤粉锁斗仓、煤粉进料仓和煤粉袋式过滤器。

干燥后粉煤用 N₂ 输送至 V1201A/B 煤粉储仓,经 V1204A/B 煤粉锁斗仓加压将粉煤输送至 V1205A/B 煤粉进料仓,再由高压 N₂/CO₂ 将煤粉均匀送至煤气化及冷却工序(U1300)气化炉喷嘴。

②煤粉加压(升压)的原理

由于 Shell(壳牌)煤气化炉操作压力为 4.0 MPa,要求煤粉进料仓的压力比气化炉高 0.5～1.0 MPa 才能实现密相连续输送至气化炉喷嘴,一般煤粉进料仓的压力控制在 4.9 MPa。

国外各类干煤粉加压气化装置(包括 Shell、Prenlo 和西门子 GSP)的供煤系统,首先都采用锁斗系统将煤粉由常压煤粉输送到高压进料仓中,然后从高压进料仓通过密相连续输送技术将煤粉送至煤气化炉喷嘴。

所谓煤粉锁斗或煤粉锁斗仓,它本身是一个储罐,罐上安有上阀和下阀,在煤化工生产中广泛应用,特别是在一些加压煤粉/煤渣气力输送系统中应用更广,它实际上是起到一个缓冲罐的作用。煤粉锁斗仓一般安装在常压容器和加压容器之间,即煤粉储仓(常压)和煤粉进料仓(加压)之间。当煤粉锁斗仓处于常压状态时,关闭煤粉锁斗仓下阀,打开上阀,煤粉储仓中的煤粉靠重力作用流入煤粉锁斗仓,待料满后关闭上阀。这时,煤粉锁斗仓就和常压煤粉储仓隔离,立即向煤粉锁斗仓通入高压 N₂/CO₂ 加压,打开煤粉锁斗仓下阀将高压煤粉送至煤粉进料仓,卸料后关闭煤粉锁斗仓下阀,同时排出煤粉锁斗仓中的 N₂/CO₂,降至常压,以循环方式间歇重复上述过程。煤粉锁斗仓也可用于收集渣,通过下阀实现间断排渣。Shell 煤气化锁斗阀主要有用于 U1200 单元输送煤粉的煤粉锁斗阀,用于 U1400 单元排渣的渣锁斗阀,用于 U1500 单元输灰的灰锁斗阀。

干煤粉加压密相连续输送的供煤系统主要有两种方式:一种是 Shell 方式,另一种是西门子 GSP 方式。Shell 采用的下出料进料仓供料和密相连续输送供煤系统如图 4-65 所示，一般通过调整进料仓压力及输送气体流量调整供煤速率及固-气比。输送气体可以是 N_2/CO_2，也可以是合成气。与 Shell 不同，西门子 GSP 采用顶部加煤，上出料进料仓供料和密相连续输送供煤系统，如图 4-66 所示。

所谓密相连续输送技术，就是粉煤在储存容器内利用容器底部充气锥（烧结多孔金属）向粉煤充入 N_2/CO_2，使粉煤悬浮形成密相，再利用粉煤自身重力作用或管道存在的压差，通过管道输送气（也是烧结多孔金属）来加速，使粉煤得以连续输送。同时还可以通过控制管道的压差和输送用的 N_2/CO_2 的流量来调节粉煤的输送量，从而使从煤粉进料仓送至喷嘴的粉煤流量得以控制。

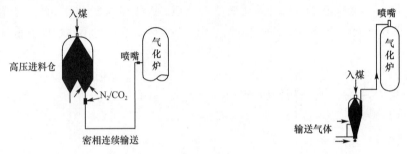

图 4-65　Shell 下出料供煤系统　　　　图 4-66　西门子 GSP 上出料供煤系统

一个常压煤仓对应设置一个发送罐和两个常压锁斗，每个常压锁斗和常压煤仓之间的连接管路上均设置控制阀，每个锁斗上均设置有卸压管路和充压管路；通过两个锁斗阀交替充卸压持续往发送罐给煤，则可以实现流化罐内料位高度稳定，从而达到流化态稳定，并且持续不断地完成煤粉气力输送，其工艺流程如图 4-67 所示。

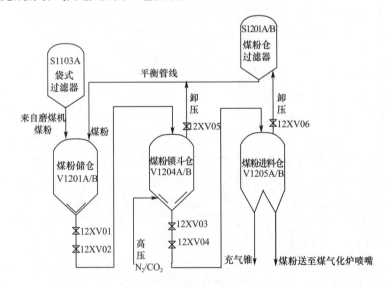

图 4-67　煤粉加压（升压）

③工艺流程

如图 4-67 所示,来自磨煤机及干燥工序 S1103 的粉煤储存在煤粉储仓 V1201A/B 中(常压),当煤粉锁斗仓 V1204A/B 处于常压状态时(空罐),关闭煤粉锁斗仓下阀 12XV03、12XV04(两个阀相当一个阀的作用),打开煤粉锁斗仓上阀,即煤粉储仓 V1201A/B 下阀 12XV01、12XV02,煤粉通过重力作用自流入煤粉锁斗仓 V1204A/B 中,料满后关闭煤粉锁斗仓 V1204A/B 上阀 12XV01、12XV02。这时,煤粉锁斗仓 V1204A/B 就和常压煤粉储仓 V1201A/B 隔离。向煤粉锁斗仓 V1204A/B 通入 N_2/CO_2 并加压至 4.9～5.2 MPa 后,打开煤粉锁斗仓下阀 12XV03、12XV04 使高压煤粉自动压进煤粉进料仓 V1205A/B 中,再打开两仓之间的平衡压力阀 12XV06,直至达到压力平衡。然后关闭煤粉锁斗仓 V1204A/B 下阀 12XV03、12XV04,打开 12XV05 排出 N_2/CO_2,将压力分三次卸至接近常压,不断重复循环上述操作过程,就可以使高压进料仓的煤粉通过密相连续输送技术源源不断送至煤气化炉喷嘴。

在卸压过程中,煤粉锁斗中卸压排出的 N_2/CO_2 中还含有大量煤粉,通过平衡管线进入煤粉仓过滤器 S1201A/B,使煤粉和气体分离。煤粉进入煤粉储仓 V1201A/B 中,气体可循环使用。

Shell 采用双阀隔离,V1201 与 V1204 之间、V1204 与 V1205 之间,双阀隔离开关有严格顺序。打开阀门,通常先打开下阀,再打开上阀。关闭阀门通常先关闭上阀,再关闭下阀,保证锁斗密封安全。

(3)U1300 Shell 气流床煤气化及合成气冷却工艺

①简述

Shell 煤气化装置的关键设备气化炉内件由气化炉膜壁蒸发器、急冷管膜壁蒸发器、输气导管膜壁蒸发器、气体反向室膜壁蒸发器及合成气冷却器蒸发器和过热器五大部分组成。

在煤气化装置中,气化炉和合成气冷却器通过输气导管、气体反向室连接在一起成为整体,共用一个汽包。气化炉是固定支撑,由其裙座承担。合成气冷却器由 10 个恒力弹簧承担,弹簧安装标高为 55 米。汽包安装在气化炉上方的平台上,汽包中心线标高 70.8 米。

a.气化炉结构

如图 4-68 所示,由于 Shell 气化炉温度高达 1 600 ℃ 以上,所以不采用耐火砖结构,而采用膜式水冷壁。所谓膜式水冷壁,就是把许多根钢管沿炉膛纵向垂直依次焊接起来,表面采用目前国际上最先进的喷涂施工工艺——超音速电弧喷涂 SiC 合金涂层,组成一个环形的、整块的水冷壁受热面,使炉膛四周被一层整块的水冷壁膜片严密地包围起来。简化了炉膛结构,减轻了锅炉重量。

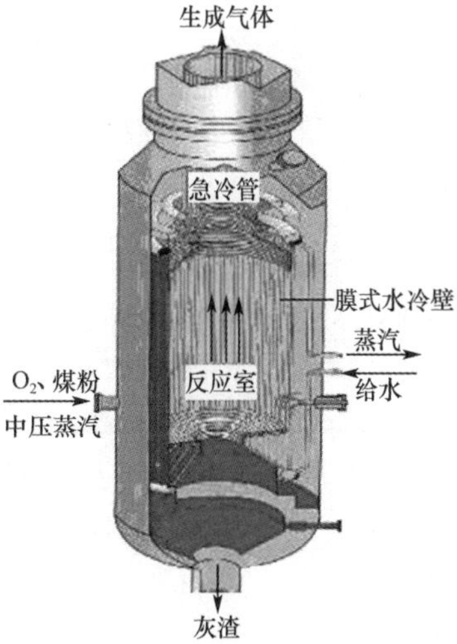

b.气化炉外形结构

图 4-68 气化炉内部结构

如图 4-69 所示,气化炉壳体设计压力为 5.2 MPa,设计温度 350 ℃。用沸水冷却的水冷壁安装在壳体内,气化过程实际发生在膜式水冷壁围成的腔内,气化压力由承压炉体承受。在膜式水冷壁与承压炉体之间的是环形空间,主要用于放置容纳水蒸气的输入、输出管线及分配管线等。

另外,环形空间也便于管线的连接安装及其以后的检修与检验。膜式水冷壁提高了气化炉的效率,不需额外加入蒸汽,并可副产5.5MPa中压蒸汽,同时也增强了工艺操作强度。膜式水冷壁内衬有一层耐火衬里,向火侧有一层很薄的耐火涂层,当熔融态渣在上面流动时,起到保护水冷壁的作用。用"以渣抗渣"方式保护膜式水冷壁不受侵蚀。与其他结构形式气化炉相比,由于不需要耐火绝热层,使Shell煤气化炉运转周期长,煤粉喷嘴操作寿命长,可单炉运行,不需要备用炉,可靠性高。

c.合成气冷却器结构

如图4-70所示,合成气冷却器总体结构为水管式,与气化炉内件相似,均为膜式水冷壁的结构。包括:膜式水冷壁、多层环束管、环形空间和承压壳体。

图 4-69 气化炉外形结构　　　图 4-70 合成气冷却器结构

d.Shell气化炉冷却系统组成结构

气化炉冷却系统由气化反应段、急冷段、输气管段、气体返回段、冷却段、辅助设备六部分组成,如图4-71所示。

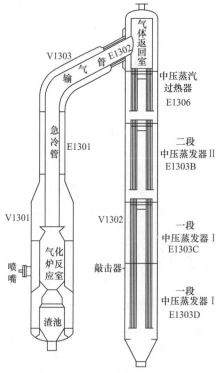

图 4-71 Shell气化炉冷却系统

气化反应段：主要由承压壳体、内件渣池、热裙、挡渣屏和反应段膜式水冷壁组成，即膜式水冷壁围成的腔内部分。

急冷段：主要由急冷段外壳体、急冷区和急冷管 E1301 组成，合成气通过急冷管进一步冷却。

输气管段：主要由输气管外壳 V1303 和输气管 E1302 组成。急冷管、输气管都是独立的部件，有不同的进气和排气管道，作为中压水/蒸汽系统两部分之间的连接。一方面要求对流不能进入壳体内，另一方面，又要求保证热膨胀。它们之间的连接由带膨胀节密封的连接装置来完成。

气体返回段：主要由气体返回段外壳和内件组成。反向室（返回室）由作为输气管道延伸部分的入口支管和反向室主管组成，上升的合成气在此被转向到合成气冷却器的受热面上。反向室顶罩被设计成带冷却系统的蛇形管结构，该冷却系统由循环系统的进料管和出料管分别供给，这个顶罩在进行必要的检修时可以拿开。

冷却段：合成气的冷却换热在多层环管束的管内进行，合成气走管间，水/蒸汽走管内。多层环管束共设置了三组，即中压蒸汽过热器、中压蒸汽发生器Ⅱ、中压蒸汽发生器Ⅰ，三组管束均可整体从合成气冷却器的壳体内拆装。从顶部往下看，多层环管束包括如下部分：中压蒸汽过热器（E1306）；二段中压蒸发器Ⅱ（E1303B）；一段中压蒸发器Ⅰ，并分为 2 个管束（E1303C/D）。中压蒸汽过热器和一段、二段中压蒸发器的外围是一个外筒体，即器壁。有 6 个不同直径的筒体相互套在一起，这些筒体能够向下自由膨胀。所有的管束有各自的水/蒸汽回路及各自的连接管线。

辅助设备：敲击器

为防止飞灰的聚集，在急冷管和合成气冷却器第一段管束顶部用超高压热氮气进行间歇性的吹扫。为防止锅炉系统合成气通道的飞灰聚集，堵塞管道，在急冷管、反向室支管、反向室、合成气冷却器共设置了 36 个敲击器。敲击器是由专业厂家制造的成套设备，主要包括汽缸和振动器，通过气化炉外壳法兰连接在一起。主要作用是防止内件积灰。

②Shell 煤气化及热回收工艺流程

a. 煤气化工艺流程

如图 4-72 所示，来自煤加压及进料工序的粉煤用高压 CO_2/N_2 输送至气化炉 V1301 四个水平布置且对称的喷嘴。同时，来自空分的高压氧气与中压蒸汽进混合器混合后一起进入喷嘴中。四个喷嘴以两个一组对称布置。由喷嘴喷入的煤粉、氧气及蒸汽三种物料的混合物，在气化炉内 3.5 MPa、1 500～1 700 ℃条件下瞬间（3～10 s）完成煤的气化反应，气化反应中产生的渣以液态的形式经气化炉壁向下流入渣池。生成的以 CO 和 H_2 为主的粗合成气从顶部出气化炉。为了防止飞灰黏结在后序设备，在气化炉出口处，用后序工艺（除灰、湿洗）循环返回的无灰尘的低温煤气（约 200 ℃），经 K1301 加压喷吹，将 1 500 ℃的粗合成气急冷至 900 ℃，使飞灰（灰熔点<1 450 ℃）成为固态。气体经输气管线 V1303、反向室进入合成气冷却器 V1302 回收热量。经中压过热器 E1306 换热产生的过热蒸汽、中压蒸发器 E1303 产生的中压蒸汽，分别进汽包 V1304。换热后的含灰合成气温度降至 350 ℃左右进入后部除灰工序 U1500。

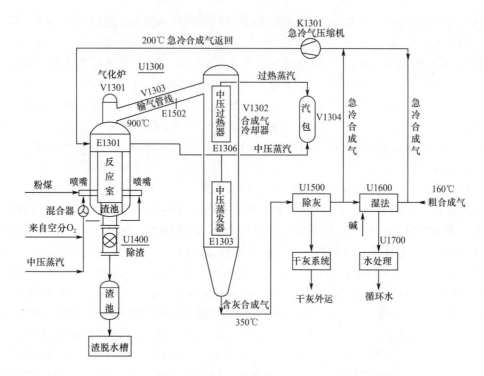

图 4-72 Shell 煤气化工艺流程

煤中的灰分在高温下,大部分呈熔融态,灰渣沿气化炉水冷壁向下流动,进入除渣工序U1400,熔渣被急冷水急冷并在渣池内脆裂固化成细小颗粒,再经破渣机破渣,最后由渣脱水槽排出。

b. 热回收工艺流程

为回收高温粗合成气的大量显热,在气化炉的水冷壁,即气化炉中压蒸发器 E1320 和急冷管的急冷器中压蒸发器 E1301、输气管中的中压蒸发器 E1302、合成气冷却器中的中压过热器 E1306 及中压蒸发器 E1303A/B/C/D 中得到回收。

气化炉和合成气冷却器共用一个汽包,如图 4-73 所示。

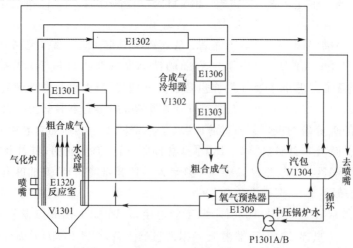

图 4-73 Shell 热回收工艺流程

根据蒸汽平衡(生产需要),可产生中压的饱和蒸汽或过热蒸汽。为保证上述水冷壁结构蒸发器的运行安全,上述蒸发器均采用循环泵强制循环操作,从中压蒸汽汽包 V1304 来的循环锅炉水用中压循环水泵 P1301A/B 送到各蒸发器以及氧气预热器 E1309,在各蒸发器内产生的水/蒸汽混合物和氧气预热器返回的水一样,均返回蒸汽汽包,在汽包内蒸汽和水分离。合成气冷却器中压过热器将汽包中分离出的饱和蒸汽继续加热,产生中压过热蒸汽供外界使用。

c.气化炉开车

先点燃点火喷嘴 A1303,由点火喷嘴来点燃开工喷嘴 A1302,开工喷嘴点燃升温以后再点燃煤气化喷嘴。点火喷嘴用液化石油气作燃料,与仪表空气混合燃烧。开工喷嘴用柴油作燃料,与高压氧气混合燃烧。开工喷嘴的柴油是由油罐 T1301 经油泵 P1306 压送,再经油过滤器 S1301 过滤后送来。此外油罐中柴油用油泵 P1307 送至 U1100 工序的热风炉使用。

另外在急冷管和合成气冷却器等处设有飞灰吹除器和敲击器。飞灰吹除器、敲击器均由转换顺序程序控制,以保持系统清洁,确保水冷壁管束的换热效果。

利用来自湿洗段的“冷态”合成气进行急冷,将气化炉出口温度降低至 900 ℃ 左右,随后在合成气输送段、气体返回段、合成气冷却段中,进一步将温度降低到 350 ℃ 左右,带飞灰的合成气出合成气冷却器后进入除灰工序 U1500。

(4)U1400 除渣工艺

①简述

煤中所含矿物质大多数以熔渣的形式留在气化区,由于汽化温度高保证了熔渣沿水冷壁自由流入气化炉底部渣池中。熔渣与水接触,固化成密实的玻璃颗粒,然后通过除渣系统被脱除。脱水后被运离现场作修路材料。含有非常细小的渣和极少量未转化炭颗粒的洗涤水被送至酸性灰浆汽提塔(SSS)的澄清/增稠/过滤部分。澄清水(部分)循环,细渣滤饼及从酸性灰浆汽提塔回收的固体渣循环至磨煤与干燥工序。

②工艺特点

在气化炉 V1301 底部设置了一个渣池 V1401,渣池上部设有水喷淋环管,当气化不能反应的废渣以液态的形式经气化炉壁向下流动时,遇水后立即崩裂为固态大颗粒进入渣池,出渣池后再经破渣机 X1401 将其中的渣块破碎后送往渣收集器 V1402,然后进入渣锁斗 V1403。

由于气化炉内压力为 3.5~4.0 MPa,而渣脱水槽 T1401 通大气,要使炉内的炉渣顺利排到渣脱水槽,必须将压力卸至常压,方可排渣。整个过程通过渣锁斗实现。

③工艺流程

如图 4-74 所示,先关闭渣锁斗 V1403 下阀 14XV15、14XV16,用低压循环水将其充满,再利用高压 N_2 将其压力充至与渣收集器 V1402 以及气化炉压力接近平衡,并存在压差,即气化炉压力稍高于渣锁斗压力。

打开渣收集器 V1402 下阀 14XV09、14XV10,使 V1403 与 V1402 连通,压力平衡(3.5~4.0 MPa),这时 V1402 下部的渣可顺利排入 V1403 中,V1402 上部的灰水中含有少量的细渣,通过助泵 P1401A/B 进行循环,利用水力旋流器 S1403A/B 将细渣分开。水力旋流器上部的高温细渣水通过渣池冷却器 E1401 回收热量后返回渣池 V1401,细渣水继续喷淋渣池,同时回收细渣。水力旋流器 S1403A/B 下部的泥沙和一部分水去 U1700 单元。为避免渣水循环回路中固态物质的聚集,利用助泵 P1402A/B 使渣水在连通的 V1403 与 V1402 之间循环。当 V1402 下渣完毕后,关闭下阀 14XV09、14XV10,此时,V1403 与 V1402 隔离。然后打开 V1403 上部的卸压阀并卸至常压,打开 V1403 下阀 14XV15、14XV16,将渣水排入渣脱水槽 T1401,用捞渣机 X1402 将渣捞起,用皮带 X1403 送往渣场。V1403 排完渣后关闭。

14XV15、14XV16 用低压循环水充满,再利用高压 N₂ 将其压力充至与渣收集器 V1402 以及气化炉压力平衡,打开渣收集器 V1402 下阀 14XV09、14XV10,使 V1403 与 V1402 连通,重新开始新一轮收渣。为补充水力旋流器处排水造成的渣池水损失,用高压补充水补水。

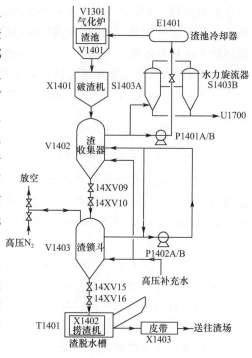

图 4-74　除渣工艺流程图

(5)U1500 除灰工艺

①简述

去除飞灰的主要装置是高温高压陶瓷过滤器,含灰合成气进入过滤器后,过滤的飞灰被下部的灰收集器收集,滤后的合成气从过滤器的上部排出进入下一个工序,飞灰通过过滤器下部的灰收集器进入到飞灰排放(锁斗)罐,然后进入到飞灰汽提塔冷却罐中进行汽提,顶部的气体去火炬烧掉,底部的飞灰排出用槽车运走。

②工艺原理

排灰系统由一套自动控制系统控制,采用双阀隔离,保证密封安全。

含灰合成气首先进入高温高压陶瓷过滤器进行过滤除灰,过滤器内部采用 15 组、每组 48 根(5 μm)的微孔陶瓷滤棒作为过滤装置,过滤后的合成气中含尘量约为 1～2 mg/m³,最大不超过 20 mg/m³,被送往湿洗工段进行进一步净化。

过滤器设置了反吹系统,每一组陶瓷滤棒都有反吹系统,利用 7.8 MPa、225 ℃ 的高压热氮气,对陶瓷滤棒进行反吹,将附着在陶瓷滤棒上的飞灰吹落至飞灰锁斗罐。当飞灰锁斗罐内飞灰达到高料位时,将灰收集器与飞灰锁斗罐之间的隔离阀关闭,进行排灰。排灰时内部需降至常压,泄压至常压后的飞灰锁斗罐与飞灰汽提塔冷却罐连通进行排灰,飞灰落入汽提塔冷却罐中,当飞灰锁斗罐出现低料位时,关闭两罐之间先前打开的连通阀。飞灰锁斗罐用高压热氮气充压与陶瓷过滤器压力达到平衡,重新打开灰收集器的隔离阀,继续收集飞灰。

进入汽提塔冷却罐汽提的目的有两点:

a.将飞灰中含有的有害气体 CO、H₂S 随汽提使用的热氮气排放并燃烧;

b. 将飞灰温度降低至低温以便于运输与排放,防止被飞灰灼伤。

飞灰汽提塔冷却罐中的飞灰利用 0.7 MPa、80 ℃ 的低压氮气对罐中的飞灰进行汽提,冷却至 250 ℃ 以下,汽提合格后的飞灰落入飞灰储罐,排至槽车送至界区外。

③工艺流程

除灰系统工艺流程如图 4-75 所示。

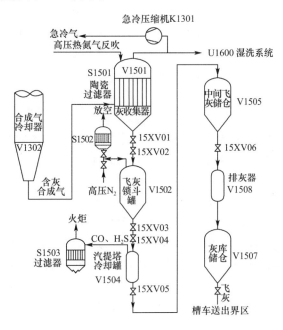

图 4-75 除灰系统工艺流程

排灰流程:首先关闭飞灰锁斗罐 V1502 下阀 15XV03、15XV04,用高压热氮气将其充至与合成气冷却器 V1302 压力接近平衡,并保证 V1302 与 V1502 之间有一定的压差。当 V1302 底部出来的温度 350 ℃、压力 3.5 MPa 含灰合成气,进入灰收集器 V1501 时,通过陶瓷过滤器 S1501 吸附飞灰,经氮气反吹后将飞灰收集在过滤器底部的灰收集器 V1501 中。除灰后的合成气从过滤器顶部分两路送出,一路送往 U1600 湿洗系统进一步洗涤和冷却,另一路少量的无灰合成气送至急冷压缩机 K1301,作为急冷气送至气化炉顶部的急冷室,冷却高温合成气。当 V1501 料位高时,打开其下阀 15XV01、15XV02,靠压差将飞灰排入飞灰锁斗罐 V1502。当 V1502 料位高时,关闭 V1501 下阀 15XV01、15XV02,这时 V1501 与 V1502 隔离,压力相等(约 3.5 MPa),分三次将 V1502 压力泄至接近常压,泄压后的气体通过过滤器 S1502 放空排至火炬。然后打开 V1502 下阀 15XV03、15XV04,将飞灰卸入汽提塔冷却罐 V1504 进行汽提和冷却。V1502 卸完料后,再用高压热氮气将 V1502 压力充至与V1501 压力接近平衡,然后打开 V1501 下阀 15XV01、15XV02,靠压差将飞灰排入 V1502,开始新一轮的接灰。

汽提流程:汽提塔冷却罐 V1504 接灰后,用低压氮气置换即汽提飞灰中的有害气体 CO、H_2S,并将飞灰温度冷却至 80～250 ℃,经过滤器 S1503,排放至火炬并燃烧。打开汽提塔冷却罐 V1504 下阀 15XV05,将飞灰排至中间飞灰储仓 V1505;打开下阀 15XV06 将飞灰送至排灰器 V1508,经充气锥和飞灰加速器 X1501 将飞灰送至灰库储仓 V1507,槽车送出界区。合成气通过过滤元件后得到净化,飞灰留在过滤元件表面形成滤饼层,随着过滤的进行,滤饼层增厚,过滤压降升高,需要对过滤元件进行定时反吹清灰。

(6)U1600 湿洗工艺

①简述

来自干法除尘系统的温度为 325 ℃、压力为 3.38 MPa 的合成气,进入湿洗(水洗)系统 U1600 工序,大约 325 ℃的热合成气在文丘里洗涤器和填料洗涤塔中被急冷、洗涤后,粗合成气中所含的 HCl 和 HF、微量固体颗粒被脱除。合成气在填料塔中达到水汽饱和,温度 160～170 ℃。出洗涤塔的合成气被分成三部分:一部分去变换工序;一部分作为气化部分急冷气;还有少部分去公用工程的燃料合成气系统。

②工艺原理

a.酸性气体的脱除

粗合成气中含有 HCl、HF 等酸性气体和少量飞灰,酸性气体的脱除可通过加入碱性溶液。碱与酸反应,生成氯化钠和氟化钠。反应方程式为

$$NaOH + HCl \rightleftharpoons NaCl + H_2O$$
$$NaOH + HF \rightleftharpoons NaF + H_2O$$

为了减少粗合成气中灰分含量,采用文丘里洗涤器,可湿润灰尘颗粒,配合洗涤塔提高洗涤效果,使合成气中夹带的固体颗粒在洗涤塔内快速去除。为避免腐蚀性物质(盐和悬浮固体颗粒)的积累,从洗涤塔抽出部分水溶液作循环水;同时由于一部分循环水去污水处理系统,因此要补充新鲜水。塔内良好的填料性能是继续增湿飞灰和提高处理效率的关键,洗涤塔填料为不锈钢鲍尔环。鲍尔环填料具有通量大、阻力小、分离效率高及操作弹性大等优点。

文丘里洗涤器的作用主要是增湿合成气,它是不可或缺的。除非在干法除灰系统中增加旋风分离器做脱灰预处理,否则,对含灰合成气起不到增湿作用,出洗涤塔的合成气灰尘含量就有可能超标,影响后续工序的正常进行。

b.文丘里洗涤器工作原理

文丘里管由收缩管、喉管和扩大管三部分组成,含尘合成气在文丘里管的收缩管加速,达到喉管时速度最大,静压力降低,喉管喷入的洗涤液被高速含尘合成气击碎,液滴在高速气流下雾化,变为大量的微小水滴,并充满喉管空间,如图 4-76 所示。

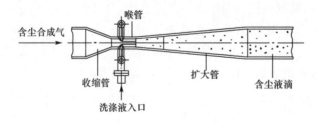

图 4-76 文丘里洗涤器工作原理

由于细小的水滴与合成气中的飞灰存在相对速度,水滴与灰粒之间发生激烈碰撞接触,灰粒被水迅速润湿并被水滴吸附凝成灰水滴,高速灰粒黏附在灰水滴上,从而凝结成较大颗粒的灰水粒。进入扩大管后,流速逐渐减小,压力回升,以灰粒为凝结核的凝聚作用加快,凝

聚成直径较大的含尘液滴,尘粒互相黏合,不断增大而除去。文丘里洗涤塔既可控制颗粒物又可作吸收塔使用。

③工艺流程

a. 合成气流程

如图 4-77 所示,来自干法除灰系统的温度为 325 ℃、压力为 3.38 MPa 的合成气进入文丘里洗涤器 J1602,经 16FV0012 控制的温度为 158 ℃、压力为 3.7 MPa 洗涤水进行初步洗涤后,进入洗涤塔 C1601,通过 16FV0015 控制的温度为 158 ℃、压力为 3.7 MPa 洗涤水进行最终洗涤。出洗涤塔后温度为 150 ℃、压力为 3.15 MPa 的合成气分成三路:一路经控制阀 16PV0008A 和切断阀 16XV0002 送往净化车间;另外两路分别送往急冷气压缩机和公用工程。洗涤塔结构如图 4-78 所示。

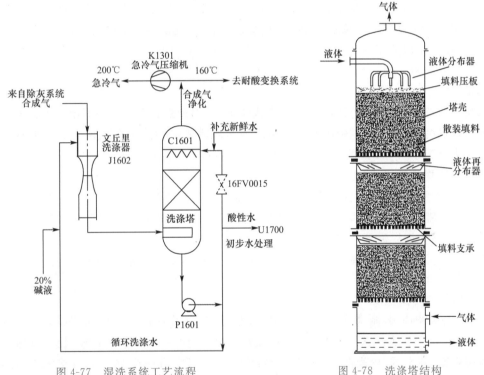

图 4-77　湿洗系统工艺流程　　　　　图 4-78　洗涤塔结构

b. 循环洗涤水流程

洗涤水通过泵 P1601 在洗涤塔底部和上部之间循环,通过 16FV0015 控制进入洗涤塔。洗涤水补水由工艺水泵过来的高压工艺水或净化冷凝液提供,在 P1601 的出口处引一条分支,将洗涤水送入文丘里洗涤器。为避免腐蚀性物质及固体物质的积聚,从循环回路中连续排出部分循环水,送往 U1700 的酸性灰浆汽提塔进料罐 V1701。为除去合成气中的 HCl、HF 等酸性气体,在文丘里洗涤器洗涤水进口处加入 20% 的碱液(洗涤液)。

(7)U1700 酸性灰浆汽提及初步水处理工艺

①简述

来自煤气化各工序产生的各种工艺废水,包括来自除渣系统水力旋流器的细渣水、渣池系统的灰浆水、湿洗系统抽出的酸性水、火炬水液分离罐的抽出水、装置封闭排放水系统的排放水以及下水道的污染水等。由于工艺废水中含有固体和解吸气体,初步水处理系统就是将这些污水进行预处理。

污水中的废气主要是由酸性灰浆汽提塔汽提解吸出来送去后续处理工序。污水则被送到澄清器,脱除酸性灰浆汽提塔废水中的固体和来自渣回收系统的含固废水。经过预处理后的废水可返回系统作工艺用水,多余部分则送往废水处理设施。

②工艺原理

冷却水含有大量悬浮物和焦油,若不能将它们有效地去除,循环水中的污染物浓度不断地增加,水质变得黏稠,将会降低水的净化效果。目前通常采用沉淀、混凝沉淀、气浮、电解、浮选等方法去除焦油和悬浮物。

a.循环冷却水水质稳定技术及缓蚀、阻垢、杀菌机理

缓蚀:其作用机理是在金属表面上形成一层保护膜,切断电化学腐蚀电流,以控制腐蚀过程。缓蚀剂主要有聚磷酸盐、铬酸盐、钼酸盐、钨酸盐、钒酸盐、亚硝酸盐、硼酸盐等。

阻垢:其作用机理是螯合水中钙、镁离子,使其不容易与碳酸盐、磷酸盐、硫酸盐结合成沉淀。常用的阻垢剂有聚磷酸盐、有机磷酸盐、聚羟酸盐等。

杀菌:许多微生物如藻类、真菌、细菌、原生动物系易在循环水中生存,它们不仅会使水质恶化,而且还会在管内壁结垢,增加水流阻力和堵塞管道及换热器。防止微生物垢的处理主要是投加各类杀菌剂,其种类有氧化型杀菌剂、非氧化型杀菌剂、氧化-非氧化型复合杀菌剂。

b.污染物的乳化、混凝

破乳:焦油蒸气和蒸汽在冷凝的过程中,相互混合极易形成焦油-水的乳化状态,很难用自然沉淀的方法去除,应先进行破乳,然后通过沉淀和气浮将焦油去除。破乳的方法有酸化混凝破乳、酸化气浮破乳等方法。

混凝沉淀:混凝是改善水质的有效措施之一,常用的混凝剂有硫酸铝、聚合铝、聚合铵等。在使用这些混凝剂时一般同时加入 3 mg/L 的高分子阻凝剂。

c.酸性灰浆汽提塔

酸性灰浆汽提塔通过低压蒸汽汽提,将灰浆(由飞灰和酸性水组成)中的 H_2S、NH_3、CO_2 和 HCN 等气体脱除。为了使汽提塔两层填料汽提床获得气液两相所需的接触界面,采用逆流操作工艺。通过在进料罐中加入盐酸来控制 pH 大约恒定在 6.5。这将使 $CaCO_3$ 沉积引起的淤塞污垢减少到最低程度,以移出酸性组分。反应方程式如下:

$$CaCO_3 + 2HCl = CaCl_2 + CO_2 \uparrow + H_2O$$

d.澄清器

通过向澄清器中加入絮凝剂与来自酸性灰浆汽提塔和渣池系统的灰浆等废水混合以改善沉降。絮凝剂在废水中呈絮状,有较大表面积,可将废水中的悬浮固体吸附在其中,从而实现悬浮固体的聚集与沉降。

③工艺流程

初步水处理工艺流程如图 4-79 所示。

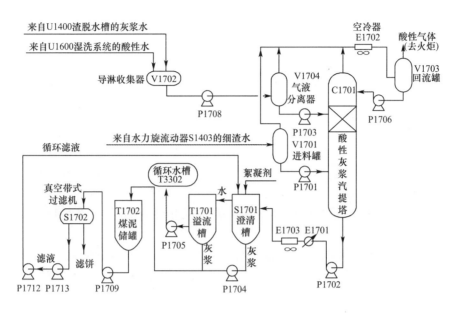

图 4-79 初步水处理系统工艺流程

酸性灰浆汽提流程：来自煤气化各工序产生的工艺废水,包括来自 U1400 除渣系统渣脱水槽 T1401 的灰浆水、来自 U1600 湿洗系统的酸性水,收集在导淋收集器 V1702 中,然后通过泵 P1708 送至气液分离器 V1704 闪蒸,进行气液分离。酸性气体送火炬 U3100,液体用泵 P1703 送至酸性灰浆汽提塔 C1701 上部精馏段进一步气液分离。来自水力旋流器 S1403 的细渣水,送至酸性灰浆汽提塔进料罐 V1701,用泵 P1701 将其输送到酸性灰浆汽提塔 C1701 中部进口处,塔底用 0.5 MPa、159 ℃的低压蒸汽进行汽提,将灰浆中的 H_2S、NH_3、CO_2 和 HCN 等酸性气体脱除。酸性气体从酸性灰浆汽提塔顶部出来,经过空冷器(空气冷却器)E1702 降温后送往回流罐 V1703,将气体中的冷凝液收集起来,最后温度为 100 ℃、压力为 0.15 MPa 的酸性气体送往火炬。回流罐中产生的冷凝液用泵 P1706 输送至酸性灰浆汽提塔再次汽提后送往初步水处理系统。脱除酸性气体后温度为 134 ℃、压力为 0.2 MPa的灰浆从酸性灰浆汽提塔底部用泵 P1702 抽出,分别经过 E1701 和 E1703 冷却至 50 ℃后送往澄清槽 S1701。为避免 $CaCO_3$ 沉淀堵塞管道,在酸性灰浆汽提塔进料罐 V1701 和酸性灰浆汽提塔 C1701 中加入了适量的酸液。

灰浆处理流程：来自酸性灰浆汽提塔底部的废水、渣脱水槽 T1401 的细渣水、下水管的废水等在澄清槽 S1701 中和添加的絮凝剂一起,经过搅拌器进行搅拌,分离出来的水从澄清槽 S1701 上部进入溢流槽 T1701,用泵 P1705 送往循环水槽 T3302、酸性灰浆汽提塔进料罐 V1701 及其他用户;灰浆从澄清槽 S1701 和溢流槽 T1701 底部出来,用泵 P1704 送往煤泥储罐 T1702 搅拌和沉淀后,再用泵 P1709 将煤泥送至真空带式过滤机 S1702,用真空泵 P1713 抽真空,将水和滤饼分开,滤饼用卡车送走。过滤出来的水分(滤液)用泵 P1712 送往澄清槽 S1701 再次循环处理。

4.4.5 耐硫变换工艺

1. 简述

变换装置的目的和作用是把粗合成气中过高的 CO 变换成 CO_2，同时副产 H_2，以调整粗煤气中 CO 和 H_2 的含量，使合成气中 H_2 与 CO 达到一定的比例，适应甲醇合成工序对 H_2 与 CO 比例的要求。

粗煤气中含 CO 体积分数达到 60％（干基）以上。由于 CO 含量高，不仅加重了变换装置的负荷，而且极易引发高放热的甲烷化副反应而使催化剂床层出现"飞温"现象。另外，原料煤中硫含量高，使得粗合成气中的 H_2S、COS 含量高达 1.5％。因此，为减轻变换装置的负荷，满足甲醇合成对 CO 指标要求和节能原则，避免甲烷化副反应，常采用按总气量分批进料的方式和适当水/汽的耐硫变换工艺。

CO 变换反应是大量放热的过程，变换装置中存在巨大的余热。为保证变换反应的正常进行，在段与段之间要不断换热（淬冷）取走热量。充分利用好这些余热，直接影响到整个装置的能耗。

2. 变换工艺原理

（1）主副反应

CO 与水蒸气共存的系统，是含有 C、H、O 三种元素的系统，从热力学角度讲，不但能进行如下主反应：

$$CO + H_2O(g) \Longrightarrow CO_2 + H_2 \quad \Delta H^{\ominus} = -41.4 \text{ kJ/mol} \tag{5-1}$$

还可产生其他的副反应，如：

$$CO + H_2 \Longrightarrow C + H_2O \tag{5-2}$$

$$CO + 3H_2 \longrightarrow CH_4 + H_2O \tag{5-3}$$

（2）影响因数

由于变换催化剂对反应（5-1）具有良好的选择性，从而能抑制其他反应的发生。

温度：由于 CO 变换反应是在过量水蒸气存在下的放热反应，因此降低起始温度对化学平衡有利，但温度降至一定程度会达到该压力条件下的露点。此时，合成气中会有液滴析出而聚集在催化剂表面，造成催化剂强度下降、破碎、床层阻力增大，降低催化活性和缩短使用寿命。所以，催化剂操作温度要在一定的范围内进行，即适当高于水蒸气的露点温度。

水/汽：水/汽是调节变换反应指标的一个重要控制手段，当水/汽较高时，主要发生 CO 的变换反应，不会有甲烷化副反应发生。当水/汽较低时，特别是当床层温度大于 400 ℃时，则容易发生甲烷化副反应，造成床层"飞温"。不同的催化剂由于其制备方法和组分结构的不同，对发生甲烷化副反应所要求的最低水/汽也不同。

综上所述，提高 CO 变换率，降低水蒸气和能量消耗，提高反应热量的回收以及防止产生副反应的最有力的措施是降低反应温度和选择相应的催化剂。

（3）变换催化剂

合成甲醇传统催化剂有铁-铬催化剂，虽然耐高温、活性高，但耐硫差；还有铜-锌催化剂，低温活性高，对硫敏感。

齐鲁石化研究院开发的 QCS-01 中变催化剂和 QCS-04 低变催化剂在国内都得到了很

好的应用。这两种催化剂主要活性组分为钴-钼,处于硫化状态下才具有催化活性,而且完全可以替代进口产品。

3. 工艺流程

耐硫变换工艺流程如图 4-80 所示。

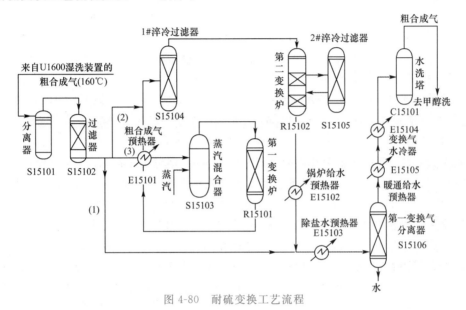

图 4-80 耐硫变换工艺流程

来自 Shell 煤气化 U1600 湿洗装置的粗合成气(温度为 160 ℃,压力为 3.7 MPa)进入原料气分离器 S15101 中,分离夹带的水分后,再进粗合成气过滤器 S15102 除去灰尘等杂质。出过滤器的粗合成气分为三股:第一股流量约为总流量的 35%,与出锅炉给水预热器 E15103(除盐水预热器)的变换气混合以调节变换气中的 CO;第二股流量约为总流量 35%,作为变换气的急冷气,进 1# 淬冷过滤器 S15104;第三股流量约为总流量 30%,经过粗合成气预热器 E15101,与来自第一变换炉 R15101 出口的变换气换热后,再进蒸汽混合器 S15103 与外加蒸汽混合,温度为 261 ℃的混合气进入第一变换炉 R15101 进行变换反应:

$$CO+H_2O \Longrightarrow H_2+CO_2+Q$$

第一变换炉下部出来的变换气通过粗合成气换热器 E15101 被冷到 414 ℃,进 1# 淬冷过滤器 S15104,用粗合成气和工艺冷凝液急冷到 240 ℃,再进第二变换炉 R15102 上段继续进行变换反应。出第二变换炉上段的变换气温度约 418 ℃,CO 含量约 12.23%(体积分数),进 2# 淬冷过滤器 S15105 用工艺冷凝液急冷到 210 ℃,进第二变换炉 R15102 下段进行变换反应。出口的变换气 CO 含量约 2.34%(体积分数),经锅炉给水预热器 E15102 和除盐水预热器 E15103 回收热量后,进第一变换气分离器 S15106 下部分离水分,再经暖通给水预热器 E15105 和变换气水冷器 E15104 被冷到 40 ℃,最后经变换气水洗塔 C15101 洗氨分离,脱除变换气中的 NH_3($<10^{-6}$),去低温甲醇洗(酸性气体脱除)工序。

4.4.6 低温甲醇洗(酸性气体脱除)工序

1. 简述

从耐硫变换工序来的变换气除含有 H_2、N_2、35%的 CO_2 和少量 H_2S、COS 等硫化物外，还含有 CO、CH_4、Ar 以及饱和水分等。硫化物是甲醇合成催化剂的毒物，气体在进入合成工序之前，必须将它们脱除干净。低温甲醇洗工序的任务是：

(1)净化原料气。将进入低温甲醇洗的原料气中的 CO_2、H_2O、H_2S 等脱除至规定的含量，以满足后续工序的生产要求。

(2)回收副产品。CO_2 是甲醇洗的主要副产品，可用于生产纯碱(包括食用碱)和尿素。

低温甲醇洗含有 H_2S、甲醇等有毒物质，必须加强生产控制，以满足环境保护需要。

2. 工艺原理

大连理工大学的
低温甲醇洗工艺

(1)低温甲醇洗是物理吸收，当酸性组分分压高时，物理吸收的能力比化学吸收的能力高。而且吸收剂的吸收量随组分分压的提高而增加，几乎成正比，这样，操作压力提高，循环量就会减少。当操作压力高时，物理吸收的吸收能力将远高于化学吸收，再生能耗小。以煤为原料生产甲醇时，需脱除的 CO_2 量较多，另外气化压力也比较高，因此，对利用物理吸收法低温甲醇洗来净化原料气很有利。

(2)低温甲醇洗可以脱除原料气中的多种杂质。在 $-30\sim-70\ ℃$ 的低温下，甲醇能同时脱除 H_2S、COS、CS_2、RSH、CO_2、HCN、NH_3、NO 以及石蜡烃、芳香烃、粗汽油等杂质，并可同时脱水使气体彻底干燥，所吸收的杂质可以在甲醇的再生过程中加以回收。

(3)低温甲醇洗的气体净化度很高，净化气中总硫含量可脱至 10^{-7} 以下，CO_2 可净化到 10^{-5} 以下，低温甲醇洗可适用于硫含量有严格要求的任何工艺。

(4)在低温甲醇洗中，H_2S、COS 和 CO_2 等酸性气体的吸收、吸收后溶液的再生以及 H_2、CH_4、CO 等溶解度低的有用气体的解吸，其基础就是各种气体在甲醇溶液中有不同的溶解度。

(5)低温甲醇洗可以选择性地脱除 H_2S 和 CO_2，并可分别加以回收，便于进一步加工，由于 H_2S、COS 和 CO_2 在低温甲醇中的溶解度很大，所以吸收剂的循环量很小，动力消耗、运转费用较低；另一方面，低温甲醇对 H_2、CO 和 CH_4 的溶解度很低(表 4-7)，低温下甲醇的蒸气压也很低，这就使有用气体和溶剂的损失保持在低水平。

表 4-7　　　　　　　　　　$-40\ ℃$ 各种气体在甲醇中的相对溶解度

气体	$\dfrac{\text{气体的溶解度}}{H_2\text{ 的溶解度}}$	$\dfrac{\text{气体的溶解度}}{CO_2\text{ 的溶解度}}$	气体	$\dfrac{\text{气体的溶解度}}{H_2\text{ 的溶解度}}$	$\dfrac{\text{气体的溶解度}}{CO_2\text{ 的溶解度}}$
H_2S	2 540	5.9	CO	5.0	—
COS	1 555	3.6	N_2	2.5	—
CO_2	430	1.0	H_2	1.0	—
CH_4	12	—			

从表 4-7 可看出：在 $-40\ ℃$ 的低温下，甲醇对 H_2S、COS 和 CO_2 等有很高的溶解度，而对 H_2、CH_4、CO 等溶解度小。另外，H_2S 的溶解度约比 CO_2 大 6 倍，这样就有可能选择性地从原料气中先脱除 H_2S，而在甲醇再生时先解吸 CO_2。

当气体中有 CO_2 时，H_2S 在甲醇中的溶解度约比没有 CO_2 时降低 $10\%\sim15\%$。甲醇中 CO_2 含量越高，H_2S 在甲醇中的溶解度的降低也越显著。当气体中有 H_2 存在时，CO_2 在甲醇中溶解度会降低。当甲醇中水分含量为 5% 时，CO_2 在甲醇中的溶解度与无水甲醇相比约降低 12%。

3. 工艺流程

（1）主要设备见表 4-8。

表 4-8　　　　　　　　　　　　　　　主要设备一览表

设备位号	设备名称	数量	高度 m	设备内径 mm	设计压力 MPa	设计温度 ℃	类型
C15201	甲醇洗涤塔	1	53.00	2600	3.8	$-70/+50$ $-45/+50$	浮阀板式塔
C15202	CO_2 再生塔	1	33.00	3000	0.4	$-70/+50$	浮阀板式塔
C15203	H_2S 浓缩塔	1	38.600	2800	0.4	$-70/+50$	浮阀板式塔
C15204	热再生塔	1	22.600	2800/3600	0.4	$-10/+120$	浮阀板式塔
C15205	甲醇水分离塔	1	29.800	1600	0.5	$-10/+170$	筛板塔
C15206	辅助解吸塔	1	21.000	2600	0.4	$-70/+50$	填料塔
V15201	变换气分离器	1	4.8	2000	3.8	$-45/+50$	立式
V15202	闪蒸槽Ⅱ	1	10.5	3500	1.4	$-45/+50$	卧式
V15203	闪蒸槽Ⅰ	1	10.5	3500	1.4	$-45/+50$	卧式
V15204	甲醇收集槽	1	10.5	3500	0.4	$-11/+60$	卧式
V15205	酸气分离器	1	3.4	1200	0.4	$-45/+50$	立式
V15206	回流槽	1	5.1	1600	0.4	$-11/+60$	立式
V15207	闪蒸槽Ⅲ	1	7.2	2400	0.4	$-45/+50$	卧式
V15208	地下槽	1	7.2	2400	0.5	$-70/+120$	卧式

（2）工艺流程

如图 4-81 所示，从变换气水洗塔来的 3.6 MPa、40 ℃变换气和压缩机后冷器 E15202 来的闪蒸气混合后先喷淋少量甲醇，以防止变换气冷却后凝结成冰。变换气在原料气冷却器 E15201 中与净化气、CO_2 和尾气换热后进变换气分离器 V15201 下段。从原料气冷却器和变换气分离器分离出的甲醇和水混合后去甲醇/水分离塔 C15205 的进料加热器 E15216。甲醇/水分离塔顶部分出的甲醇蒸气经冷凝后进甲醇洗涤塔 C15201。

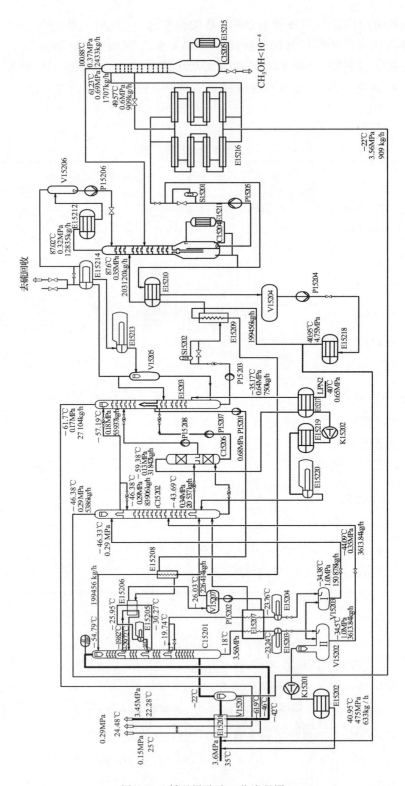

图 4-81　低温甲醇洗工艺流程图

①甲醇洗涤塔(C15201)

a. H_2S、COS 和 CO_2 的脱除

甲醇洗涤塔分为四段,最下一段为脱硫段,上面三段为脱碳段。在脱硫段,原料气(变换气)经富含 CO_2 的甲醇液洗涤,脱除 H_2S、COS 和部分 CO_2 等组分后,净化气中总硫含量小于 10^{-7},温度为 -42.3 ℃。在脱碳段,原料气用贫甲醇液洗涤,脱除 CO_2 后,净化气(CO、H_2)从塔顶引出,进原料气冷却器回收冷量后,以 3.4 MPa、22 ℃状态送合成甲醇工序。

在甲醇洗涤塔,由于甲醇吸收 CO_2 后温度迅速上升影响吸收效果,因此为保持塔内低温,在甲醇洗涤塔中部设有两个中间冷却器即甲醇深冷器Ⅰ E15205 和循环甲醇冷却器 E15206。从甲醇洗涤塔的第 55 块和第 49 块塔板分别抽出的甲醇在甲醇深冷器Ⅰ和循环甲醇冷却器中冷却至 -30 ℃以下再返回至第 54 块和第 48 块塔板。

b. 甲醇中压闪蒸

从甲醇洗涤塔底部出来的含硫甲醇富液(约 -19 ℃)进甲醇富液冷却器Ⅲ E15207,在其中换热至 -23 ℃后进甲醇富液深冷器Ⅱ E15203,用氨继续冷却至 -34 ℃后送闪蒸槽Ⅱ V15202,减压至 1.0 MPa,闪蒸出溶解的 H_2、CO 及少量 CO_2 等气体。同样,从甲醇洗涤塔脱碳段出来的不含硫的甲醇液(约 -20 ℃)去甲醇富液冷却器Ⅲ,冷却至 -24 ℃后进甲醇富液深冷器Ⅰ,用氨继续冷却至 -33 ℃送闪蒸槽Ⅰ V15203 减压至 1.0 MPa,闪蒸出溶解的 H_2、CO 及少量 CO_2 等气体。从闪蒸槽Ⅰ和闪蒸槽Ⅱ出来的闪蒸气经闪蒸气压缩机 K15201 增压至 4.0 MPa 后,经压缩机后冷器返回到变换气中。

②CO_2 解吸塔(C15202)

a. CO_2 产品

从闪蒸槽Ⅱ底部出来的含硫甲醇减压后进入 CO_2 解吸塔下部,闪蒸出溶解的 CO_2 及部分 H_2S。从闪蒸槽Ⅰ底部出来的不含硫甲醇液进入 CO_2 解吸塔上部,闪蒸出溶解的 CO_2。其中甲醇液用于洗涤塔内闪蒸出的含硫气体,部分甲醇液由 CO_2 解吸塔上段送入 H_2S 浓缩塔 C15203 顶部洗涤尾气。从 CO_2 解吸塔塔顶出来的较纯的 CO_2(-46.5 ℃,0.29 MPa)经原料气冷却器回收冷量后,以 25 ℃、0.19 MPa 状态,作为产品 CO_2 送界外。

b. 辅助解吸塔(C15206)

为提高 CO_2 的回收率,将 CO_2 解吸塔下部出来的甲醇液体送入辅助解吸塔 C15206 上部,CO_2 解吸塔底部出来的甲醇液送入辅助解吸塔下部,常压闪蒸。辅助解吸塔顶部出来的闪蒸气(-59 ℃,0.15 MPa)经氮气冷却器 E15217 回收冷量后,进解吸气压缩机 K15202 压缩至 0.4 MPa,再送解吸气水冷器 E15219。解吸气在解吸气水冷器中冷却至 40 ℃后再经解吸气深冷器 E15220 用氨冷却至 -28 ℃送 CO_2 解吸塔下部,作为 CO_2 解吸塔的汽提气,最终作为产品 CO_2。从辅助解吸塔中部解吸后的甲醇用 P15208A/B 加压后送至 H_2S 浓缩塔上部,用 P15207A/B 加压后送 H_2S 浓缩塔中部。

③H_2S 浓缩塔(C15203)

H_2S 浓缩塔顶部的尾气(N_2、CO_2、H_2S)经原料气冷却器回收冷量后放空。从 H_2S 浓缩塔中部抽出部分低温含硫甲醇用 P15201A/B 加压后在甲醇贫液冷却器Ⅰ E15208 中冷却后进甲醇洗涤塔顶部。

从 H_2S 浓缩塔底部出来的甲醇经 P15203A/B 加压后,经甲醇过滤器Ⅱ S15202 过滤杂

质,再经甲醇贫液冷却器ⅡE15209换热至34℃,最后在甲醇贫液冷却器ⅢE15210中被加热到88℃进热再生塔C15204进行热再生。

④热再生塔(C15204)

在热再生塔中,塔顶出来的甲醇蒸气、CO_2和H_2经回流水冷器E15212冷却至46℃,再经回流槽V15206分离出酸气(H_2S、COS)和甲醇液。在回流槽顶部分出的酸气经酸气冷却器E15214冷却至39℃,在酸气深冷器E15213中冷却至-33℃后进酸气分离器V15205,进一步分离出CO_2、H_2S和甲醇液。酸气分离器顶部的酸气再经酸气冷却器回收冷量后送界外,下部的甲醇液进H_2S浓缩塔下部。从回流槽底部分离出的甲醇液经P15206A/B加压后回流至热再生塔。热再生塔塔釜再沸器E15211采用低压蒸汽热再生。从热再生塔底部出口分"热区"和"冷区"两股甲醇,热区送甲醇/水分离塔C15205分离水;冷区送甲醇收集槽V15204。

⑤甲醇/水分离塔(C15205)

热再生塔底部热区甲醇经P15205A/B加压并经甲醇过滤器ⅠS15201过滤杂质,再经过加热器E15216换热至50℃后进甲醇水分离塔。塔顶甲醇蒸气送热再生塔中部,塔釜采用中压蒸汽精馏,塔底精馏出的水送污水处理装置。从热再生塔底部冷区出来的甲醇经甲醇贫液冷却Ⅲ器换热至40℃后送甲醇收集槽,并经甲醇贫液泵P15204A/B加压至4.95MPa后,由甲醇贫液水冷器E15218冷却至40℃,再于甲醇贫液冷却器Ⅱ中换热至-36℃,经甲醇贫液冷却器Ⅰ冷却至-55℃送甲醇洗涤塔。

4.4.7 合成气压缩工序

1. 简介

合成气压缩工序先将酸性气体脱除后的合成气(新鲜气)以及氢回收工序回收的甲醇合成弛放气中的H_2经合成气压缩机K15501一并压缩至7.4MPa,然后再将其与甲醇合成循环气汇合并,进一步压缩至8.1MPa(表压)后送入甲醇合成工序。

合成气压缩机组是蒸汽透平驱动的多级离心式压缩机,采用合成气与循环气联合压缩的方式可提高合成气压缩机压缩效率,节省能耗和投资。合成气压缩机共分两段:一段对合成气进行压缩;二段对来自一段的合成气和来自合成系统的循环气进行压缩。

2. 合成气压缩原理

压缩机基本原理是在蒸汽透平的驱动下,离心式压缩机的叶轮随轴高速旋转,叶片间的介质气体也随叶轮旋转而获得离心力,高速气体被甩到叶轮外的扩压器中,使气体的流动速度能转化为压力能,经过扩压器后的介质气体经弯道、回流器进入下一级继续压缩。压力提高的同时,介质气体温度也要升高,设置段间冷却器来降低压缩气体的温度,尽量减少压缩功。

3. 合成气压缩工艺流程

(1)合成气系统

自净化系统来的新鲜气(40℃)进入合成气压缩机一段压缩至5.6MPa后,与来自合成系统的循环气(789 125 Nm^3/h、5.6MPa、40℃)一起在循环段中混合,再经循环段压缩至

6.15 MPa 后去合成装置。合成气压缩机设有防喘振阀 FCV22078 和 FCV22079,以防一段和循环段发生喘振。

（2）蒸汽及冷凝液系统

压力为 3.85 MPa、温度为 435 ℃的中压蒸汽经过手动隔离阀、速关阀、调速气阀后进入汽轮机内膨胀做功,做功后的低压蒸汽[0.018 MPa(绝压)]排入凝汽器,在凝汽器中乏汽被冷凝为水并形成一定真空度,冷凝液用泵送出界区（1.25 MPa）。

为了维持凝汽器的真空,设有蒸汽抽气器,抽出其中不凝气。抽气器的动力蒸汽为 3.85 MPa 中压蒸汽,来自外管网,经冷凝后回收到凝汽器内。

（3）油系统

储存在油箱中的汽轮机油,经油泵加压至 1.1 MPa,由压力自动调节阀 PCV22081 将油压调至 1.1 MPa,经油冷却器（出口油温 45±1 ℃）、油过滤器（阻力＜0.08 MPa）后分两路:一路经 PCV22082 将压力控制到 0.9 MPa,送往汽轮机调节机构做调速液压油;另一路经调节阀 PCV22083 将压力控制到 0.3 MPa 后,又分为两路,一路送往汽轮机各个轴承作润滑用,另一路经调节阀 PCV244 将压力控制到 0.138 MPa 后送往压缩机的各个轴承作润滑用;各路回油汇合后返回油箱。

4.4.8 甲醇合成工序

1. 简介

合成甲醇的工业生产方法有低压法、中压法和高压法。我国小规模装置主要采用高压法,引进装置则采用低压法。与高压法相比低压法的优点是:能量消耗少,操作和设备费用低、产品纯度高,故大多采用低压法。低压工艺是指采用低温和高活性铜基催化剂,在 5～8 MPa 压力下,由合成气（CO＋H_2）合成甲醇。合成塔为林达型合成反应器。甲醇合成余热采用分级回收方式,用于副产低压蒸汽供精馏工序使用和预热除盐水。

合成甲醇采用杭州林达化工技术工程有限公司的专利技术,为冷管式均温型低压甲醇合成塔。

合成塔中填充 $CuO\text{-}ZnO\text{-}Al_2O_3$ 催化剂,于 5 MPa 压力下操作。由于反应强烈放热,必须迅速移出热量。合成塔内件采用独特的冷管结构,全床层连续换热,管内冷气强化换热,使催化剂层同平面温差＜10 ℃,轴向温差＜15 ℃。均温型低压甲醇合成塔利用反应产生的热量加热入塔原料气,既充分利用了反应热,减小了塔外换热器的换热面积,满足了气固相催化反应的自热要求;同时亦可称作移热手段,符合节能理念。管内外气体的大温差、冷管分布的均匀性和合理性、并流换热的连续性、整个催化剂层内的高比冷面积都使得传热效果大大加强。这样使得整个催化剂层都处在最佳活性温度范围内,催化剂的利用率大大提高。

2. 合成甲醇的工艺原理

（1）合成甲醇的化学反应

①主要化学反应

$$CO+2H_2 \Longleftrightarrow CH_3OH(g)+100.4 \text{ kJ/mol} \quad （强放热） \tag{1}$$

当有二氧化碳存在时,二氧化碳按下列反应生成甲醇:

$$CO_2 + H_2 \Longrightarrow CO + H_2O(g) - 41.8 \text{ kJ/mol} \qquad (2)$$

$$CO + 2H_2 \Longrightarrow CH_3OH(g) + 100.4 \text{ kJ/mol}$$

两步反应的总反应式为

$$CO_2 + 3H_2 \Longrightarrow CH_3OH_3(g) + H_2O(g) + 58.6 \text{ kJ/mol} \qquad (3)$$

② 典型的副反应

$$CO + 3H_2 \Longrightarrow CH_4 + H_2O(g) + 115.6 \text{ kJ/mol} \qquad (4)$$

$$2CO + 4H_2 \Longrightarrow CH_3OCH_3 + H_2O(g) + 200 \text{ kJ/mol} \qquad (5)$$

（2）合成甲醇的催化剂

合成甲醇的催化剂有锌-铬催化剂和铜基催化剂。催化剂的选择性与活性既取决于其组成，又取决于其制备方法。催化剂的生产主要分为两个阶段——制备阶段和还原活化阶段。对于所有催化剂来说，有害的杂质为铁、钴、镍，因为它们促进副反应的进行，并使催化剂层的温度升高；碱金属化合物的存在会降低催化剂的选择性，使反应生成高级醇。因此，在催化剂的制备及还原活化阶段所用的还原材料中，有害杂质的含量须严格控制。

催化剂的作用是使一氧化碳加氢反应向生成甲醇方向进行，并尽可能地减少和抑制副反应产物的生成，而催化剂本身不发生化学变化。

（3）甲醇合成塔结构

均温型低压甲醇合成塔结构如图 4-82 所示。气体由顶部小封头进气管进入，在塔顶通过隔板分布至多根引气管，再进入上集气环，由其分布到下行冷管。先并流与催化剂层换热，再经下集气环分布到上行冷管。气体上升与催化剂层逆流换热后，出冷管由上至下进入催化剂层反应。反应后气体由甲醇合成塔下部出口排出。

冷管由多层集气环管组成，并保证气流分布均匀。冷管胆下部由支承架支承。催化剂装填时，支承架下部装填 $\phi 20$ mm 瓷球，冷胆层装填 $\phi 5 \times 5$ mm 圆柱形催化剂。下封头设有卸料口以保证催化剂自卸。

均温型低压甲醇合成塔的主要技术特点是：在全部催化剂层中设计了可自由伸缩活动装配的冷管束，用管内冷气吸收管外反应热，管内冷气与催化剂层中反应气进行并流换热和逆流间接换热，通过计算机优化设计冷管结构和参数。

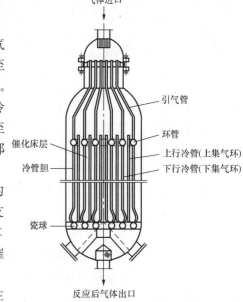

气体进口

引气管

环管

催化床层

上行冷管（上集气环）

冷管胆

下行冷管（下集气环）

瓷球

反应后气体出口

图 4-82 均温型低压甲醇合成塔结构

均温型低压甲醇合成塔的主要创新点是：结构独特的 U 形管，催化剂装填系数从 30% 提高到 70%；强化传热，使催化剂层径、轴向温差小，温度均匀，延长催化剂使用寿命，提高甲醇产量，降低物耗和能耗，且易实现装置的大型化。

3. 甲醇合成工艺流程

甲醇合成工艺流程如图 4-83 所示，由压缩工序 K15501 来的，压力为 8.1 MPa（绝压）、温度约 90 ℃ 的合成气（CO+H₂），首先经过入塔气预热器 E15401 加热至 104 ℃，再经开工加热器 E15405 升温至 240 ℃后进入甲醇合成塔 R15401。甲醇合成塔内设均温型内件,气体出冷管后进催化剂层进行甲醇合成反应。经甲醇合成塔反应后的气体约 250 ℃,进入废热锅炉 E15402 副产 0.65 MPa(绝压)蒸汽以回收反应放出的热量,出废热锅炉的反应气降至 175 ℃,进入入塔气预热器 E15401 的管程,加热壳侧的入塔气。

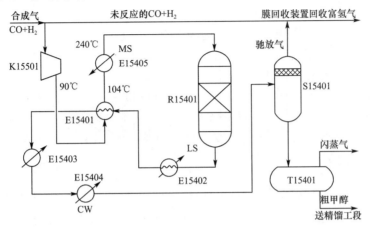

图 4-83　甲醇合成工艺流程

反应气离开入塔气预热器 E15401 温度约 102.2 ℃,依次进入脱盐水预热器 E15403、水冷器 E15404 冷至 40 ℃左右,经甲醇分离器 S15401 分离出粗甲醇。分离粗甲醇后的工艺气大部分返回压缩工序的合成气压缩机 K15501 循环段,另一部分弛放气经膜回收装置回收富氢气,补入合成气中。出甲醇分离器 S15401 的粗甲醇经闪蒸槽 T15401 减压闪蒸至 0.5 MPa(绝压)后,送至精馏工段或粗甲醇储槽,闪蒸气送至燃料气管网作为燃料。上述甲醇合成工艺中仅有一个合成塔 R15401,也称单塔工艺,主要生产粗甲醇。

4.4.9　粗甲醇精馏工序

1.简介

粗甲醇中甲醇含量约 80％,其余大部分是水。此外,还含有轻馏分二甲醚、可溶性气体以及重馏分水、酯、醛、酮、高级醇。

粗甲醇精馏工序是通过精馏工艺将合成的粗甲醇提纯,生产高纯度的精甲醇产品。通常采用三塔精馏工艺,即预精馏塔、加压精馏塔、常压精馏塔。加压精馏塔和常压精馏塔其实最早就是一个塔,只是从节能的角度出发,将这个塔分开,利用加压精馏塔塔顶蒸汽冷凝热作常压精馏塔塔底再沸器热源,从而减少蒸汽消耗和冷却水消耗。为了提高甲醇回收率和产品甲醇质量,在常压精馏塔后设回收塔(汽提塔),称(3+1)精馏工艺。虽然增加一个塔,但由于降低了常压精馏塔负荷,因而投资和蒸汽消耗基本上不增加。不仅甲醇回收率增加,而且可以在粗甲醇杂质含量较高时从回收塔取出甲醇用作燃料,避免杂质在系统累积而影响产品甲醇质量。随着用户对甲醇杂质含量要求越来越高,这一点显得更为重要。

2.粗甲醇的精馏原理

由于粗甲醇中存在着沸点相近的组分,与甲醇的相对挥发度接近于 1。为便于分离,从预精馏塔塔顶回流槽加入水作萃取剂,让水溶解其中某些物质,降低其挥发度,从而改变了易溶物质与难溶物质的相对挥发度。在预精馏塔中实现以二甲醚为主的低沸物分离。同时不溶于水的油层在收集槽中被分离。而且,甲醇溶液相对挥发度 $\alpha=3.542$ (远远大于1),说明甲醇与水易分离。在甲醇精馏过程中,水不仅起萃取作用,还能与异丁醇、异戊醇等形成共沸物。水与异丁醇形成的共沸物沸点为 89.92 ℃,共沸物中异丁醇占 66.8%。由于共沸作用,异丁醇沸点从 107.9 ℃降到 89.92 ℃,增大了与水的沸点差,有利于甲醇-油水馏分与塔底水的分离。因此,严格意义上说,甲醇精馏遵循的是"萃取-共沸精馏"原理。

3.(3+1)甲醇精馏工艺流程

(3+1)甲醇精馏工艺流程如图 4-84 所示。来自甲醇合成工序闪蒸槽 T15401 的粗甲醇经换热器 E15501 预热至 70 ℃后进预精馏塔 C15501 的上部,塔顶采用二级冷凝,甲醇蒸气首先在冷凝器 E15502 中进行部分冷凝,未冷凝气体再经冷凝器 E15503 冷凝,不凝气(酸性气体及低沸点轻组分)从塔顶逸出。冷凝液采用全回流方式进入回流槽 T15501,同时在回流槽中不断补充水作萃取剂,塔底由再沸器 E15401 加热。

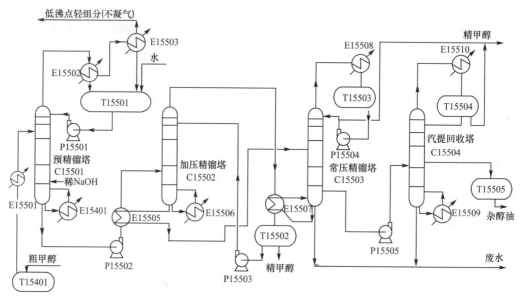

图 4-84 (3+1)甲醇精馏工艺流程

预精馏塔目的是:在水的作用下,有效地除去粗甲醇中溶解的气体(如 CO_2、CO 等酸性气体)及低沸点轻组分(如二甲醚、甲酸甲酯等),冷凝液经塔顶回流泵 P15501 返回塔内。由于预精馏塔中存在大量酸性气体和酸性液体,一般在塔的中下段还要注入稀 NaOH 溶液,来进一步中和酸性物质,防止对后续的塔和管线造成腐蚀。

预精馏塔底部的粗甲醇经泵 P15502 及 E15505 换热后进入加压精馏塔 C15502,加压精馏塔塔釜用蒸汽 E15506 加热,塔顶的高温气相甲醇经 E15507 冷凝后进入回流槽 T15502,精甲醇部分回流,部分采出。

从加压精馏塔塔釜出来的粗甲醇液体经 E15505 进入常压精馏塔 C15503,常压精馏塔塔顶气相甲醇经冷凝器 E15508 冷凝后进入回流槽 T15503,精甲醇部分回流,部分采出;塔釜温度控制在 100 ℃左右,保证从常压精馏塔塔釜出来的基本都是水。

常压精馏塔下段液体中还有 1%～3% 的甲醇和副产品杂醇油(异丁醇等),经 P15505 打入汽提回收塔 C15504,塔釜再沸器用蒸汽 E15509 加热进一步汽提甲醇,塔顶气相甲醇通过 E15510 冷凝后进入回流槽 T15504,精甲醇部分回流,部分采出。副产品杂醇油从汽提回收塔中部经 T15505 采出,保证塔底废水中甲醇含量不超过 0.05%。

4.4.10 公用工程部分

1. N_2 与 CO_2 系统

(1)概述

在 SCGP(Shell 煤气化技术)产生 H_2 和 CO 合成甲醇工艺中,需要大量的 N_2 和 CO_2。其中 CO_2 是在开车后产生的,可循环使用。而 N_2 是开车和停车时大量使用或用于不与工艺气系统连通的装置和仪表的吹扫充压,(开车后)要防止 N_2 进入工艺气中稀释工艺气。

(2)工艺说明

在开车时,高压高温过滤器的反吹系统以及煤、渣和飞灰锁斗的加压系统,特别是锁斗加压系统对供气压力要求严格。当无 CO_2 吹扫时,则全部由 N_2 来完成,因而要安装缓冲罐以满足峰值要求。

由于本系统采用两种气体完成输送煤、吹扫、反吹等操作,且从酸性气体脱除工序来的 CO_2 为低压,所以需要专门配备压缩机。

CO_2 经压缩机加压至超高压,通过阀 30PV-0001 和阀 30PV-0013 分别送至高压 CO_2 缓冲罐 V-3051 与 V-3052。V-3051 主要是为煤粉输送、充气锥反吹等需要高压气体的工序提供 CO_2 气体(开车时为 N_2)。而 V-3052 主要是为高压陶瓷过滤器 S1501 和气化反吹提供 CO_2(开车时为 N_2)。控制阀 30PV-0001 及阀 30PV-0013 使从 CO_2 压缩机来的主管压力保持在高于其他正常操作的压力(如果用量高于供量,短时间通过调节器 30PIC-0003 调节阀 30PV-0003A/B 来减少或停止煤输送的气体供应;如果短时间无法解决供应量的不足,则应减少气化负荷或停车)。V-3051 及 V-3052 压力不会超过其最大操作压力(如果调节器 30PIC-0006 及调节器 30PIC-0013 超过其高限设定值,阀会节流)。在后种情况下,压缩机必须部分循环。高压 N_2 缓冲罐 V-3054 及控制阀 30PV-0101、空分高压 N_2 压缩机也是如此。

控制阀 30PV-0013 使反吹气与气化炉之间不超过最大压差(如果调节器 30PIC-0013 超过设定值,阀会关小)。

正常从高压 CO_2 缓冲罐 V-3051、V-3052 供应三个气管:"稳定气管"(通过阀 30PV-0002A/B),"卸料系统主管"(通过阀 30PV-0003A/B)和"热的高压 CO_2 气管"(次级"稳定主管")。

由空分来的超高压 N_2 通过阀 30PV-0101,送至高压 N_2 缓冲罐 V-3054,通过阀 30PV-0102 送至飞灰脱除系统(与工艺气系统不连通)、煤烧嘴(开车吹扫)、超高压飞灰过滤器充气锥与急冷气压缩机、急冷气入口管线(事故状态下用),其中去煤烧嘴氧管线的 N_2 要通过 S3051 过滤器除杂质。

(3)工艺/循环水系统

在系统正常运行期间,洁净的工艺水是由蒸汽冷凝液系统提供的,也有由用户提供的,如 CO 变换工序系统提供。

洁净的冷凝液是无氧的,即冷凝液缓冲罐 T-3301 用 N_2 保护以防氧气进入。冷凝液主要用于化药补水/稀释(低压)、初步水处理设施与煤渣脱水工序(低压)、仪表和泵的密封。因此此处循环水与整个气化装置紧密联系,所以必须装有紧急水设备系统,以防事故发生而造成整个系统停车。低压水通过泵 P-3301A/B 供应,高压水通过泵 P-3302A/B 供应,泵 P-3303A/B 供应备用密封水。循环水由初级水处理提供或由用户备用的新鲜水供应。由于该循环水已经与空气接触,槽 T-3302 不再用 N_2 保护。

循环水还用于渣池系统(高压)、除渣与煤渣脱水系统(低压)、初级水处理系统的补充水或冲洗飞灰增湿。高压循环水通过泵 P-3305A/B 控制,低压循环水通过泵 P-3306A/B 控制。要求泵自动切换且要有最小流量保护。

4.4.11 制冷工序

1. 简介

在甲醇生产过程中,低温甲醇洗工序需用低温的甲醇脱除酸性气,因此需要专门的制冷工序给其提供冷量。所谓制冷就是指获得温度低于一般冷却水温度的冷源,通常它是由以氨气压缩机为主组成的制冷系统来提供的。制冷系统为甲醇洗工序提供参数为 −40 ℃、71.72 kPa 的冷源。

2. 制冷原理

制冷工作原理如图 4-85 所示。第一步,将液态工质即制冷剂(如氨)在蒸发器内汽化成氨蒸气,汽化过程要从周围吸收热量,从而使进入蒸发器的被冷物料深度冷冻(获得低温)。第二步,对低压气态氨进行压缩,使其压力和温度升高。第三步,使高温高压气态氨进入冷凝器冷凝成液态氨,液化过程要向周围放出热量,并被冷却剂(一般用冷却水)带走。第四步,将高压液态氨通过节流膨胀阀进行降压,压力降低以保证冷凝器与蒸发器之间存在压差,便于节流后的液态氨进入蒸发器。低压液态氨从周围介质吸收热量后蒸发为

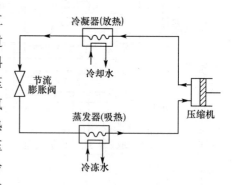

图 4-85 制冷工作原理

气体,周围介质可以是空气、水或其他物质。制冷剂蒸发吸热,呈低压气态后再进入压缩机内进行压缩,从而完成了一个制冷循环,如此连续不断地循环而达到制冷的目的。

以上只是压缩制冷的工作原理,而实际上的制冷设备还需其他的辅助设备,如油分离器、气体分离器、储液罐、干燥过滤器等来保证制冷循环的正常工作。

制冷工艺是由压缩、冷凝、节流膨胀、蒸发(提供冷量)四个过程组成制冷循环,为甲醇装置酸性气体脱除工序提供冷量。

3. 工艺流程

制冷工艺流程如图 4-86 所示。从酸性气体脱除工序各冷点蒸发后的 −40 ℃的氨气,压力约 0.068 MPa,进入闪蒸分离器 S39001,将气体中的液氨分离出来后进入离心式制冷压缩机 K39001 一段,经压缩后,压力升为 1.75 MPa,与闪蒸分离器 S39002 中的氨气合并,依次进入一段水冷器 E39003、压缩机二段 K39001、二段水冷器 E39004、压缩机三段 K39001 和

三段水冷器 E39005,温度变为约 120 ℃,再进入氨冷凝器 E39001。

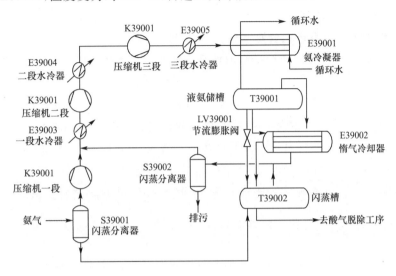

图 4-86　制冷工艺流程

氨蒸气通过循环冷却水冷凝成液体后,靠重力排入液氨储槽 T39001。由液氨储槽底部出来的温度为 40 ℃ 的液氨通过节流膨胀阀 LV39001 节流膨胀到 0.43 MPa 后,进入闪蒸槽 T39002。T39001 顶部的氨气进入惰气冷却器 E39002 冷凝为液氨,从惰气冷却器底部出来液氨与从闪蒸槽出来的氨闪蒸气合并进入闪蒸分离器 S39002,由闪蒸分离器顶部分出的氨气进入压缩机一段出口进一步压缩至排气压力。闪蒸槽底部的液氨送往低温甲醇洗工序各冷点,再次经各冷点调节阀节流至 −40 ℃,蒸发后的气体返回本系统完成制冷循环。

4.4.12　硫黄回收工序

1.简介

硫黄回收是指将 H_2S 等有毒含硫气体中的硫化物转变为单质硫,从而变废为宝,保护环境的化工过程。硫黄回收通常采用一种叫作克劳斯(Claus)的工艺来实现。

以直流法为例,这类硫黄回收装置的主要设备有反应炉、余热锅炉、转化器、硫冷凝器和再热器等,其作用和特点如下。

(1)反应炉

反应炉又称燃烧炉,是克劳斯装置中最重要的设备。反应炉的主要作用是:①使原料气中 1/3 体积的 H_2S 氧化为 SO_2;②使原料气中的烃类、硫醇氧化为 CO_2 等惰性组分。

燃烧在还原状态下进行,反应炉既可是外置式(与余热锅炉分开设置),也可是内置式(与余热锅炉组合为一体)。

(2)余热锅炉

余热锅炉旧称废热锅炉,其作用是从反应炉出口的高温气流中回收热量以产生高压蒸汽,并将原料气的温度降至下游设备所要求的温度。余热锅炉又有釜式和自然循环式之分,二者都是卧式设备,以保证所有管子都浸入水中。

(3)转化器(反应器)

转化器的作用是使酸气中的 H_2S 与 SO_2 在其催化剂床层上反应生成单质硫,同时也使酸气中的 COS 和 CS_2 等有机化合物水解为 H_2S 与 CO_2。

催化反应段反应放出的热量有限,故通常均使用绝热式转化器,内部无冷却水管。因为转化器内的反应是放热反应,所以低温有利于提高平衡转化率,但 COS 和 CS_2 只有在较高温度下才能水解完全。因此,一级转化器温度较高,以使 COS、CS_2 充分水解;二级、三级转化器只需升到能维持较高反应速度并避免硫蒸气冷凝的温度即可。通常,一级转化器入口温度为 232~249 ℃,二级转化器入口温度为 199~221 ℃,三级转化器入口温度为 188~210 ℃。

由于克劳斯反应和 COS、CS_2 水解反应均系放热反应,故转化器催化剂床层会出现升温。其中,一级转化器升温 44~100 ℃,二级转化器升温 14~33 ℃,三级转化器升温 3.8 ℃。因为有热损失,三级转化器测出的温度经常显示出有一个很小的温降。

(4)硫冷凝器

硫冷凝器的作用是将反应生成的硫蒸气冷凝为液硫,同时回收过程气的热量。硫冷凝器是单程或多程换热器,推荐采用卧式管壳式冷凝器。安装时放在系统的最低处,且大多数在硫冷凝器出口处有 1%~2% 的倾角。回收的热量用来产生低压蒸汽或预热锅炉给水。

硫蒸气在进入一级转化器前冷凝(分流法除外),然后在每级转化器后冷凝,从而提高转化率。除最后一级转化器外,其他硫冷凝器的设计温度在 166~182 ℃,因为在该温度范围内冷凝下来的液硫黏度很低,而且过程气一侧的金属壁温又高于亚硫酸和硫酸的露点。最后一级硫冷凝器的出口温度可低至 127 ℃,这主要取决于冷却介质。但是,由于有可能生成硫雾,故硫冷凝器应有良好的捕雾设施,同时应尽量避免过程气与冷却介质之间温差太大,这对最后一级硫冷凝器尤为重要。

(5)再热器(加热器)

再热器的作用是使进入转化器的过程气在反应时有较高的反应速度,并确保过程气的温度高于露点,还应高于足以使 COS 和 CS_2 充分水解生成 H_2S 和 CO_2 的温度。

2. 克劳斯反应制硫基本原理

其原理为将 H_2S 部分氧化成 SO_2,然后使 SO_2 与其余 H_2S 作用而生成硫黄。反应方程式如下:

$$2H_2S+3O_2 = 2SO_2 + 2H_2O + Q \tag{1}$$

$$2H_2S+SO_2 = 3S + 2H_2O + Q \tag{2}$$

$$CS_2 + H_2O = COS + H_2S \tag{3}$$

$$COS + H_2O = H_2S + CO_2 \tag{4}$$

含硫原料气称为酸气。由酸气制硫黄的工艺过程主要有三步:

(1)燃烧:将酸气与空气或氧气在反应炉中燃烧,严格控制空气或氧气量,使 H_2S 与氧化生成的 SO_2 体积比为 2:1。燃烧过程中由于 H_2S 与 SO_2 作用,已有相当数量的单质硫产生出来。

(2)转化:将燃烧炉中还未反应的 H_2S 与 SO_2 导入反应器,以活性氧化铝为催化剂进一步转化生成硫黄。

（3）冷凝：由于燃烧炉与转化器中生成的硫黄均为蒸气状态，经硫冷凝器凝缩为液硫后即得成品。通常酸气经二级、三级反应后，硫黄回收装置的硫黄回收率可达95％～98％。

3. 工艺流程

根据酸气组成的不同开发出了不同的处理工艺，大致有四种：直流法（H_2S含量大于50％，即富酸气）、分流法（H_2S含量为15％～30％，即贫酸气）、硫循环法（H_2S含量为5％～10％，或含有氨）、直接氧化法（H_2S含量低于5％，或含有氨）

（1）直流法

直流法也称直通法或部分燃烧法，是传统的硫黄回收方法。此法特点是全部原料气都进入反应炉，从而使原料气中的H_2S部分燃烧生成SO_2，以保证生成的过程气中H_2S与SO_2的物质的量比为2∶1。反应炉内虽无催化剂，但H_2S仍能有效地转化为单质硫，然后再经两段或三段转化和冷凝得到液硫，最后尾气经灼烧炉燃烧后，废气由烟囱排出。

如图4-87所示，H_2S含量大于50％的富酸气由鼓风机送至反应炉，从反应炉出来的含有硫蒸气的高温燃烧产物进入废热锅炉回收热量。图中有一部分富酸气作为加热器的燃料，通过燃烧热将一级硫冷凝器出来的过程气再热，使其在进入一级转化器之前达到所需要的反应温度。

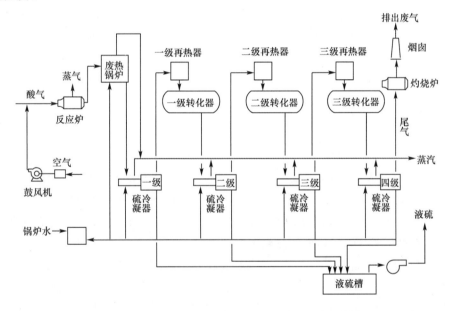

图 4-87　直流法三级硫黄回收装置的工艺流程图

再热后的过程气经过一级转化器反应后进入二级硫冷凝器，经冷却、分离除去液硫。分出液硫后的过程气去二级再热器，再热至所需温度后进入二级转化器进一步反应。由二级转化器出来的过程气进入三级硫冷凝器并除去液硫。分出液硫后的过程气去三级再热器，再热后进入三级转化器，使H_2S和SO_2最大程度地转化为硫。由三级转化器出来的过程气进入四级硫冷凝器冷却，以除去最后生成的硫。脱除液硫后的尾气因仍含有H_2S、SO_2、COS、CS_2等含硫化合物和硫蒸气，可经焚烧后排放，或去尾气处理装置进一步处理后再焚烧排放。各级硫冷凝器分出的液硫流入液硫槽，经各种方法成型为固体后即为硫黄产品，也可直接以液硫状态作为产品外输。

（2）分流法

当原料气中 H₂S 含量为 15%～30%（贫酸气），采用直流法难以使反应炉内燃烧稳定，此时就应采用分流法。

该法中只有 1/3 的酸气通过反应炉和余热锅炉，其余 2/3 的酸气与余热锅炉的出口气相混合后进入一级硫冷凝器再进入催化反应段，分流法中生成的单质硫完全是在催化反应段中获得的，其余流程基本上与直流法相同。图 4-88 为分流法三级硫黄回收装置的工艺流程图。

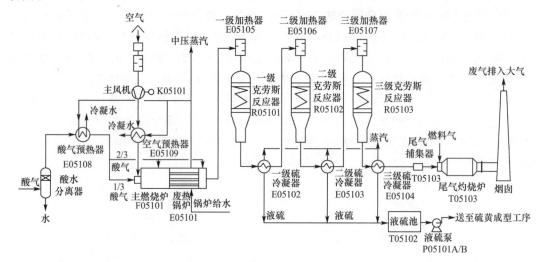

图 4-88 分流法三级硫黄回收装置的工艺流程图

来自酸性气体脱除工序的贫酸气，首先进入酸水分离器分出水。然后进酸气预热器 E05108 加热至 145 ℃，再采用克劳斯分流法，把约 1/3 的酸气送入主燃烧炉 F05101，剩余的 2/3 酸气自主燃烧室 M05101 后部送入。由主风机 K05101 来的空气经空气预热器 E05109 加热至 145 ℃，送入主燃烧炉。在主燃烧炉中 1/3 量的酸气与克劳斯反应所需足量的空气燃烧，反应生成的 SO₂ 与未反应的 H₂S 一起进入主燃烧炉，再与从主燃烧室后部送入的酸气混合后，进入废热锅炉 E05101，回收热量副产蒸汽。

由废热锅炉出来的过程气经一级加热器 E05105 升温至约 245 ℃后，进一级克劳斯反应器 R05101 发生克劳斯反应，反应后的过程气进入一级硫冷凝器 E05102，冷凝并分离出液硫。冷却后的过程气进二级加热器 E05106 升温至约 210 ℃后，进二级克劳斯反应器 R05102 发生克劳斯反应，反应后的过程气进入二级硫冷凝器 E05103，冷凝并分离出液硫。冷却后的过程气进三级加热器 E05107 升温至约 205 ℃后，进三级克劳斯反应器 R05103 发生克劳斯反应，反应后的过程气进入三级硫冷凝器 E05104，冷凝并分离出液硫。出三级硫冷凝器的冷却尾气经尾气捕集器 T05103 捕集少量硫黄后送锅炉房焚烧。

自各级硫冷凝器分离出的液硫经液硫封 T05101A/B/C 后自流至液硫池 T05102，经液硫泵 P05101A/B 送至硫黄切片机 G05101A/B 固化、成型、切片，再送至硫黄成型工序。

（3）硫循环法

当原料气中 H₂S 含量为 5%～10% 时可考虑采用此法。它是将一部分液硫产品喷入反

应炉内燃烧生成 SO_2，以其产生的热量协助维持炉温。目前，由于已有多种处理低 H_2S 含量酸气的方法，此法已很少采用。

（4）直接氧化法

当原料气中 H_2S 含量低于 5% 时可采用直接氧化法，这实际上是克劳斯原型工艺的新发展。按照所用催化剂的催化反应方向不同可将直接氧化法分为两类：一类是将 H_2S 选择性催化氧化为单质硫；另一类是将 H_2S 催化氧化为单质硫及 SO_2。属于此类方法的有超级克劳斯（Super Claus）和超优克劳斯（Euro Claus）工艺。

超级克劳斯工艺结合了两个新概念：空气和酸气比例控制范围增大；采用新型选择性氧化催化剂，使 H_2S 直接生成硫，而不是 SO_2。其工艺流程有两种。第一种为超级克劳斯-99 型，表示硫黄回收率达 99%。它由三个催化反应器组成，前两个反应器采用标准克劳斯反应催化剂，后一个反应器充填新开发的选择性氧化催化剂。第二种为超优克劳斯-99.5 型，这种流程一般在第二反应器中增加加氢催化剂，将 SO_2、COS、CS_2 和硫蒸气加氢生成 H_2S。

① 超级克劳斯硫黄回收工艺（二级克劳斯＋选择性氧化）

超级克劳斯硫黄回收工艺是传统克劳斯工艺的延伸。在传统克劳斯工艺基础上，添加一个选择性催化氧化反应段，将来自最后一级克劳斯段过程气中残余的 H_2S 选择性氧化为单质硫，实际上是一种尾气处理工艺，从而将硫黄回收率提高到 99% 以上。基于这样的理念，超级克劳斯工艺的克劳斯部分不再控制 H_2S：SO_2＝2：1，而是控制最后一级克劳斯反应器出口的 H_2S 浓度。其反应方程式为

$$2H_2S + O_2 \Longrightarrow 2S + 2H_2O$$

选择性氧化反应（$2H_2S + O_2 \Longrightarrow 2S + 2H_2O$）是一个热力学完全反应，因此可以达到很高的转化率。超级克劳斯工艺使用一种特殊的选择性氧化催化剂，该催化剂对水和过量氧均不敏感，可以将克劳斯尾气中的大部分 H_2S 直接氧化为单质硫，且不发生副反应。超级克劳斯催化剂具有良好的热稳定性、化学稳定性和机械强度，且使用寿命长。

超级克劳斯工艺流程如图 4-89 所示。首先将酸气预热到 230 ℃，然后进入主燃烧炉。该段采用过量空气进行富氧式燃烧，使得 H_2S 部分燃烧，其他杂质全部燃烧掉；并控制最后一级克劳斯反应器出口 H_2S 浓度为 0.75%，从而获得最佳的硫黄回收率。随后酸气通过废热锅炉管束，带走燃烧炉和燃烧室内的热量，酸气被冷却下来并副产饱和低压蒸汽后，进入一级硫冷凝器，将硫蒸气从酸气中冷凝下来，从而使液硫分离出来；然后酸气再次被加热到催化转化的最佳温度 240 ℃，使 H_2S 和 SO_2 在催化剂上进行反应，直到达到平衡为止，高温有利于获得良好的 COS 和 CS_2 转化率。之后，经二级硫冷凝器捕获硫黄后，加热到 210 ℃，进入二级克劳斯反应器再次转化；再经三级硫冷凝器捕获硫黄后，升温到 200～210 ℃，进入最后一级催化转化反应器即超级克劳斯段。该反应器中装填有特殊的选择性氧化催化剂，在通入过量空气的情况下将克劳斯尾气中剩余的 H_2S 转化为单质硫。从超级克劳斯反应器出来的含有非常少量 H_2S 的过程气进入深冷器，将其中的硫黄最大限度捕集下来，尾气直接送入焚烧炉焚烧后排放。

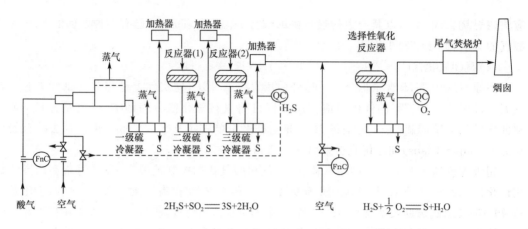

图 4-89 超级克劳斯工艺流程简图

②超优克劳斯硫黄回收工艺

超优克劳斯硫黄回收工艺是在超级克劳斯硫黄回收工艺基础上发展而来的。如图 4-90 所示,超优克劳斯工艺与超级克劳斯工艺的区别是在克劳斯还原反应器床层下面装填了一层加氢还原催化剂,构成加氢还原反应器(超优克劳斯转化器),将 SO_2 还原成硫和 H_2S 后再选用选择性氧化催化剂,使总硫黄回收率得以大大提高。该加氢过程不需要单独的反应器,因此酸气无须加热和冷却。氢气由过程本身产生,不需要外供。另外,尾气中的 H_2S 无须溶剂吸收,因此省却了投资和操作费用极高的溶剂吸收和再生系统,其流程与超级克劳斯工艺流程大致相同。

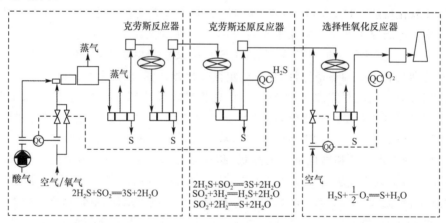

图 4-90 超优克劳斯工艺流程简图

4.4.13 氢气回收工序

1.简介

甲醇弛放气为甲醇生产过程中的排放废气。其放空量一般占循环气量的 4% 左右,典型弛放气组分见表 4-10。

表 4-10			典型弛放气的组分				
组分	H₂	Ar	N₂	CO	CH₄	CO₂	CH₃OH
V/%	50~70	4~5	1~3	5~15	3~5	5~15	0.5~1.0

由于甲醇弛放气中含有大量的氢气,如作为燃料燃烧,将造成极大浪费。因此必须将弛放气中的氢气加以提纯并回收,可直接降低合成甲醇原料气消耗和甲醇生产综合能耗。

氢气回收主要有变压吸附(PSA)工艺和膜分离工艺。

(1)变压吸附

变压吸附回收氢气的基本原理是利用吸附剂对不同气体的吸附容量、吸附力、吸附速度随压力的不同而有差异的特性,在吸附剂选择吸附的条件下,加压吸附混合物中的易吸附组分(通常是物理吸附);当吸附床减压时,再解吸这些组分,从而使吸附剂得到再生。常采用的吸附剂是沸石和活性炭,采用两塔或多塔交替循环操作,实现工艺过程的连续。缺点是阀门切换频繁,因而对阀门的性能、自动控制的水平及可靠性要求很高。

(2)膜分离

膜分离是一门新兴的多种学科交叉的新技术,其过程已经成为工业上气体分离、水溶液分离、生化产品分离与纯化的重要过程,广泛应用于食品和饮料加工、水处理、空气分离、湿法冶金、气体和液体燃料的生产以及石油化工等领域。

目前,工业上回收氢气是以有机膜为主,如中空纤维(高分子聚合物)薄膜,来达到气体分离的目的;无机分子筛膜近年来也发展迅速。中空纤维膜分离技术是以中空纤维膜两侧气体的分压差为推动力,通过溶解-扩散-解吸等步骤,产生组分间传递率的差异而实现气体分离的目的。此方法的优点是投资省、占地少、操作简单、开工率及回收率高;缺点是产品纯度略低,但能满足工艺要求,所以常采用普里森(Prism)膜分离技术回收氢气。

2. 工艺原理

当气体混合物通过聚合物多孔性薄膜时,利用气体组分在聚合物中渗透速率的差异进行分离。混合气体在膜两侧的相应组分分压差的作用下,渗透速率相对较快的气体优先透过膜壁而在低压渗透侧被富集(如水蒸气、氢气、氦气等);而渗透速率相对较慢的气体则在高压滞留侧被富集(如氮气、甲烷及其他烃类)。

膜分离系统的核心部件类似于管壳式换热器的膜分离器,膜分离器芯由数万根细小的中空纤维丝浇铸成管束置于管壳内。普里森膜分离器结构如图 4-91 所示。

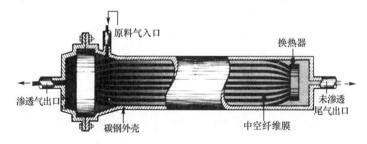

图 4-91　普里森膜分离器结构

该膜分离器有三个接口:一为原料气入口;一为尾气出口;一为渗透气出口。膜芯最高

使用温度 60 ℃,膜分离器不能反压(渗透侧压力大于原料侧压力)。原料气由分离器原料气
入口进入,沿纤维束外表面流动,气体接触到中空纤维膜时便进行渗透、溶解、扩散、解吸。
由于中空纤维膜对各种气体的选择性不同,从而达到分离的目的。如氢气在膜表面的渗透
速率是甲烷、氮气及氩气等的几十倍。氢气进入每根中空纤维内,汇集后从渗透气出口排
出,未渗透的尾气从膜分离器尾气出口排出。

3. 工艺流程

普里森膜分离回收氢气工艺流程简图如图 4-92 所示。

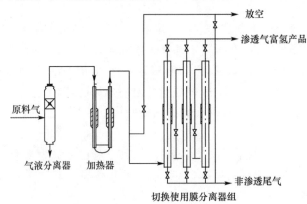

图 4-92 普里森膜分离回收氢气工艺流程简图

从甲醇合成工序来的原料气压力为 7.4 MPa、温度为 40 ℃,先通过气液分离器除掉气
体中夹带的液滴和固体颗粒,再经加热器预加热至 55 ℃后进入普里森膜分离器。原料气从
下端侧面进入膜分离器。在壳程与纤维芯侧恒定压差作用下,氢气扩散进入纤维。原料气
沿膜分离器方向流动,更多的氢气扩散进入纤维,从而在纤维芯侧得到富氢产品,称为渗透
气,其压力为 2.1 MPa。在壳程得到富含惰性气体的物流,称为非渗透气,其压力控制到
2.5 MPa 后直接送出界区。原料气的预放空是膜分离器在开车过程中的必要步骤,通过放
空阀将原料气放空 15~20 min,经确认温度达到 50~60 ℃时方可允许原料气进入膜分离器。
在渗透侧得到 3.4 MPa 的氢气,而非渗透气作为燃料送煤气化热风炉。

4.5 乙烯生产工艺

4.5.1 概 述

1. 乙烯的用途和地位

石油化工大多数"中间产品"和"最终产品"均以烯烃和芳烃为基础原料生产各种化工产
品,约 70% 以上的化工产品来自烯烃和芳烃。烯烃和芳烃主要由乙烯装置生产,少数由催化
重整生产芳烃以及在催化裂化副产物中回收烯烃。

由基础原料加工生产的各种化学品,通常称为石油化工的"中间产品",例如:醋酸乙烯、
氯乙烯、乙二醇、丙烯酸酯、苯酚、丙酮、对苯二甲酸等。石油化工的"最终产品"是轻工、纺

织、建材、机电等加工业的重要原料。主要包括合成树脂、工程塑料(如聚乙烯、聚丙烯、聚氯乙烯、聚苯乙烯、各种工程塑料等)、合成橡胶(如顺丁橡胶、丁苯橡胶、丁基橡胶等)、合成纤维(如聚酯纤维、脂纶、丙纶、聚酰胺纤维等)、合成洗涤剂以及其他化学品。

乙烯装置在生产乙烯的同时,副产大量丙烯、丁烯、丁二烯和芳烃(苯、甲苯、二甲苯),成为石油化工基础原料的主要来源。以"三烯"和"三苯"总量计,约70%来自乙烯生产装置。正因为乙烯生产在石油化工基础原料生产中所占的主导地位,常常将乙烯生产作为衡量一个国家石油化工生产水平的重要标志。

2. 乙烯的生产方法

制取乙烯的方法很多,最为成熟的方法是管式炉裂解技术,世界乙烯产量的99%是以管式炉裂解法生产的。

(1)管式炉裂解生产乙烯

管式炉裂解以间(侧)壁喷嘴燃烧油气为烃类裂解提供热量,并在管内加入水蒸气作稀释剂,也称蒸汽裂解。首先在对流段将管内的烃和水蒸气混合物预热至"开始"裂解的温度,再将烃和水蒸气混合物送到高温辐射管继续升温,进行裂解。管式炉裂解法自20世纪40年代初实现工业化生产以来已有70多年的历史,至今仍在乙烯生产中占主导地位。

烃类裂解反应可分为三个阶段:原料在对流段预热到反应温度(横跨温度),为预热阶段,在此段烟气余热得到回收;原料进入辐射段继续吸收热量而发生裂解反应,为反应阶段;为避免二次反应,迅速降低反应物温度以终止反应,为急冷阶段。之后,裂解气进入洗涤冷却系统进一步冷却、洗涤与分离乙烯。

(2)甲醇制乙烯(MTO)工艺

以甲醇或二甲醚(DME)为代表的含氧有机化合物是典型的 C_1 化合物。用甲醇为原料以生产乙烯和丙烯为主的低碳烯烃工艺有国外的 MTO、甲醇制丙烯(MTP)工艺和中科院大连化学物理化学研究所的甲醇制取低碳烯烃(DMTO)工艺。这些工艺的原料基本相同,只是催化剂各有特色,目的产品不同而已。

MTO、DMTO 工艺所用的催化剂公开报道均是 SAPO 系列金属改性的含硅、磷、铝的氧化物分子筛。各家制造工艺不同,但均是硅氧、磷氧和铝氧四面体构成的8~12元环的笼型骨架结构。适合 MTO、DMTO 工艺的 SAPO-34 分子筛催化剂的笼子环型口直径约为0.40~0.45 nm,非常适合甲醇、二甲醚等含氧化合物分子进入笼内与活性中心作用生成乙烯、丙烯等目的产品的催化转化反应。总烯烃的选择性目前已达到90%左右,乙烯产率为21%~25%(质量分数),丙烯产率约为12%~15%(质量分数)。

尽管对于 MTO、MTP 技术研究得很多,但到目前为止,真正的万吨级 MTO 工业示范装置只有 UOP/Hydro 公司的流化床工艺技术、中科院大连化学物理研究所的 DMTO 技术。

(3)甲烷制乙烯

甲烷资源丰富,利用它作为制乙烯原料引人注目。这方面研究工作正在不断发展,主要有甲烷-氯气高温反应工艺(Benson 工艺),美国南加利福尼亚大学烃研究所 Benson 教授首先研究发现此项工艺。Benson 教授对甲烷和氯气的高温反应进行了全面的化学动力学和热力学研究,甲烷和氯气在 1 700~2 000 ℃的高温下以极短接触时间(10~80 ms)进行反应。Benson 工艺由两个反应器组成,甲烷和氯气在第一个反应器中进行高温燃烧反应,生成的氯化氢与烃类分离后在另一反应器与氧气反应生成氯气和水。氯气干燥后与未反应的甲烷一起回到第一反应器。此法可使 85% 的甲烷原料转化为乙烷、乙烯、乙炔和其他化合物,生成约 2.5%(质量分数)的较高级烯烃和少量芳烃。

(4)催化裂解制乙烯

催化裂解制乙烯是在高温蒸汽和酸性催化剂存在下,烃类裂解生成乙烯等低碳烯烃的技术。该过程是以自由基反应为主,伴随着碳正离子反应,因而比蒸汽裂解反应温度低。通过对固体酸催化剂的改性,可选择性地裂解生成以乙烯为主的低碳烯烃,收率在 50% 以上,从而突破传统的催化裂化生产液相产品为主的技术路线。

(5)由合成气制乙烯

目前,最广泛采用的是费-托(Fischer-Tropsch)合成法,由合成气直接制乙烯,副产是水和 CO_2。其反应方程式如下:

$$4H_2 + 2CO \longrightarrow C_2H_4 + 2H_2O$$

$$CO + H_2O \Longrightarrow CO_2 + H_2$$

由合成气制乙烯的 H_2/CO 进料比小于 1,温度为 250~350 ℃,压力低于 2.1 MPa。通常认为费-托合成法最有活性的催化剂是铁、钴、镍。但是,钴和镍易形成饱和烃。活化铁对短链烯烃具有较高的活性,适宜的活化剂有钛、钒、钼、钨和锰的氧化物。

活化铁催化剂较有前途,鲁尔化学(Ruhrchemie)公司用这种催化剂取得了较好结果,得到高的 $C_2 \sim C_4$ 烯烃收率。转化率:以 CO 和 H_2 计算为 87%;选择性:乙烯为 33.4%,丙烯为 21.3%,丁烯为 19.9%,$C_2 \sim C_4$ 饱和烃为 9.9%,甲烷为 10.1%,其余为 C_5 以上烃类。

3. 裂解反应和反应机理

(1)裂解反应

烃类裂解反应过程是很复杂的,可将复杂的裂解反应归纳为一次反应和二次反应。一次反应是指原料烃经裂解生成乙烯和丙烯的反应。例如:烷烃的脱氢、断链反应。

①脱氢反应

这是 C—H 键断裂反应,生成碳原子数相同的烯烃和氢气,其通式为

$$C_nH_{2n+2} \Longrightarrow C_nH_{2n} + H_2$$

②断链反应

这是 C—C 键断裂反应,生成碳原子数较少的烷烃和烯烃,其通式为

$$C_nH_{2n+2} \Longrightarrow C_mH_{2m} + C_kH_{2k+2} \qquad m+k=n$$

二次反应是指一次反应产物继续发生反应的反应,即乙烯、丙烯等低级烯烃进一步发生反应生成多种重组分产物,甚至生成焦炭。二次反应是不希望发生的反应,所以要设法抑制二次反应的发生。

芳烃的热稳定性很高,在一般裂解温度下不易发生开环反应,而易发生另外两种反应:一种是芳烃的脱氢缩合反应;另一种是烷基芳烃的侧链发生断裂反应生成苯、甲苯、二甲苯。

芳烃在裂解温度下很容易脱氢缩合生成多环芳烃、稠环芳烃直至转化为焦炭。

$$\bigcirc \xrightarrow{-H_2} \bigcirc\!\!-\!\!\bigcirc \xrightarrow{-H_2} \underset{m}{(\!\!\bigcirc\!\!)} \xrightarrow{-H_2} 焦炭$$

（2）反应机理

烃类裂解属自由基反应，反应分链引发、链增长、链终止三个阶段。现以乙烷裂解为例，说明裂解反应机理。

链引发

$$C_2H_6 \longrightarrow \cdot CH_3 + \cdot CH_3$$

链增长

$$\cdot CH_3 + C_2H_6 \longrightarrow \cdot C_2H_5 + CH_4$$
$$\cdot C_2H_5 \longrightarrow C_2H_4 + \cdot H$$
$$\cdot H + C_2H_6 \longrightarrow H_2 + \cdot C_2H_5$$

链终止

$$\cdot H + \cdot H \longrightarrow H_2$$
$$\cdot C_2H_5 + \cdot C_2H_5 \longrightarrow C_4H_{10}$$

研究结果表明，乙烷裂解主要产物是氢、甲烷和乙烯，这与反应机理是一致的。

4. 管式裂解炉结构与分类

（1）管式裂解炉的分类

按外形分，有方箱式、立式、门式、梯台式等；按炉管分布方式分，有横管和竖管等；按燃烧方式分，有直焰式、无焰辐射式和附墙火焰式；按烧嘴位置分，有底部烧嘴、侧壁烧嘴、顶部烧嘴和底部侧壁联合烧嘴等。

（2）管式裂解炉的结构

管式裂解炉主要由炉体和裂解管两大部分组成。炉体用钢构件和耐火材料砌筑，分为对流室和辐射室，原料预热管和蒸汽加热管安装在对流室，裂解管分布在辐射室内，在辐射室的炉侧壁、炉顶或炉底，安装一定数量的烧嘴。例如：SRT-I型竖管裂解炉如图4-93所示。

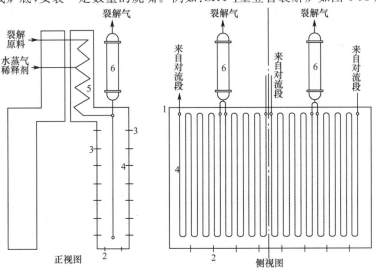

图 4-93 SRT-I 型竖管裂解炉示意图

1—炉体；2—油气联合烧嘴；3—气体无焰烧嘴；4—辐射段炉管（反应管）；5—对流段炉管；6—急冷锅炉

燃料在烧嘴燃烧后生成高温燃烧气,先经辐射室,再经对流室,最后烟道气从烟囱排出。原料配入水蒸气稀释剂后先进对流室,在对流管内加热,然后进入辐射室炉管内发生裂解反应,生成的裂解气从炉管出来,离开炉子后进入急冷器进行急冷。

(3)管式裂解炉的炉型

①鲁姆斯 SRT 型(Lummus Short Residence Time Type)炉

即短停留时间裂解炉,是美国 Lummus 公司 20 世纪 60 年代开发成功的,最先为 SRT-Ⅰ型,随后又改进开发了 SRT-Ⅱ、SRT-Ⅲ、SRT-Ⅳ、SRT-Ⅴ、SRT-Ⅵ型。改进后的 SRT 型裂解炉外形大体相同,裂解管管径及排布不同,Ⅰ型为均径管,Ⅱ型和Ⅵ型为变径管。SRT 型炉管排布及工艺参数见表 4-11。

表 4-11　　　　　　　　　　　SRT 型炉管排布及工艺参数

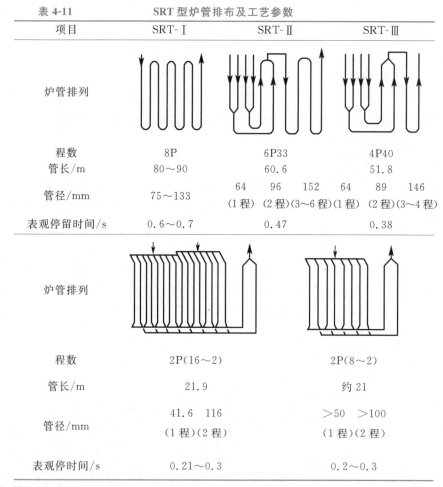

项目	SRT-Ⅰ	SRT-Ⅱ	SRT-Ⅲ
炉管排列			
程数	8P	6P33	4P40
管长/m	80~90	60.6	51.8
管径/mm	75~133	64　96　152 (1程)(2程)(3~6程)	64　89　146 (1程)(2程)(3~4程)
表观停留时间/s	0.6~0.7	0.47	0.38
炉管排列			
程数		2P(16~2)	2P(8~2)
管长/m		21.9	约21
管径/mm		41.6　116 (1程)(2程)	>50　>100 (1程)(2程)
表观停时间/s		0.21~0.3	0.2~0.3

裂解管又分为组、程、路。组是一个独立的反应管系,有自己的进、出口。一台裂解炉可以设一组炉管,也可设几组炉管,但各组之间的物料是互不相通的。例如 SRT-Ⅰ、SRT-Ⅱ型炉为 4 组,USC-16W 型炉为 16 组。程:在一组炉管内物料按一个方向流动为一程,流动方向改变了为另一程。例如 SRT-Ⅱ型炉炉管为 6 程。路(也称股):在同一组炉管中,物料平行流动分几路。例如 SRT-II 型炉的第 1 程为 4 路,第 2 程为 2 路,第 3~6 程为单路。程用符号 P 表示,如 3P 表示 3 程,6P33 表示 6 程管长 10 m。

②超选择性裂解炉(USC 型裂解炉)

美国 Stone & Webster 公司开发的 USC 型裂解炉,采用了 USX 单套式和 TLX 管壳式急冷锅炉,双级串联使用。USX 是第一级急冷,TLX 是第二级急冷,构成三位一体的裂解系统,如图 4-94 所示。

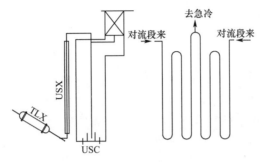

图 4-94　USC 型裂解炉系统图

每台 USC 型裂解炉有 16、24 或 32 组管,每组 4 根炉管,成 W 型,4 程 3 次变径(直径为 63.5~88.9 mm);每两组 W 型管合用一台 USX 急冷锅炉,每台炉 16 组 W 型管共用 8 台 USX 急冷锅炉,汇总后进入 1 台 TLX 急冷锅炉。8 台 USX 急冷锅炉和 1 台 TLX 急冷锅炉共用一个汽包,产生 10 MPa 高压蒸汽。管材用 HK-40 及 HP-40,停留时间 0.2~0.3 s。原料为乙烷-轻柴油,用轻柴油裂解原料可以 100 天不停炉清焦,炉子热效率 92%,乙烯收率 27.7%,丙烯收率 13.65%。

③毫秒型裂解炉(MSF 型炉)

图 4-95 所示为毫秒型裂解炉系统,其特点是裂解管由单排管组成,仅一程,管径为 25~30 m,热通量大,使物料在炉管内停留时间可缩短到 0.05~0.1 s,是一般裂解炉停留时间的 1/4~1/6。因此 MSF 型炉又可称为超短停留时间炉。以石脑油为原料时,裂解温度为 800~900 ℃,乙烯单程转化率可提高到 32%~35%,比其他炉型高。此炉炉管的排列结构满足了裂解条件的要求,做到了高温、短停留时间、低烃分压以及对原料适应性广、成本低、乙烯收率高。Kellogg 公司已完成了年产 2.5 万吨乙烯的毫秒炉实验,并取得成功,现正在着手建设一个年产 30 万吨乙烯的工业生产装置。毫秒炉裂解是一种值得关注的新技术。

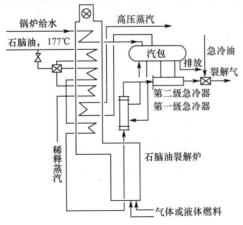

图 4-95　毫秒型裂解炉(MSF 型炉)系统图

5.乙烯装置生产过程

（1）裂解原料

烃类裂解的目的主要是生产低级烯烃,如乙烯、丙烯、丁烯、异丁烯和丁二烯等产品。而生产这些产品的原料选择是一个重大的技术问题,原料选择的正确与否,对企业生产和国民经济的发展将产生重要影响。

烃类裂解原料大致可分两大类:第一类为气态烃,如天然气、油田伴生气和炼厂气;第二类为液态烃,如轻油(石脑油)、柴油、原油、重油等。还可按密度分为轻烃和重烃。一般认为乙烷、丙烷、丁烷、液化石油气属于轻烃,石脑油、煤油、柴油、重油等属于重烃。

（2）乙烯简要生产过程

原料(石脑油)经管式裂解炉的高温裂解,操作温度为 800～1 000 ℃,石脑油中的烃类,即烷烃、环烷烃、芳烃立即进行一次反应和二次反应(烃分子发生断链、脱氢和缩合反应),生成裂解气和重组分。采用急冷油对裂解气冷却,进行预分馏除去重组分油,再对裂解气进行压缩制冷和净化(脱酸、脱水、脱炔)后,经深冷分离(精馏分离系统)得到低级烯烃产品(乙烯、丙烯、丁烯和丁二烯)。乙烯生产过程主要由裂解炉裂解与预分馏、裂解气的压缩与净化(制冷与干燥)、裂解气的深冷分离三大系统组成,如图 4-96 所示。

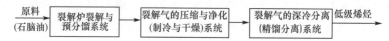

图 4-96　乙烯简要生产过程

4.5.2　管式裂解炉裂解与预分馏

1.简介

（1）管式裂解炉裂解

管式裂解炉裂解包括原料供给、预热、对流段、辐射段、高温裂解气急冷和热量回收等几部分。

裂解是一个强吸热、反应温度高、停留时间短、烃分压低的过程。原料配入水蒸气稀释剂后首先进入管式裂解炉的对流室,在对流管内预热升温,然后进入辐射室炉管内发生裂解反应。从裂解炉出来的裂解气含有烯烃和大量的水蒸气,温度为 727～927 ℃。由于烯烃反应性强,若任它们在高温下长时间停留,将会继续发生二次反应,引起结焦,造成烯烃的损失,因此必须将裂解气急冷以终止反应。

（2）裂解气急冷与急冷换热器

①急冷

急冷有直接急冷和间接急冷两种方式。

a.直接急冷。直接急冷是用油或水直接与裂解气混合冷却。但急冷下来的油水密度相近,分离困难,污水量大,不能回收热量。现在一般用先间接急冷,再直接急冷,最后洗涤的方法,或称三段急冷。

b.间接急冷。间接急冷采用双套管管束焊接在椭圆形截面的直排集流管上,集流管及联结集流管的沟槽焊成管排结构,代替一般的平面管板。这种换热器的结构与一般管壳式换热器(TLX)不同之处在于用双套管列管式代替单管列管式,例如施米特型双套管式急冷换热器,即 SHG 型。采用间接急冷法可回收高温裂解气产生的热量,以提高裂解炉的热效率,降低产品成本。

斯通-韦勃斯特公司的急冷系统是由 USX 和 TLX 两级急冷换热器组成,目的是可以较早地降温以迅速停止二次反应。其中 USX 是第一级急冷,TLX 是第二级急冷,USX 和 TLX 共用一个汽包,如图 4-94、图 4-95 所示。

②急冷换热器

急冷换热器(间接急冷)与汽包所构成的蒸汽发生系统称为急冷锅炉,如图 4-97 所示。也有将急冷换热器称为废热锅炉的。使用急冷锅炉有两个目的:一是终止裂解反应;二是回收废热。

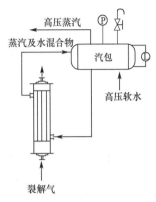

图 4-97　急冷锅炉

(3)裂解气的预分馏

经裂解炉裂解后的高温裂解气(800 ℃左右)首先在套管换热器间接急冷,温度可降至 300～350 ℃;再经急冷油直接急冷进一步冷却,温度可降至 200～300 ℃;最后经水洗将裂解气进一步冷却至 30～40 ℃。此即裂解气的 1～3 段急冷,同时产生液相(如燃料油、裂解汽油等)组分。

由于轻烃(石脑油、轻柴油)原料油裂解装置在裂解过程中产生的裂解气含有相当多的重质燃料油馏分,如不先分出,而直接水洗冷却,则会与水混合、乳化而难于进行油水分离。因此,在冷却裂解气的过程中,要先将裂解气中的重质燃料油馏分分馏出来,然后才能送水洗塔进一步冷却,以分馏出水、裂解燃料油和裂解汽油,这个环节称为裂解气的预分馏,如图 4-98 所示。

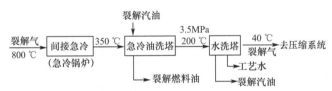

图 4-98　裂解气的预分馏

间接急冷回收热量产生高压蒸汽驱动三机,即(裂解气、乙烯、丙烯)压缩机、汽轮机(发电)、高压水泵等机械;同时终止二次反应。

2. 裂解工艺原理

(1)温度的影响

从自由基反应机理分析,在一定温度内,提高裂解温度有利于提高一次反应及乙烯和丙烯的收率。从动力学的角度来看,也就是将转化率控制在一定的范围内。由于不同裂解原料的反应速率常数不同,因此,在相同的停留时间条件下,不同裂解原料所需裂解温度也不相同。裂解原料相对分子质量越小,其活化能和频率因子愈高,反应活性愈低,所需裂解温度就愈高。

(2)停留时间的影响

所谓停留时间,是指原料从反应开始到达到某一转化率时,在反应器内所经历的时间。二次反应每一种原料在某一特定温度下裂解时,都有一个得到最大乙烯收率的适宜停留时间。停留时间过长,乙烯收率下降。在实际生产中,如能控制很短的停留时间,减少二次反应的发生,就可增加乙烯的收率。

(3)烃分压和稀释剂的影响

烃分压是指进入裂解反应管的物料中气相碳氢化合物的分压。降低压力有利于提高一次反应的平衡转化率。由于裂解是在高温下进行的,所以不宜用抽真空减压的方法降低烃分压。这是因为高温不易密封,一旦空气漏入负压操作系统,与烃气体混合就会引起爆炸;同时还会多消耗能源,对后部分离工序的压缩操作不利。解决的方法是添加稀释剂以降低烃分压。稀释剂可以是惰性气体或水蒸气,一般都是用水蒸气作为稀释剂。

3. 裂解与预分馏工艺流程

管式裂解炉的裂解工艺流程包括:原料油和预热部分、裂解和高压水蒸气部分、预分馏(或急冷油洗与燃料油)部分、急冷水和稀释水蒸气部分。如图4-99所示。

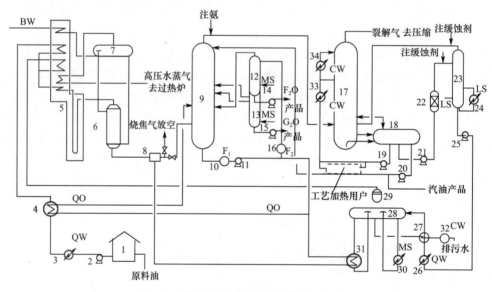

图 4-99 轻柴油裂解与预分馏装置工艺流程图

1—原料油储罐;2—原料油泵;3、4—原料油预热器;5—裂解炉;6—急冷换热器;7—汽包;8—油急冷器;9汽油分馏塔;10—急冷油过滤器;11—急冷油循环泵;12—燃料油汽提塔;13—裂解轻柴油汽提塔;14—燃料油输送泵;15—裂解轻柴油输送泵;16—燃料油过滤器;17—水洗塔;18—油水分离罐;19—急冷水循环泵;20—汽油回流泵;21—工艺水泵;22—工艺水过滤器;23—工艺水汽提塔;24—再沸器;25—稀释水蒸气给水泵;26、27—预热器;28—稀释水蒸气发生器汽包;29—气液分离器;30—中压水蒸气加热器;31—急冷油加热器;32—排污水冷却器;33、34—急冷水冷却器;CW—冷却水;QW—急冷水;MS—中压水蒸气;LS—低压水蒸气;QO—急冷油;FO—燃料油;GO—裂解轻柴油;BW—锅炉给水

(1)原料油和预热部分

原料油从储罐(1)由原料油泵(2)压入预热器(3)和(4),与过热的急冷水和急冷油热交换后进入裂解炉(5)的预热段。原料油供给必须保持连续、稳定,否则直接影响裂解操作的稳定性,甚至有损坏炉管的危险。因此原料油泵须有备用泵及自动切换装置。

(2)裂解和高压水蒸气部分

预热过的原料油进入对流段与水蒸气混合,再进入裂解炉的第二预热段预热到一定温度后,进入裂解炉辐射段进行裂解。炉管出口的高温裂解气(800 ℃左右)迅速进入急冷换热器(废热锅炉)(6)回收热量后,温度降至 350 ℃左右,使裂解反应立即停止;再去油急冷器(8),用急冷油(裂解汽油)喷淋,进一步冷却至 220～250 ℃,然后进入汽油分馏塔(油洗塔)(9)。

急冷换热器的给水先在对流段预热并局部汽化后送入高压汽包(7),靠自然对流流入急冷换热器,产生 11 MPa 的高压水蒸气,从汽包送出的高压水蒸气进入裂解炉的预热段预热,再送入水蒸气过热炉过热至 447 ℃后并入管网,供蒸汽透平使用。

(3)预分馏(或急冷油洗与燃料油)部分

裂解气在油急冷器中用急冷油直接喷淋冷却,然后与急冷油一起进入汽油分馏塔,塔顶出来的裂解气[氢气、气态烃、裂解汽油、稀释水蒸气和酸性气体(注氨防腐)]去水洗塔(17)。侧线采出裂解轻柴油,经汽提塔(13)汽提其中的轻组分后,作为裂解轻柴油产品。塔釜采出的重质燃料油,含有大量的烷基萘,由于黏度较大,在高温下经常会出现结焦现象并产生焦粒,经 6 mm 滤网的急冷油过滤器(10)过滤,或在急冷器喷嘴前设置燃料油过滤器(16),其中一部分重质燃料油去汽提塔(12)汽提出其中的轻组分后,作为重质燃料油产品送出。另外大部分则作为循环急冷油使用,循环使用的急冷油分两股进行冷却,一股用来预热原料轻柴油,返回作为汽油分馏塔的中段回流,另一股用来产生低压稀释水蒸气,急冷油被冷却后送至急冷器作为急冷介质,对裂解气进行冷却。

(4)急冷水和稀释水蒸气部分

裂解气由汽油分馏塔的塔顶采出进入水洗塔,用急冷水喷淋,使裂解气冷却,其中一部分稀释水蒸气和裂解汽油被冷凝下来形成油水混合物,然后由塔底进入油水分离罐(18)。分离出的水分两路:第一路由急冷水循环泵(19)供工艺加热用,再经急冷水冷却器(33)和(34)冷却后,分别作为水洗塔的塔顶急冷水即工艺循环水;第二路相当于稀释水蒸气的水量,由工艺水泵(21)经工艺水过滤器(22)送入工艺水汽提塔(23),汽提工艺水中的轻烃,轻烃由塔顶送入水洗塔,此工艺水由稀释水蒸气给水泵(25)经预热器(26)、(27)送入稀释水蒸气发生器汽包(28),分别由中压水蒸气加热器(30)和急冷油加热器(31)加热汽化产生稀释水蒸气,经气液分离器(29)分离水后再送入裂解炉。这种稀释水蒸气循环系统,不仅节约了大量新鲜锅炉用水,又减少了污水的排放对环境造成的污染。油水分离罐分离出的裂解汽油,一部分由汽油回流泵(20)送至汽油分馏塔作为塔顶回流循环使用,另一部分作为产品送出。

4. 裂解汽油与裂解燃料油

(1)裂解汽油

烃类裂解副产的裂解汽油包括 C_5 至沸程在 204 ℃以下的所有裂解副产物,作为乙烯装置的副产品,其典型规格通常为:C_4 馏分,0.5%(最大质量分数);终馏点,204 ℃。

裂解汽油经一段加氢可作为高辛烷值汽油组分。如需经芳烃抽提分离芳烃产品,则应进行两段加氢,脱出其中含氧、硫、氮等杂原子的化合物,并使烯烃全部饱和。

(2)裂解燃料油

烃类裂解副产的裂解燃料油是指沸程在 200 ℃以上的重组分。其中沸程在 200～360 ℃的馏分称为裂解轻质燃料油,相当于柴油馏分,但大部分为杂环芳烃,其中烷基萘含量较高,可作为脱烷基制萘的原料。沸程在 360 ℃以上的馏分称为裂解重质燃料油,相当于常压重油馏分。除作燃料外,由于裂解重质燃料油的灰分低,因此也是生产炭黑的原料。

4.5.3 裂解气的压缩净化系统

裂解气压缩净化系统包括裂解气压缩、碱洗(净化)、干燥和制冷过程,如图 4-100 所示。

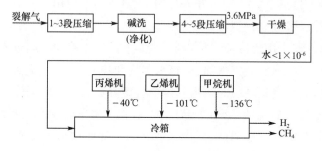

图 4-100 裂解气的压缩净化系统

1. 裂解气压缩

(1)简介

裂解气中许多组分在常压下都是气体,沸点很低。如果在常压下进行各组分精馏分离,则分离温度很低,需要大量的冷量。为了使分离温度提高,可适当提高分离压力。裂解气分离中分离温度最低是甲烷和氢气的分离。其分离温度与压力的关系有如下数据:

分离压力/MPa	甲烷塔塔顶温度/℃
3.0~4.0	−96
0.6~1.0	−130
0.15~0.3	−140

所需的温度随操作压力的降低而降低。如当脱甲烷操作压力为 3.0 MPa 时,为分离甲烷,塔顶温度约为−90~−100 ℃。当脱甲烷操作压力降为 0.6 MPa 时,塔顶温度则需下降至−130 ~−140 ℃。为获得一定纯度的氢气,则所需温度更低,为−170 ℃左右。因此,对裂解气进行压缩升压,以提高深冷分离的操作温度,从而节约低温能量和低温材料。加压会促使裂解气中的水和重烃冷凝,因此除去水和重烃,可减少干燥脱水和精馏分离的负担。

(2)工艺原理

裂解气压缩基本上是一个绝热过程,气体压力升高后,温度也升高,压缩后的温度可由气体绝热方程式算出:

$$T_2 = T_1 \left(\frac{p_2}{p_1}\right)^{\left(\frac{k-1}{k}\right)}$$

式中 T_1、T_2——压缩前后的温度,K;

p_1、p_2——压缩前后的压力,MPa;

k——绝热指数,$k = C_p/C_V$。

【例 4-1】 裂解气自 20 ℃,p_1 为 0.105 MPa,压缩到 p_2 为 3.6 MPa,计算单段压缩的排气温度。

解 取裂解气的绝热指数 $k = 1.228$,则

$$T_2=(273+20)\left(\frac{3.6}{0.105}\right)^{\left(\frac{1.228-1}{1.228}\right)}$$

$$T_2=566\ \text{K}(293\ ℃)$$

由上例可见,从入口压力 0.105 MPa,一段压缩到 3.6 MPa,温度能升到 293 ℃,这样会导致二烯烃发生聚合而生成聚合物,严重影响压缩机的操作。因此必须采用多段压缩,使每段压缩比(p_2/p_1)不致过大。如采用五段压缩,则每段压缩比为 2.03(一般控制在 2.0~2.2),且每段压缩后温度升高的气体都要进行段间冷却冷凝,以维持较低的入口温度,一般为 30~40 ℃,出口温度不高于 90~100 ℃。

压缩机一般采用五段压缩,多用蒸汽透平驱动离心式压缩机,达到能量合理利用。表 4-12 为五段压缩机的温度、压力操作参数。

表 4-12　　　　　　　　　　　　五段压缩机的温度、压力操作参数

段数	I	II	III	IV	V
进口温度/℃	38	34	36	37.2	38
进口压力/MPa	0.130	0.245	0.492	0.998	2.028
出口温度/℃	87.8	85.6	90.6	92.2	92.2
出口压力/MPa	0.260	0.509	1.019	2.108	4.125
压缩比	2.0	2.08	2.07	2.11	2.03

(3)工艺流程

图 4-101 是五段离心式压缩工艺流程。段与段之间设水冷却器及气液分离罐(吸入罐),以除去相当一部分的水和烃类。烃类和水在吸入罐中是分层的。水相返回水洗塔;烃类中的重烃则进入汽油汽提塔,回收裂解汽油;轻烃进入凝液汽提塔,回收 C_3 以下组分。此外,在压缩机三段出口设置酸性气脱除系统(碱洗或醇胺液吸收)以脱除裂解气中的 CO 和 H_2S。

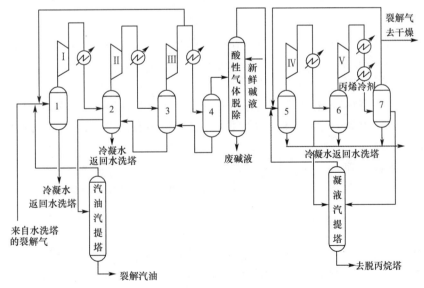

图 4-101　裂解气五段离心式压缩工艺流程

1——段吸入罐;2—二段吸入罐;3—三段吸入罐;4—三段出口分离罐;

5—四段吸入罐;6—五段吸入罐;7—五段出口分离罐

如图 4-101 所示,由水洗塔来的裂解气经一段吸入罐(1)进入压缩机一段压缩,出口气体经水冷后进入二段吸入罐(2),吸入罐中的凝液含水和重烃(裂解汽油),由界面控制,冷凝水送回水洗塔,油相送至汽油汽提塔。由水洗塔油水分离所得裂解汽油与压缩机凝液回收的裂解汽油一起在此汽提塔进行汽提,汽提的轻组分返回一段吸入罐,汽提后的裂解汽油作为产品送出界区。

二段吸入罐的气体进入压缩机二段压缩,出口气体经水冷后进入三段吸入罐(3)。凝液减压返回到二段吸入罐,气相则进入压缩机三段进行压缩。

压缩机三段出口气体经水冷后进入三段出口分离罐(4),凝液减压返回三段吸入罐,而气相则进入酸性气体脱除系统。脱除酸性气体后进入四段吸入罐(5),吸入罐中的冷凝水返回水洗塔,气相进入压缩机四段压缩。

压缩机四段出口裂解气经水冷后进入五段吸入罐(6),其水相由底部排出返回水洗塔,油相送至凝液汽提塔。

压缩机五段出口气体经水冷后,再经丙烯冷剂冷却至 15 ℃,然后送入五段出口分离罐(7)。其水相由底部排出返回水洗塔,油相送至凝液汽提塔。凝液汽提塔塔釜液去脱丙烷塔,塔顶气体返回四段吸入罐入口。五段出口分离罐的气相则送至干燥器,干燥后送入低温分离系统。

另外,为防止压缩机喘振,一般都设有三段出口分离罐排出气体返回一段,五段出口分离罐排出气体返回四段吸入罐入口的气相返回管线;即"三返一"和"五返四"旁路调节阀,以避免压缩机进入喘振区。

2. 酸性气体的脱除

(1)简介

裂解气中的酸性气体主要是 CO_2 和 H_2S,此外尚含有少量的有机硫化物,如 COS、CS_2、RSR、RSH、噻吩等。一般用物理吸收法或化学吸收法脱除,应用最广泛的是以 NaOH 溶液作吸收剂的碱洗法,其次是以乙醇胺溶液作吸收剂的再生法;此外,还有用N-甲基吡咯烷酮、加压水、热碳酸钾溶液等作吸收剂的吸收法。

(2)工艺原理

裂解气中酸性气体、炔烃等杂质的存在对深冷分离和烯烃的进一步加工利用妨碍极大。酸性气体不但会使催化剂中毒,还会腐蚀设备,二氧化碳在低温下会凝结成冰和固态水合物,堵塞设备管道。

①碱洗法脱除原理

裂解气中的酸性气体与 NaOH 溶液发生反应,生成物能溶于废碱液中被除去,达到净化目的。反应方程式为

$$CO_2 + 2NaOH \Longrightarrow Na_2CO_3 + H_2O$$
$$H_2S + 2NaOH \Longrightarrow Na_2S + 2H_2O$$
$$COS + 4NaOH \Longrightarrow Na_2S + Na_2CO_3 + 2H_2O$$
$$RSH + NaOH \longrightarrow RSNa + H_2O$$

②乙醇胺法脱除原理

用乙醇胺作吸收剂除去裂解气中的 CO_2 和 H_2S 是一种物理吸收和化学吸收相结合的

方法,所用的吸收剂主要是一乙醇胺(MEA)和二乙醇胺(DEA)。以一乙醇胺为例,在吸收过程中它能与 CO_2 和 H_2S 发生如下反应:

$$2HOC_2H_4NH_2 + 2H_2S \rightleftharpoons (HOC_2H_4NH_3)_2S + H_2S \rightleftharpoons 2HOC_2H_4NH_3HS$$

$$2HOC_2H_4NH_2 + CO_2 + H_2O \rightleftharpoons (HOC_2H_4NH_3)_2CO_3$$

$$(HOC_2H_4NH_3)_2CO_3 + CO_2 + H_2O \rightleftharpoons 2HOC_2H_4NH_3HCO_3$$

$$2HOC_2H_4NH_2 + CO_2 \rightleftharpoons HOC_2H_4NHCOONH_3C_2H_4OH$$

(3)工艺流程

碱洗脱酸性气体流程如图 4-102 所示。压缩机三段出口裂解气经冷却并分离凝液后,由 37 ℃预热至 42 ℃进入碱洗塔底部。塔分成三段:Ⅰ段为水洗段,以除去裂解气中夹带的碱液;Ⅱ、Ⅲ段为不同浓度的碱洗段(填料层)。裂解气经两段碱洗后,再经水洗段水洗进入压缩机四段吸入罐。碱液用泵循环。新鲜碱液用补充泵连续送入碱洗的上段循环系统,新鲜碱液浓度为 18%~20%,保证Ⅱ段循环碱液 NaOH 含量约 5%~7%。部分Ⅱ段循环碱液补充到Ⅲ段碱液中,以平衡塔釜排出的碱液。Ⅲ段碱液 NaOH 含量为 2%~3%。塔底排出的废碱液中含有硫化物,不能直接用生化方法处理,必须由水洗段排出的废水稀释后,送往废碱处理装置。

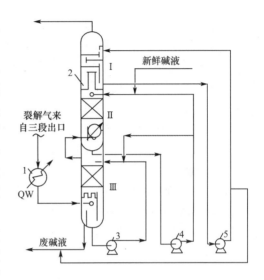

图 4-102 两段碱洗工艺流程
1—加热器;2—碱洗塔;3,4—碱液循环泵;
5—水洗循环泵

裂解气在碱洗塔内与碱液逆流接触,酸性气体被碱液吸收,除去酸性气体的裂解气由塔顶送入压缩机四段入口。

3.裂解气干燥

(1)简介

裂解气经过急冷、净化和压缩等操作后,还含有一些水分,大约有 $4×10^{-4}~7×10^{-4}$。裂解气分离是在 -100 ℃以下进行的,在低温下水能冻结成冰。另外,在一定的温度、压力下,水能和甲烷、乙烷、丙烷等烃类形成白色结晶水合物(简称水合物),与冰雪相似,例如 $CH_4·6H_2O$、$C_2H_6·7H_2O$、$C_4H_{10}·7H_2O$ 等。这些水合物以及冰冻结在管壁上,轻则影响正常生产,增大动力消耗;重则引起管道堵塞,直至停产。因此深冷分离对裂解气要求严格,一般将水含量(质量分数)降至 $1×10^{-6}$ 左右,干燥后裂解气的露点温度可达 -70 ℃。

对裂解气进行深度脱水干燥是分离前的重要步骤,一般安排在裂解气压缩后进行。工业上脱水方法有许多,如冷冻法、吸收法、吸附法等。目前广泛采用的方法是用分子筛、活性氧化铝或硅胶作干燥剂的固体吸附法。

(2)工艺原理

裂解气脱水常用 A 型分子筛,它的孔径大小比较均匀,有较强的吸附选择性。如 3A 分子筛只能吸附水分子而不吸附乙烷分子,4A 分子筛能吸附水分子、乙烷分子,所以裂解气脱水常用 3A 分子筛。3A 分子筛是一种离子型极性吸附剂,它对于极性分子特别是水分子有极大的亲和力,易于吸附;H_2、CH_4 是非极性分子,所以虽能通过分子筛的孔口进入空穴但不易被吸附,仍可从分子筛的孔口逸出。另外,分子筛吸附水蒸气的容量随温度变化很敏感。吸附水是放热过程,所以低温有利于吸附,一般控制温度为常温(0～30 ℃);高温则有利于脱附过程,可利用加热的办法使分子筛再生,一般控制温度在 80～120 ℃下脱附水,进行分子筛的再生。

(3)工艺流程

裂解气在分离过程中需要脱水干燥的气体有:裂解气,加氢后的 C_2 馏分、C_3 馏分以及甲烷化后的 H_2 等。以上气体干燥过程均采用填充床干燥器。分子筛填充在 A、B 干燥器中,一台进行脱水干燥,另一台进行再生或备用。下面以裂解气的干燥为例,说明干燥及再生的操作过程。

如图 4-103 所示,来自压缩机五段出口的湿裂解气,首先进入 A 干燥器,B 干燥器所有阀门关闭,湿裂解气自上而下通过 A 干燥器分子筛床层,这样可以避免分子筛被带出,机械磨损也小。分子筛吸附一段时间水后,会逐渐接近或达到饱和状态,立即关闭 A 干燥器阀门对其进行再生和冷却。同时打开 B 干燥器阀门继续进行吸附干燥,两台干燥器切换使用,如此循环。分子筛的再生一般分为排液、泄压、预热、再生、冷却几个步骤。再生时自下而上通入加热的 CH_4、H_2、N_2 等作为再生载气,这是因为 CH_4、H_2、N_2 等分子比较小,可以进入分子筛的孔穴内,又是非极性分子,不会被吸附。开始应缓慢加热,以除去大部分水分和烃类,不致造成烃类聚合,逐步升温至 230 ℃左右,以除去分子筛孔隙中残余水分。气流向上可保证床层底部完全再生。再生后通入冷再生气对干燥器进行冷却,放出燃料气,然后才能用于切换或进行下一轮脱水操作。

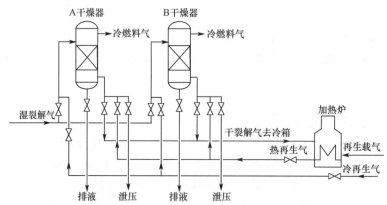

图 4-103　裂解气干燥与分子筛再生流程

4. 制冷

(1)简介

如图 4-100 所示,裂解气是在低温下进行深冷分离的。干燥后的裂解气进入冷箱。所谓冷箱就是采用乙烯压缩机、丙烯压缩机、甲烷压缩机(简称乙烯机、丙烯机、甲烷机,统称三机)应用节流膨胀压缩制冷。常以乙烯、丙烯、甲烷为制冷工质,获得－100～－140 ℃的低温,采用绝热材料把换热器和分离器均包装在一个箱形物体内,称之为冷箱。压缩制冷的基本原理是制冷工质(制冷剂)通过制冷循环获得不同温度的冷量。

①丙烯制冷系统

丙烯制冷系统是采用丙烯作制冷剂为裂解气分离提供-40 ℃及其他各温度级的冷量。其主要冷量用户为裂解气的预冷、乙烯制冷剂冷凝以及乙烯精馏塔、脱乙烷塔、脱丙烷塔塔顶冷凝等。

丙烯制冷系统有的设置四个温度级,有的设置三个温度级,也有的设置两个温度级。分别在丙烯压缩机中进行四级节流、三级节流和二级节流的制冷循环。四级节流的丙烯制冷系统通常提供-40 ℃、-24 ℃、-7 ℃和 6 ℃的冷量。

②乙烯制冷系统

乙烯制冷系统采用乙烯作制冷剂为裂解气分离提供-40～102 ℃各温度级的冷量。其主要冷量用户为裂解气在冷箱中的预冷以及脱甲烷塔塔顶冷凝。大多数乙烯制冷系统均采用三级节流的制冷循环,相应提供-102 ℃、-75 ℃、-55 ℃左右三个温度级的冷量,该系统与丙烯制冷系统构成复迭式制冷系统。经乙烯压缩机压缩后的乙烯,用丙烯冷却和冷凝。然后按照用户的要求,经过逐级节流后,分别获得-102 ℃、-75 ℃、-55 ℃的低温。

③甲烷制冷系统

在裂解气深冷分离的脱甲烷过程中,为减少甲烷中乙烯含量以保证较高的乙烯回收率,脱甲烷的操作温度需降至-100 ℃以下。为保证回收的甲烷和氢气达到95%以上的纯度,其操作温度要降至-170 ℃左右。乙烯装置中通常采用复迭制冷方式获得-100 ℃以下的冷量。如乙烯-丙烯二元复迭制冷和甲烷-乙烯-丙烯三元复迭制冷,如图 4-104、图 4-105 所示。

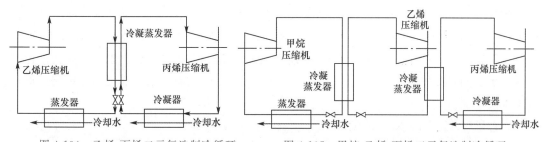

图 4-104　乙烯-丙烯二元复迭制冷循环　　　图 4-105　甲烷-乙烯-丙烯三元复迭制冷循环

制冷剂都是易燃易爆的,为了安全起见,不应在制冷系统中漏入空气,制冷循环应在正压下进行。制冷剂性质见表 4-13。

表 4-13　　　　　　　　　　　　　　　制冷剂的性质

制冷剂	分子式	沸点/℃	凝固点/℃	蒸发潜热 kJ/kg	临界温度 ℃	临界压力 MPa	与空气的爆炸极限下限/%	与空气的爆炸极限上限/%
氨	NH_3	-33.4	-77.7	1373	132.4	11.292	15.5	27
丙烷	C_3H_8	-42.07	-187.7	426	96.81	4.257	2.1	9.5
丙烯	C_3H_6	-47.7	-185.25	437.9	91.89	4.600	2.0	11.1
乙烷	C_2H_6	-88.6	-183.3	490	32.27	4.883	3.22	12.45
乙烯	C_2H_4	-103.7	-169.15	482.6	9.5	5.116	3.05	28.6
甲烷	CH_4	-161.5	-182.48	510	-82.5	4.641	5.0	15.0
氢	H_2	-252.8	-259.2	454	-239.9	1.297	4.1	74.2

(2)工艺原理

制冷循环系统由压缩机、冷凝器、节流阀、蒸发器所组成。压缩机的作用是把工质由低温低压气体压缩成高温高压气体,再经过冷凝器冷凝成低温高压的液体,最后经节流阀节流成为低温低压的液体,送入蒸发器,在蒸发器中吸热蒸发而成为压力较低的蒸气,从而完成制冷循环。例如:单级节流制冷循环,如图4-85所示,该过程称为卡诺循环。

①单级节流制冷循环

第一步将液态工质(如丙烯)在蒸发器内汽化,汽化过程要从周围吸收热量,从而使进入蒸发器的被冷物料深度制冷(获得约−42 ℃的低温)。

第二步对气态工质进行压缩,使其压力和温度升高。

第三步将气态工质冷凝液化,液化过程要向周围放出热量,并被冷却剂(一般用冷水)带走。

第四步是将液化后的工质通过膨胀阀(或称节流阀)降压汽化,由于节流膨胀过程极为迅速,工质汽化所需热量来不及从周围环境中吸收,而全部取自工质本身。工质节流后除小部分汽化外,大部分成为低压低温的液态工质进入蒸发器,进行下一次制冷循环。如此反复从低温处吸热,向高温处放热,进行循环制冷。

在单级蒸气压缩制冷循环中,通过压缩机做功将低温热源(蒸发器)的热量传送到高温热源(冷凝器),此时,如仅以制取冷量为目的,则称之为制冷机。

②多元节流制冷循环

各制冷剂的沸点决定了各自的蒸发温度,要获得低温就必须采用低沸点的冷剂。由于丙烯的沸点为−47.7 ℃,所以丙烯单级制冷仅能达到−42 ℃的低温,而裂解气深冷分离需要在−100～−160 ℃的条件下进行。例如,为分离甲烷,脱甲烷塔塔顶温度约为−90～−100 ℃;为获得一定纯度的氢,则所需温度更低,−170 ℃左右。因此需要找出比丙烯沸点更低的工质作制冷剂,来制取−102 ℃和−160 ℃的低温。采用双级和多级制冷循环可实现以上低温。

a.乙烯-丙烯二元复迭制冷循环

乙烯的沸点为−103.7 ℃,用乙烯制冷剂可以获得−102 ℃的低温。但是,在压缩—冷凝—节流—蒸发制冷循环中,由于受乙烯临界温度(9.5 ℃)的限制,使其不可能在环境温度(冷却水冷却为30～40 ℃)下冷凝,必须低于其临界温度。为此,乙烯制冷循环中的冷凝器需要使用制冷剂冷却。如采用丙烯制冷循环为乙烯制冷循环的冷凝器提供冷量,则构成如图4-104所示的乙烯-丙烯二元复迭制冷循环,可制取−102 ℃的低温。

b.甲烷-乙烯-丙烯三元复迭制冷循环

在维持蒸发压力不低于常压的条件下,乙烯制冷剂不能达到−102 ℃以下更低的制冷温度。为制取更低温度的冷量,需选用沸点更低的制冷剂。例如,选用甲烷作制冷剂时,由于其常压沸点低达−161.5 ℃,因而可制取−160 ℃的冷量。但是,随着常压沸点的降低,其临界温度也降低,甲烷的临界温度为−82.5 ℃,因而以甲烷为制冷剂时,其冷凝温度必须低于−82.5 ℃。此时,当深冷分离系统需−102 ℃以下冷量时,可采用甲烷-乙烯-丙烯三元复迭制冷循环,如图 4-105 所示。多级制冷循环的目的是向需要温度最低的冷量供冷,同时又向需要温度最高的热量用户供热。

(3)工艺流程

①丙烯四段压缩制冷流程

当制冷循环的冷凝温度与汽化温度相差很大时,若采用单段压缩,温度升高很快,造成压缩功的损失很大;因此采用多段压缩,段间采用补入饱和气体的方法降温。同时可获得不同温度级的液体低温冷剂和气体热剂。

多段压缩制冷循环通常在段与段之间设闪蒸分离罐,由分离罐引出气体和液体。由较高压力段引出的气体可作为相应的热剂,分离罐底部引出液体制冷剂。由于各段压力不同,就形成了温度级不同的冷剂和热剂。例如:丙烯四段压缩制冷流程,如图 4-106 所示。

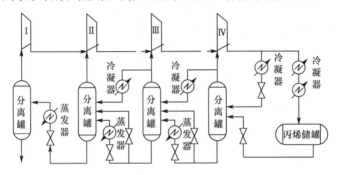

图 4-106　丙烯四段压缩制冷流程

丙烯压缩机四段出口的高压丙烯气体,一部分经冷凝器冷凝后进入丙烯储罐,另一部分进入四段分离罐。丙烯储罐的液态丙烯经阀门节流减压返回到四段吸入罐。四段分离罐气态丙烯大部分进入压缩机四段入口,小部分作为 2 ℃的热剂,冷凝后返回到三段分离罐。四段分离罐的液态丙烯分成两部分,一部分减压节流后直接进入三段分离罐,另一部分减压节流后作为 0 ℃的液体冷剂,蒸发汽化后进入三段分离罐。三段分离罐中的丙烯气体大部分直接进压缩机三段入口,小部分作为 0 ℃的热剂,冷凝后进入二段吸入罐。三段吸入罐的液态丙烯,部分减压进入二段分离罐,另一部分节流减压作为 −21 ℃的冷剂,蒸发汽化后进入二段分离罐。二段分离罐的气体丙烯全部进入压缩机二段入口,其液态丙烯减压作为 −42 ℃的冷剂,蒸发汽化后进入一段吸入罐。一段吸入罐中的气体丙烯进入压缩机一段入口,如一段分离罐中积累了液态丙烯,可用压缩机四段出口的高压高温丙烯加热使之汽化。该压缩制冷过程,丙烯是独立在系统中不断循环的,制冷系统与精馏塔是分开的,或称常规制冷。如果精馏塔和制冷系统联系起来,就组成热泵制冷系统。所谓热泵,是通过做功将低温热源的热量传送给高温热源的供热系统。显然,热泵也是采用制冷循环,利用制冷循环在制取冷量的同时进行供热。

在单级蒸气压缩制冷循环中,通过压缩机做功将低温热源(蒸发器)的热量传送到高温热源(冷凝器)。此时,如仅以制取冷量为目的,则称之为制冷机。如果在此循环中将冷凝器作为加热器使用,利用制冷剂供热,则可称此制冷循环为热泵。热泵制冷与常规制冷过程相反。

②A 型开式热泵乙烯三段制冷流程

乙烯制冷系统均采用复迭制冷循环,乙烯制冷剂用丙烯制冷系统提供的−40 ℃的冷量进行冷凝。大多数乙烯制冷系统均采用三级节流的制冷循环,相应提供三个温度级的冷量。也有采用两级节流或四级节流的制冷循环,相应提供两个或四个温度级的冷量。采用三级节流制冷循环时通常提供−50 ℃、−70 ℃、−100 ℃左右三个温度级的冷量。图 4-107 是乙烯精馏塔和乙烯制冷系统联合起来的开式热泵乙烯三段制冷流程,开式热泵乙烯精馏塔塔顶没有冷凝器,分为 A 型和 B 型。

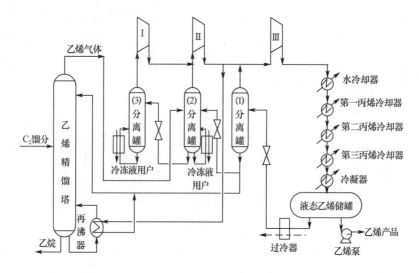

图 4-107 开式热泵乙烯三段制冷流程

在 A 型开式热泵乙烯三段制冷系统中,乙烯精馏塔的气态乙烯(制冷剂)和乙烯产品混合为一体,形成一个循环系统,省去塔顶冷凝器,乙烯始终在系统中循环。乙烯压缩机三段出口的气态乙烯分别经水冷却器冷却至 38 ℃后,再分别经第一、二、三丙烯冷却器冷却至 24 ℃、9 ℃和−15 ℃,最后用−40 ℃丙烯将其冷凝成液态乙烯送入乙烯储罐。部分乙烯作为产品输出,部分乙烯作为制冷剂循环使用。乙烯制冷剂经过冷器过冷后送入第一分离罐。分离罐中气态乙烯返回乙烯压缩机三段入口,而液态乙烯部分送至乙烯精馏塔作为回流,部分送至第二分离罐。

用乙烯压缩机二段出口气体加热乙烯精馏塔再沸器,气态乙烯在此冷凝后送至塔顶作为回流,由此构成开式热泵系统。

乙烯精馏塔塔顶气体送至第二分离罐,分离罐顶部气体返回乙烯压缩机二段入口,液态乙烯除供−70 ℃冷量用户外,其余均减压节流至第三分离罐。第三分离罐的液态乙烯供−100 ℃冷量用户,汽化的乙烯则返回乙烯压缩机一段入口。

采用开式热泵乙烯三段制冷系统时,乙烯精馏塔均为低压操作。当乙烯压缩机为四段压缩时,常将乙烯精馏塔设置在压缩机三段入口,此时其操作压力约 0.69 MPa,塔顶温度约−59 ℃。当乙烯压缩机采用二级压缩时,乙烯精馏塔多设置在压缩机二段入口或出口。随着乙烯精馏塔塔压降低,其塔顶温度相应下降。

③闭式甲烷-乙烯-丙烯二段制冷流程

为保证回收的甲烷馏分和氢馏分达到 95％左右的纯度,其操作温度需将降至－170 ℃左右。通常采用如下几种方式提供－100 ℃以下的冷量:

a. 设置甲烷制冷系统,甲烷在系统中作闭路循环。利用已有的丙烯和乙烯制冷系统,组成甲烷-乙烯-丙烯复迭制冷系统。

b. 利用裂解气中的甲烷进行等焓节流膨胀,或通过膨胀机进行等熵膨胀,制取所需的低温冷量。

c. 利用裂解气中的甲烷制取低温冷量受裂解气中甲烷含量的限制,当其低温冷量不能平衡所需冷量时,可使部分甲烷返回裂解气压缩机,以此满足冷量平衡。

图 4-108 是脱甲烷塔中的甲烷在回路中形成闭路循环的制冷系统(也称 B 型开式热泵系统),甲烷制冷系统与脱甲烷塔联合在一起,省去塔底再沸器。甲烷压缩机一般为二段活塞式压缩机,段间设置冷却器。

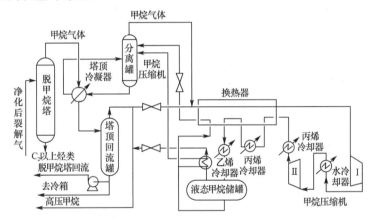

图 4-108　闭式甲烷-乙烯-丙烯二段制冷流程

脱甲烷塔塔顶的甲烷气体经塔顶冷凝器换热后进入回流罐,回流罐上部和甲烷压缩机分离罐上部的甲烷气体合并经换热器回收冷量后进入甲烷压缩机,一段压缩出口气体经水冷却器冷却后送入二段压缩。二段压缩出口(约 3.2 MPa)气体经水冷却器冷却后,再经换热器和丙烯冷却器冷却,然后再用乙烯冷却器冷凝。冷凝后的液态甲烷进入甲烷储罐,罐上部的甲烷经换热器过冷后减压节流膨胀至 0.5 MPa,与罐下部的液态甲烷经换热器换热后一起送至甲烷压缩机分离罐。分离罐中的液态甲烷去脱甲烷塔塔顶冷凝器作为冷剂,蒸发的甲烷返回分离罐。分离罐中的气态甲烷经换热回收冷量后升温至 3.5 ℃,返回甲烷压缩机一段,由此构成一个封闭循环。

④几种常见热泵制冷流程

a. 常规热泵流程

在深冷分离工艺中,各精馏塔的塔顶有冷凝器,塔底有再沸器。按常规制冷流程,需要用外来冷剂在塔顶移去热量,使气体冷凝,又需要用外来热剂在塔底供热,使液体蒸发,能量的利用极不合理(图 4-109)。如果把制冷系统中工质的冷凝器作塔底再沸器用,将工质的蒸发器作塔顶的冷凝器用,就能达到能量的合理利用(图 4-110)。这种通过做功(利用机械能)

将精馏塔产品作工质使低温热源变为至高温热源的技术,称为热泵技术。

b.闭式热泵流程

热泵流程也是采用制冷循环,既制冷也供热,常用于各精馏塔的深冷分离。在热泵流程中,工质与塔内物料互不接触的,称闭式热泵流程(图 4-110)。

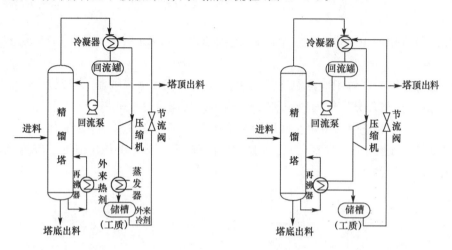

图 4-109　常规制冷流程图　　　　图 4-110　闭式热泵流程图

c.开式热泵流程

在热泵流程中,塔内物料仅作工质之用的,称开式热泵流程,分为 A 型(图 4-111)和 B型(图 4-112)。

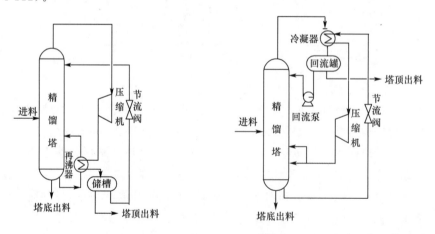

图 4-111　A 型开式热泵流程　　　图 4-112　B 型开式热泵流程

A 型热泵流程是直接以精馏塔塔顶低温气体物料为工质,作为热剂被送到塔底再沸器中换热,放出热量后冷凝成液体。一部分冷凝液节流膨胀降温后作为塔底回流;另一部分作为出料。与闭式热泵流程相比,省去了塔顶冷凝器。

B 型热泵流程是直接以精馏塔塔底物料为工质,经节流膨胀降温后,作为冷剂在塔顶冷凝器中换热,吸收热量后放热汽化,经压缩机压缩直接回到塔底。与闭式热泵流程相比,省去了塔底再沸器。

在深冷分离中,乙烯塔和丙烯塔常采用 A 型开式热泵流程,不仅可节约大量的冷量,而且可省去昂贵的在低温下操作的换热器、回流罐、回流泵等设备。但是,由于产品乙烯和丙烯成了制冷循环的工质,可能会影响聚合级乙烯和丙烯的质量,因此目前乙烯装置中大规模采用热泵系统的不多。

4.5.4 裂解气的精馏系统及深冷分离流程

1.简介

裂解气分离方法主要有深冷分离法、油吸收精馏法、吸附分离法、络合物分离法等。目前,国内外工业生产上广泛采用的是深冷分离法,即操作温度 $-100 \ ℃$ 以下,简称"深冷"。

裂解气的组成主要有:H_2、CH_4、C_2H_2、C_2H_4、C_2H_6、丙二烯、丙炔、C_3H_6、C_3H_8、1,3-丁二烯、异丁烯、正丁烷、C_5^+、CO、CO_2、硫化物、H_2O 以及少量芳烃。C_5^+ 为 C_5 以上组分,含有少量芳烃和非芳烃。当裂解气中 CO、CO_2、硫化物、H_2O 等酸性气体以及炔烃等有害气体净化、干燥后,裂解气的分离就可以采用精馏的方法将 $C_1 \sim C_5$ 逐一分离、提纯,得到单组分,即分离精制得到 C_1^0、C_2^0、$C_2^=$、C_3^0、$C_3^=$、C_4^0 等产品。

分离系统主要装置有:精馏塔[脱甲烷(C_1)、脱乙烷(C_2)、脱丙烷(C_3)、脱丁烷(C_4)、乙烯精馏($C_2^=$)和丙烯精馏($C_3^=$)等];反应器(甲烷化、C_2 加氢、C_3 加氢等);干燥器(裂解气、H_2、$C_2^=$、$C_3^=$ 等)。

深冷分离流程共分三种,即顺序流程、前脱乙烷流程、前脱丙烷流程。三种工艺流程主要差别在于分离的顺序与加氢脱炔位置不同。顺序流程按后加氢脱炔方案;前脱乙烷、前脱丙烷流程有前加氢也有后加氢方案。其中,在脱甲烷塔前加氢脱炔称前加氢,在脱甲烷塔后加氢脱炔称后加氢。

2.工艺原理

裂解气分离就是在低温下,利用裂解气中各种烃的相对挥发度不同,采用精馏方法将各种烃分离提纯得到单组分的工艺过程。首先,在 $-100 \ ℃$ 下,除了氢气和甲烷以外,把其余的烃类都冷凝下来,然后在精馏塔内进行双组分和多组分精馏分离,利用不同的精馏塔,达到分离目的。其实质是多次汽化、冷凝的精馏过程。乙烯精馏塔和丙烯精馏塔属双组分分离,其余的如脱甲烷塔、脱乙烷塔、脱丙烷塔、脱丁烷塔都属多元组分分离。但是,其原理是相同的。

3.裂解气的精馏系统

(1)脱甲烷塔和冷箱系统

①脱甲烷塔

脱甲烷塔的主要目的是脱除裂解气中的甲烷和氢气,由于沸点很低的甲烷、氢气的大量存在,就要求塔顶操作分离温度很低。因此脱甲烷塔是裂解气分离装置中投资最大、能耗最多的环节。其主要任务是利用冷箱的低温,将裂解气除 C_1^0 和氢气以外的各组分全部液化,塔顶分出不凝气即 C_1^0 和氢气,通过冷箱分离出 C_1^0 和氢气产品,如图 4-113 所示。

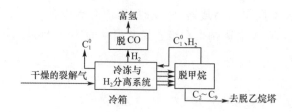

图 4-113 脱甲烷塔和冷箱系统示意图

脱甲烷塔的关键组分是甲烷和乙烯。脱甲烷塔操作的好坏,直接影响乙烯产品纯度和回收率。由于裂解气中氢气、C_1^0 最轻,沸点最低,为了能分离裂解气中乙烯、丙烯等组分,首先要脱去氢气和 C_1^0。又由于乙烯沸点低,挥发度大,为减少脱甲烷塔中乙烯损失,分离温度低于 $-100\ ℃$ 才能保证塔顶尾气中少含乙烯,提高乙烯收率。还要求塔釜中 C_1^0 的含量尽可能小,以确保乙烯产品的质量。工业上脱甲烷过程有高压法和低压法。

a.低压法

低压法分离效果好,乙烯收率高。操作条件为:压力 $0.18\sim0.25\ MPa$,顶温 $-140\ ℃$ 左右,釜温 $-50\ ℃$ 左右。由于压力低,C_1^0/C_2^- 的相对挥发度值较大,分离效果好。缺点是流程复杂,需多一套甲烷制冷系统和质量较高的耐低温钢材。

b.高压法

高压法的脱甲烷塔塔顶温度为 $-96\ ℃$ 左右,不必采用甲烷制冷系统,只需用液态乙烯冷剂即可,由于脱甲烷塔塔顶尾气压力高,可借助于高压尾气的自身节流膨胀获得额外的降温,比甲烷制冷系统简单。此外压力高可缩小精馏塔的容积,从投资和材质要求来看,高压法是有利的。

②冷箱

冷箱是在 $-100\sim-170\ ℃$ 低温操作的换热设备。由于温度低冷量易散失,因此把丙烯制冷、乙烯制冷、甲烷制冷系统不同温度的高效板式换热器和气液分离罐都放在填满绝热材料的方形容器内,习惯上称为冷箱。如图 4-114 所示,它的原理是用节流膨胀获得低温。其作用是将裂解气和脱甲烷塔顶尾气降温,制取富氢和富甲烷,回收尾气中的乙烯。

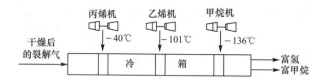

图 4-114 丙烯、乙烯、甲烷制冷系统(冷箱)示意图

冷箱在流程中的位置有两种,即前冷(前脱氢)和后冷(后脱氢)两种流程。

a.前冷

冷箱放在脱甲烷塔之前称前冷。前冷是用冷箱冷冻裂解气,在裂解气进脱甲烷塔之前先将氢脱掉,其余组分均作脱甲烷塔的进料,塔顶分出 C_1^0。前冷是逐级冷凝的,即把冷凝液分股送入脱甲烷塔,温度级别不等,可节省冷量。如图 4-115 所示。

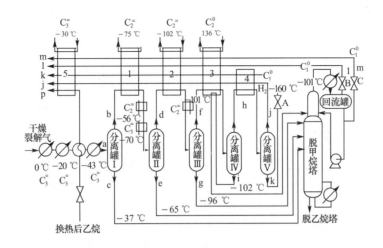

图 4-115 高压脱甲烷前冷工艺流程

1~5—冷箱；Ⅰ~Ⅴ—气液分离罐；A、B、C—节流阀；a—冷裂解气；b、d、f、h—未冷凝气体（分别去冷箱Ⅰ、Ⅱ、Ⅲ、Ⅳ）；c、e、g、i—脱甲烷塔四股进料；j—富氢（去甲烷化）；k—低压甲烷（去作化工原料）；l—高压甲烷（燃料）；m—中压甲烷（载气）；p—乙烷（去作裂解）

干燥后的裂解气经与乙烷馏分换热，再经 0 ℃、−20 ℃、−43 ℃丙烯冷剂冷却，温度降至−37 ℃（a 点），进入气液分离罐（Ⅰ）进行分离，分离出的凝液（c 点）作为脱甲烷塔的第一股进料。气体（b 点）经第 1 级−75 ℃的冷箱换热后再经−56 ℃、−70 ℃乙烯冷剂冷却至−65 ℃，进入气液分离罐（Ⅱ）分离，分出凝液（e 点）作为第二股进料。气体（d 点）经第 2 级−102 ℃的冷箱换热后再经−101 ℃的乙烯冷剂冷却至−96 ℃，进入气液分离罐（Ⅲ）分离，分离后的凝液（g 点）作为脱甲烷塔的第三股进料。气体（f 点）经第 3 级−136 ℃的冷箱换热后冷却至−130 ℃，进入气液分离罐（Ⅳ）分离，凝液（i 点）再经冷箱换热回收冷量后，温度升至−102 ℃，作脱甲烷塔的第四股进料。气体（h 点）进入第 4 级冷箱，冷却后进入气液分离罐（Ⅴ），分离出的液相（k 点）含甲烷在 95% 以上，经节流膨胀阀（A）降温至−160 ℃，依次经过五个冷箱换热器回收冷量，然后送出作为燃料。气体（j 点）主要为氢气，约 95% 左右，仍依次经过五个冷箱换热器，换热后部分氢气送甲烷化反应器脱 CO，部分作加氢反应的用氢。

甲烷塔采用多股进料，温度自下而上逐渐降低，各股进料的组分也由重变轻，这样就等于在塔外进行了预分馏；可获得纯度较高的富氢气体，还减少了乙烯损失，塔顶尾气主要含甲烷，压力也相应降低。脱甲烷塔顶 C_1^0 气体经冷凝器冷却至−101 ℃进入回流罐，冷凝液一部分作为塔顶回流，另一部分经减压节流阀（C）回收冷量后作为装置的中压甲烷产品（m 点），未冷凝气体经节流阀（B）回收冷量后作为装置的高压甲烷产品（l 点）。

b. 后冷

后冷又称后脱氢，将冷箱放在脱甲烷塔之后处理塔顶尾气，通过节流膨胀获得低温回收乙烯，如图 4-116 所示。

净化干燥后的裂解气经−56 ℃、−70 ℃乙烯冷剂冷却至−63 ℃进脱甲烷塔，塔顶未凝气体除 CH_4、H_2 以外，还含有 3%~4% 的乙烯，由回流罐去第一冷箱，通过冷箱作用把尾气中的乙烯含量降至 2%，可多回收乙烯；并能获得浓度为 70%~80% 的富氢。

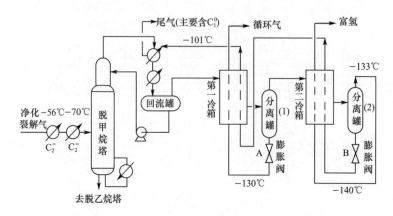

图 4-116 后冷(后脱氢)高压脱甲烷工艺流程图

在第一冷箱中,有部分乙烯和甲烷被冷凝液化后进入分离罐(1),冷凝下来的乙烯和甲烷液体通过节流膨胀阀 A,降温至 -130 ℃,再与进入第一冷箱的进料尾气换热,得到含 26% 左右的乙烯循环气,送至压缩机。分离罐(1)中的不凝气体经第二冷箱换热后,又有部分乙烯与甲烷被冷凝后进入分离罐(2),冷凝下来的甲烷通过节流膨胀阀 B,降温至 -140 ℃,依次在两个冷箱中换热至 -101 ℃得甲烷尾气。分离罐(2)中的不凝气为富氢气体,通过第二冷箱换热后送出装置。由于第一、第二冷箱作用,乙烯回收率可提高 2%,使乙烯回收率由 95.0% 提高到 97.0%。

前冷的优点是采用逐级冷凝和多股进料,可节省低温制冷剂并减轻脱甲烷塔的负荷,氢气和乙烯回收率也高。缺点是流程复杂,自动化程度过高。

目前大型乙烯装置多采用前冷工艺,乙烯回收率可达 99.5% 以上。前冷工艺分离出的氢气含量为 95% 左右,而后冷工艺分离出的氢气含量仅为 75% 左右。

③氢气的净化(甲烷化法)系统

由脱甲烷塔分离出的氢气,纯度较高,其组成为氢气约 90%～96%、C_1^0 约 4%～9%、CO 和 CO_2 约 0.1%～1.0%。虽然裂解气在净化时脱除了酸性气体,但仍含有少量 CO、CO_2 杂质。由于 CO、CO_2 沸点介于 C_1^0 和氢气之间,因此与 C_1^0 和氢气一起被分离出。冷箱虽然能分离出较高纯度的氢气,但是不能彻底脱除氢气中的 CO、CO_2。CO 对大多数加氢催化剂都有毒害作用,特别是在 C_2、C_3 的加氢脱炔反应中使催化剂中毒,因此这种富氢气体不能直接作加氢脱炔的氢源,必须脱除 CO、CO_2。

a.甲烷化法脱除 CO 原理

脱除 CO 采用甲烷化法,即 CO 和氢气在 Ni/Al_2O_3 等催化剂的存在下,使 CO、CO_2 加氢。其反应方程式如下:

$$CO + 3H_2 \rightleftharpoons CH_4 + H_2O + Q$$
$$CO_2 + 4H_2 \rightleftharpoons CH_4 + 2H_2O + Q$$

由于上述加氢反应产物是甲烷,故此法又称甲烷化法,其工艺流程如图 4-117 所示。

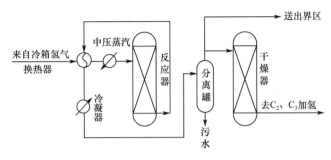

图 4-117 甲烷化工艺流程

来自冷箱的粗氢气经中压蒸汽预热至 280 ℃左右进入固定床绝热反应器进行甲烷化反应,反应器出口氢气经换热并进一步冷却后送至水分离罐,分出冷凝污水送至水洗塔,一部分无须脱水的氢气送出界区,另一部分送至干燥器脱水后去作 C_2、C_3 加氢的氢源。

b. CO 催化加氢机理

CO 催化加氢(甲烷化)反应机理是:CO 与氢气在 Ni 催化剂活性表面相互作用,形成醇式复合体模型,然后再进一步加氢。

$$CO + 2Ni \longrightarrow Ni-\overset{\overset{\displaystyle O}{\|}}{C}-Ni$$

$$Ni-\overset{\overset{\displaystyle O}{\|}}{C}-Ni + H_2(吸附) \longrightarrow Ni-\overset{\overset{\displaystyle H}{|}}{\underset{}{C}}\overset{OH}{}-Ni$$

$$Ni-\overset{\overset{\displaystyle H}{|}}{\underset{}{C}}\overset{OH}{}-Ni + H_2(吸附) \longrightarrow \overset{Ni \quad Ni}{\underset{H \quad H}{C}} + H_2O$$

$$\overset{Ni \quad Ni}{\underset{H \quad H}{C}} + H_2(吸附) \longrightarrow CH_4 + 2Ni$$

甲烷化反应均是强放热反应,每转化 1%(体积分数)的 CO 和 CO_2,温升分别为 75 ℃ 和 60 ℃。因此,对于绝热式反应器,富氢中的 CO 和 CO_2 含量不宜过高,以确保操作安全。此外,乙烯装置分离氢气的技术中应尽量避免富氢中夹带有乙烯。在甲烷化反应中,乙烯加氢生成乙烷也是强放热反应,会加剧反应器的升温,高温时乙烯裂解生成炭附着在甲烷化催化剂上,使催化剂性能下降。

④脱甲烷塔前预分馏

脱甲烷塔一般为多股进料,组分最重的一股进料,不仅量最多,而且含有大量的 C_3 和 C_4 馏分。若在进脱甲烷塔前进行预分离,把一部分重组分分离出来,直接去脱乙烷塔进料(图

4-118),不仅能够减少脱甲烷塔的负荷,而且由于脱乙烷塔多了一股进料,相当于事先进行一次分离,也使脱乙烷塔冷凝器和再沸器的负荷降低。

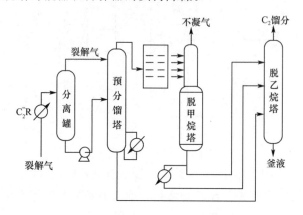

图 4-118　预分馏塔系统示意图

预分馏塔操作压力为 3.14 MPa,塔顶温度约为 -30 ℃,塔釜温度为 10 ℃。由于该塔和脱甲烷塔的物料易起泡,故采用英特洛克斯填料。

(2)脱乙烷塔

①乙烷-乙烯塔联合脱乙烷

脱乙烷塔系统由脱乙烷塔、乙炔加氢反应器、C_2 绿油塔及干燥器组成。传统的脱乙烷塔流程是在 2.3 MPa 压力下,塔顶的气体(C_2^0、$C_2^=$、乙炔)通过塔顶冷凝器(丙烯制冷提供)、回流罐进入反应器进行气相加氢,加氢后的产品(C_2^0、$C_2^=$)经 C_2 绿油塔及干燥器进入乙烯精馏塔分离乙烯和乙烷。脱乙烷塔塔顶温度为 -15 ℃,回流温度为 -18 ℃,塔釜温度为 67 ℃。如图 4-119 所示。该流程耗能大,为节省能源和操作费用,可将该流程做一些改进。

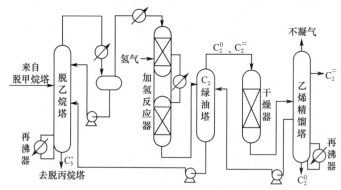

图 4-119　传统的脱乙烷塔流程

改进后的脱乙烷塔塔顶气体不经冷凝直接进入乙炔加氢反应器,加氢后的产品经过 C_2 绿油塔及干燥器进入乙烯精馏塔,脱乙烷回流来自乙烯精馏塔的侧线。其流程如图 4-120 所示。

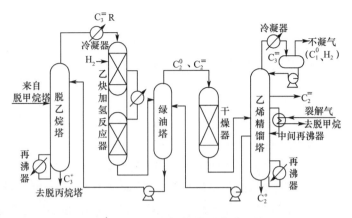

图 4-120　乙烷-乙烯塔联合脱乙烷

该流程脱乙烷塔没有回流冷凝器,而是从乙烯精馏塔抽出一股温度较低的侧线作为脱乙烷塔回流液体,这股液体先在 C₂ 绿油塔内吸收乙烯精馏塔进料中所带的绿油,然后用泵打入脱乙烷塔顶作回流,这样可减少总的冷冻需求量。因为乙烯精馏塔回流量大,塔顶消耗大量 −40 ℃丙烯冷剂,乙烯塔进料中乙烯浓度很高,相应塔板的温度就较低,因此可采用中间再沸器回收冷量,即在乙烯精馏塔增加一个中间再沸器。它的热负荷相当于脱乙烷塔的冷凝器,节省了脱乙烷塔顶 −21 ℃丙烯冷量,少回收了乙烯塔釜 −8 ℃的丙烯冷量,两个冷冻级别的差是联合操作方案所节省的冷量,即每吨乙烯可节省能耗约180 MJ。同时,减小了乙烯塔再沸器的加热面积,脱乙烷塔操作压力及塔釜温度也相应降低,因此可采用急冷水加热,节省蒸汽。

②乙炔加氢系统

a.炔烃的来源

裂解气中含有少量的丙二烯及炔烃,如乙炔、丙炔等。在分离过程中,乙炔主要集中于 C₂ 馏分,丙炔、丙二烯主要集中于 C₃ 馏分。在裂解气中乙炔含量一般为 $2 \times 10^{-3} \sim 7 \times 10^{-3}$,丙炔含量一般为 $10^{-3} \sim 1.5 \times 10^{-3}$,丙二烯含量一般为 $6 \times 10^{-4} \sim 10^{-3}$。它们是在裂解过程中生成的。

b.危害

对聚合级乙烯来说,为了保证聚合催化剂的使用寿命,要严格限制乙炔的含量。在高压聚乙烯生产中,由于乙炔的积累使乙烯分压降低,这时必须提高系统总压。当乙炔积累过多,分压过高时,会引起爆炸。所以必须脱除乙炔。

c.处理方法

乙烯生产中常采用的脱除乙炔的方法有溶剂吸收法和催化加氢法,溶剂吸收法是使用溶剂(丙酮)吸收乙炔以达到净化目的,同时也回收一定量的乙炔。催化加氢法是将裂解气中的乙炔加氢生成乙烯或乙烷,由此达到脱除乙炔的目的。目前,国内外主要采用催化加氢脱炔,常用的催化剂有 Pd/α-Al₂O₃、Ni-Co/α-Al₂O₃ 等,在这些催化剂上乙炔的吸附能力比乙烯强,能进行选择性加氢,乙炔加氢反应如下。

主反应　　　　　　　　　　$C_2H_2 + H_2 \longrightarrow C_2H_4$

副反应　　　　　　　　　　$C_2H_2 + 2H_2 \longrightarrow C_2H_6$

$$mC_2H_2 + nC_2H_4 \longrightarrow 低聚物（绿油）$$

③乙炔加氢工艺

乙炔加氢有前加氢脱炔和后加氢脱炔两种工艺。

a. 前加氢工艺

在脱甲烷塔分离前进行加氢脱炔反应称前加氢，前加氢的加氢气体有：前脱丙烷流程中的 H_2、C_1^0、C_2、C_3 馏分；前脱乙烷流程中的 H_2、C_1^0、C_2 馏分。可见，加氢馏分中都含有氢气，不需外供氢气，所以前加氢又称自给氢催化加氢过程。

采用前加氢工艺，不仅省去了氢气的提纯和净化过程，而且不用考虑由于加氢带入的甲烷的脱除和加氢后的进一步干燥，使分离流程简化，同时能节约冷量、降低操作费用。但是，由于参加反应的组分太复杂，加氢气体中除含 C_1^0、$C_2^=$、C_3^0、$C_3^=$ 外还含有过剩氢气。又由于氢气分压高，会降低加氢选择性，增大乙烯损失，操作稳定性差，对催化剂活性和选择性要求高。目前仍没有比较理想的加氢催化剂，所以限制了前加氢工艺的广泛工业化。

b. 后加氢工艺

后加氢是在脱甲烷塔氢气、C_1^0 分离后进行乙炔加氢，需要外来氢气，其分离流程复杂，同时冷量消耗及操作费用高。但是，严格地控制氢气的加入量，可获得较理想的反应条件，并可提高乙烯收率和装置运转的稳定性。目前国内外乙炔加氢大多采用后加氢工艺。

后加氢有全馏分加氢和产品加氢两种工艺。全馏分加氢指脱乙烷塔塔顶馏分全部进入乙炔加氢反应器；产品加氢是除回流外，将脱乙烷塔回流罐采出的产品进行加氢，如图 4-120 为全馏分加氢工艺流程。

（3）脱丙烷塔（脱 C_3 塔）

①脱丙烷塔双塔结构

脱丙烷塔系统由脱丙烷塔、丙炔和丙二烯加氢反应器、干燥器组成。脱丙烷塔有两种操作压力：一种是在 1.4 MPa 压力下操作，塔顶用水冷，釜温约为 110 ℃，由于釜温高，因此脱丙烷塔的提馏段及再沸器均有备用；另一种是在 0.88 MPa 压力下操作，塔顶用 3 ℃丙烯冷冻，顶温约为 14 ℃，釜温约为 84 ℃，由于釜温低，减少了塔釜丁二烯的聚合，不需要备用提馏段，但有两个再沸器。为了节约动力又要避免高压脱丙烷时再沸器的聚合、结垢造成的阻塞问题，引出了双塔脱丙烷的流程，如图 4-121 所示。

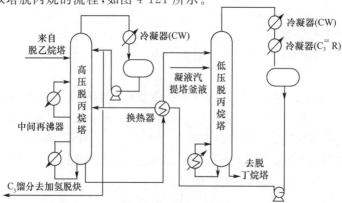

图 4-121 双塔脱丙烷工艺流程

来自脱乙烷塔的塔釜液送入高压脱丙烷塔,其操作压力为 1.38 MPa,塔顶温度为 38.6 ℃,塔釜温度为 78 ℃。塔顶冷凝器为水冷,冷凝液一部分作为塔顶回流,一部分送至 C_3 加氢脱炔系统。塔釜用蒸汽加热,为减少加热蒸汽用量,设置了用急冷水加热的中间再沸器。塔釜液中尚含 C_3 馏分约 27%(摩尔分数),塔釜液经换热冷却至 50 ℃ 送入低压脱丙烷塔塔顶,裂解气的凝液汽提塔釜液则送至低压脱丙烷塔第 13 块板。

低压脱丙烷塔操作压力为 0.58 MPa,塔顶温度为 42.2 ℃,塔釜温度为 76 ℃。塔顶采出气体先经水冷却器冷却,再进入冷凝器用丙烯冷剂使其全部冷凝。冷凝温度为 23 ℃,冷凝液中含 C_3 馏分约 45%(摩尔分数),经与高压脱丙烷塔的塔釜液换热后返回高压脱丙烷塔第 39 块板。

低压脱丙烷塔塔釜用低压蒸汽加热,为避免过多 C_3 馏分带入脱丁烷塔而使脱丁烷塔塔压升高,其塔釜液中 C_3 馏分含量应控制在 0.5%(摩尔分数)以下。

②丙炔、丙二烯加氢系统

裂解气中的丙炔、丙二烯也是在石油烃裂解过程中生成的。随着裂解气的分离,最终存在于 C_3 馏分中。丙炔、丙二烯的存在可影响以丙烯为原料的合成和聚合反应的顺利进行,因此也必须脱除。丙炔、丙二烯的脱除有精馏法和催化选择加氢法两种,催化选择加氢法又分为气相法和液相法。由于精馏法和气相催化选择加氢法工艺复杂,稳定性差,故采用液相催化选择加氢法。

a. 液相催化选择加氢法

因为 C_3 馏分的冷凝温度较高,容易液化,所以 C_3 馏分加氢脱炔可以采用液相催化选择加氢法。由于液相加氢的温度较低且容易控制,从而提高了生产的稳定性和安全性。另外,在加氢过程中绿油的生成量极少,不需设绿油塔,节省了投资费用,简化了操作,降低了能耗。

b. C_3 加氢原理

C_3 馏分加氢可能发生如下反应:

主反应
$$CH_3-C\equiv CH + H_2 \longrightarrow C_3H_6 + Q$$
$$CH_2=C=CH_2 + H_2 \longrightarrow C_3H_6 + Q$$

副反应
$$C_3H_6 + H_2 \longrightarrow C_3H_8$$
$$2C_3H_4 + 2H_2 \longrightarrow 2C_3H_6$$
$$nC_3H_4 \longrightarrow \left(C_3H_4 \right)_n \text{ 低聚物(绿油)}$$

上述反应中,只希望发生主反应。这样不但脱除了丙炔及丙二烯,达到了产品净化的目的,又增加了丙烯产量。丙炔、丙二烯的加氢是强放热反应,其含量越高,总反应热越大,若不能及时有效移出反应热,就会使催化剂床层产生较大的温升,导致副反应加快,造成丙烯损失增大。同时,由于低聚物或炭的生成,催化剂受到污染,活性下降,使用周期缩短。因此,在反应过程中,控制好温度是很重要的。

③C_3 馏分液相加氢工艺流程

C_3 馏分加氢一般采用单床或双床工艺,对加氢后产品中炔烃要求不严时,一般采用单床。当未干燥物料进入 C_3 馏分时,需对其进行干燥。采用气相加氢时,干燥器设在加氢反应器之后;采用液相加氢时,干燥器设在加氢反应器之前。C_3 馏分液相加氢如图4-122所示。

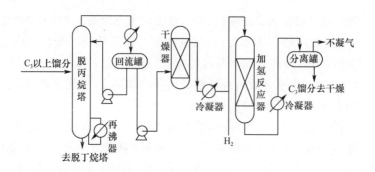

图 4-122　C₃馏分液相加氢工艺流程

C₃以上馏分进入脱丙烷塔,塔顶C₃馏分经冷凝后进回流罐,一部分回流,另一部分进干燥器,干燥后的C₃馏分经冷凝器降温再与外来氢气一起进入加氢反应器,反应放热,温度升高极快,应即时移走热量。段间设有冷凝器,控制好反应器温度防止"飞温"。脱除丙炔、丙二烯后的C₃馏分经冷凝器降温后进入分离罐,分出不凝气和C₃馏分。C₃馏分加氢过程中绿油的生成量极少,不必设绿油塔。

(4)脱丁烷塔

高压脱丙烷塔塔底物料送入低压脱丙烷塔。低压塔塔顶物料,在返回高压塔之前,用高压塔塔底物料预热。含有C₄和C₄⁺(C₄以上)的馏分送至脱丁烷塔,如图4-123所示。脱丁烷塔塔顶得到混合C₄产品,送至储罐储存。一般混合C₄经丁二烯抽提装置获得丁二烯产品。也可直接作为产品出售。脱丁烷塔塔底物料与来自汽油汽提塔的汽油混合,送至裂解汽油加氢装置。

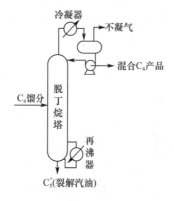

图 4-123　脱丁烷塔

(5)乙烯精馏塔和丙烯精馏塔

乙烯精馏塔和丙烯精馏塔是乙烯装置的关键塔,由于乙烯和乙烷、丙烯和丙烷相对挥发度小,较难分离,因此分离所需塔板数较多。例如,丙烯精馏塔塔高竟达90米,是乙烯装置中最高的塔;而乙烯精馏塔是能量消耗最多的塔,约占装置冷量消耗的36%。另外,聚合级乙烯、聚合级丙烯产品也来自这两个塔,因此它们是分离区重要的组成部分。

①乙烯精馏塔

C₂馏分经过加氢脱炔后,到乙烯精馏塔进行精馏,塔顶第九块板侧线得到产品乙烯,塔釜为乙烷。乙烯纯度要求达到聚合级。此塔设计和操作的好坏,与乙烯产品的产量和质量有直接关系。由于乙烯精馏塔温度仅次于脱甲烷塔,所以冷量消耗占总制冷量的比例也较大,为38%~44%,对产品的成本有较大的影响。因此乙烯精馏塔在深冷分离装置中是一个比较关键的塔。

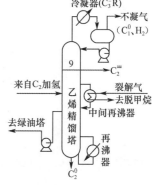

乙烯精馏塔的两组分分离十分困难,沿塔板浓度和温度变化很小,相邻两塔板之间的浓度差和温度差更小,必须有足够多的塔板和保持大的回流比。图 4-124 为乙烯精馏流程。塔板为 119 块。为合理利用能量,设置了中间再沸器。由于进料中有脱甲烷塔塔釜中残留的少量甲烷,也有 C₂加氢时氢气带入的甲烷和未反应完的氢气,乙烯产品从乙烯精馏塔第 9 块板侧线采出。顶部 8 块塔板脱除少量的甲烷、氢气。这样就可在乙烯精馏塔前省去第二脱甲烷塔。一个塔起两个塔的作用,既节省了能量又简化了流程。

图 4-124 乙烯精馏流程

②丙烯精馏塔

从裂解气中分离出的 C_3 馏分主要是丙烯和丙烷,也有少量的乙烷、丙炔、丙二烯及 C_3 加氢时剩余的甲烷和氢气。丙烯和丙烷的相对挥发度很小,分离更为困难,是裂解气分离系统中塔板数最多、回流比最大的精馏操作。由于塔板数太多,常采用双塔串联操作,也有采用加大回流比的单塔分离工艺,Lummus 工艺中的丙烯精馏塔就是如此,其流程如图 4-125 所示。

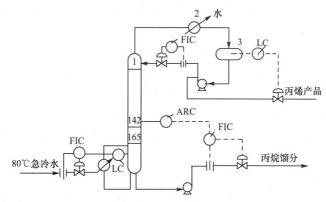

图 4-125 Lummus 工艺丙烯精馏塔流程

1—丙烯塔;2—冷凝器;3—回流罐;FIC—流量控制;LC—液面控制;ARC—组成分析

该丙烯精馏塔有 165 块塔板,回流比为 14.5,操作压力为 1.81 MPa,塔顶冷凝器用水作冷剂。它的特点是回流量大,一般采用塔釜液面与加热介质流量组成的串联系统,以控制产品质量。

4. 深冷分离流程

深冷分离流程共分三种,即顺序分离流程、前脱乙烷流程、前脱丙烷流程,称为三大代表性流程,目前国内外乙烯装置广泛采用顺序分离流程。

(1)顺序分离流程

按 C_1、C_2、C_3…顺序依次进行分离的过程称顺序分离流程,如图 4-126 所示。

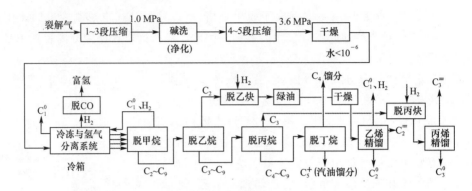

图 4-126　顺序分离流程示意图

　　裂解气经过离心式压缩机 1～3 段压缩,压力达到 1.0 MPa,送入碱洗塔,脱除 H_2S、CO_2 等酸性气体。碱洗后的裂解气经过压缩机 4～5 段压缩,压力达到 3.6 MPa,经冷却至 15 ℃,再去干燥器用 3A 分子筛脱水至小于 10^{-6},使裂解气的露点温度达到 -70 ℃。干燥后的裂解气经过一系列的冷却冷凝,在前冷箱中分出富氢、C_1^0 和四股馏分,富氢经过甲烷化(脱除裂解气中的 CO)作为加氢用氢气。四股馏分按轻重组分分别进入脱甲烷塔的不同塔板,重组分温度高,进入下层塔板;轻组分温度低,进入脱甲烷塔上层塔板,在塔顶脱除甲烷馏分。在脱甲烷塔塔顶分出最轻的 C_1^0 和氢气不凝气,返回冷箱分出 C_1^0 和氢气。脱甲烷塔塔釜的 C_2～C_9 馏分进入脱乙烷塔。塔顶分出 C_2 馏分,经换热升温,进行气相加氢脱炔,在绿油塔用乙烯精馏塔侧线馏分洗去绿油,再经 3A 分子筛干燥,送入乙烯精馏塔。在乙烯精馏塔的上段第 9 块塔板侧线引出纯度为 99.9% 的乙烯产品。乙烯精馏塔釜液为乙烷馏分,送往裂解炉作裂解原料,乙烯精馏塔塔顶脱出 C_1^0、氢气(在加氢脱炔时带入)。脱乙烷塔塔釜 C_3～C_9 重组分进入脱丙烷塔,塔顶分出 C_3 馏分,通过加氢脱丙炔和丙二烯后进入丙烯精馏塔,塔顶为丙烯($C_3^=$)、塔釜为丙烷(C_3^0)。脱丙烷塔塔釜的 C_4～C_9 重组分进入脱丁烷塔,塔顶分离出混合 C_4 馏分,塔釜为 C_5^+(C_5 以上的馏分即汽油馏分)等。

　　以下流程加以简化,省去裂解气的压缩、碱洗、干燥、前冷框图,其简化部分与顺序分离流程相同。

　　(2)前脱乙烷流程

　　裂解气经压缩后先将 C_2 及以下轻组分与 C_3 以上重组分分开,然后再分别进行分离的过程称前脱乙烷。前脱乙烷流程有前加氢和后加氢两种。

　　①前脱乙烷前加氢流程

　　如图 4-127 所示,裂解气经压缩、碱洗、干燥后,在 3.6 MPa 下进入脱乙烷塔,塔顶为 C_2 以及 C_2 以下馏分。此馏分送去加氢脱炔(前加氢),然后进入脱甲烷塔,塔顶为甲烷、氢气,送去冷箱中进行分离(分出 C_1^0 和氢气);塔釜为 C_2 馏分,去乙烯精馏塔分离出乙烯和乙烷。脱乙烷塔的塔釜液依次进入脱丙烷塔(塔顶 C_3 馏分需加氢脱炔)、脱丁烷塔、丙烯精馏塔等,分别分离出丙烯、丙烷、C_4 馏分和 C_5^+ 馏分。

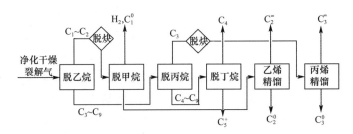

图 4-127　前脱乙烷前加氢流程

②前脱乙烷后加氢流程

如图 4-128 所示,裂解气经压缩、碱洗、干燥后,在 3.6 MPa 下进入脱乙烷塔,塔顶的 C_1 ~ C_2 馏分进入脱甲烷塔,塔顶为甲烷、氢气,送去冷箱中进行分离(分出 C_1^0 和 H_2),脱甲烷塔塔釜为 C_2 馏分,经后加氢脱炔后去乙烯精馏塔分离出乙烯和乙烷。脱乙烷塔的塔釜液依次进入脱丙烷塔(塔顶 C_3 需加氢脱炔)、脱丁烷塔、丙烯精馏塔等,分别分离出丙烯、丙烷、C_4 馏分和 C_5^+ 馏分。

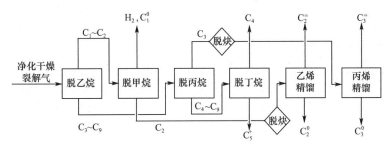

图 4-128　前脱乙烷后加氢流程

(3)前脱丙烷流程

裂解气经三段压缩后,先将 C_3 及以下组分与 C_4 及更重的组分分开,C_3 及以下组分需进入压缩机高压段继续压缩,然后再按 C_1、C_2、C_3 的顺序先后分离出甲烷、氢气、乙烯、丙烯等产品。前脱丙烷流程有前加氢和后加氢两种流程。

①前脱丙烷前加氢流程

如图 4-129 所示,裂解气经三段压缩,压力为 0.96 MPa,经碱洗、干燥后冷至 -15 ℃ 进入脱丙烷塔,脱丙烷塔塔顶出来的 C_1 ~ C_3 馏分进入压缩机四段入口,压缩升压至 3.6 MPa,进入加氢脱炔反应器,然后送往冷箱,在冷箱中分出 C_1^0、富氢。其余馏分进入脱甲烷塔,塔顶分出 C_1^0、氢气馏分,塔釜 C_2 ~ C_3 馏分进入脱乙烷塔。在脱乙烷塔中将 C_2、C_3 馏分分开,塔顶出来的 C_2 馏分去乙烯精馏塔分出乙烯和乙烷,塔釜的 C_3 馏分去丙烯精馏塔分出丙烯和丙烷。脱丙烷塔塔釜 C_4 ~ C_9 馏分进入脱丁烷塔,分出 C_4 和 C_5^+ 馏分。前脱丙烷前加氢流程适用于裂解重质原料的裂解气的分离。

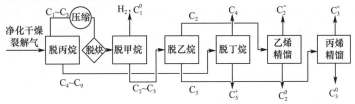

图 4-129　前脱丙烷流程前加氢流程

②前脱丙烷后加氢流程

如图 4-130 所示,裂解气经三段压缩,压力为 0.96 MPa,经碱洗、干燥后冷至－15 ℃进入脱丙烷塔,塔顶出来的 $C_1 \sim C_3$ 馏分进入压缩机四段入口,压缩升压至 3.6 MPa,然后送往冷箱,在冷箱中分出 C_1^0、富氢。其余馏分入脱甲烷塔,塔顶分出 C_1^0、氢气馏分,塔釜 $C_2 \sim C_3$ 馏分进入脱乙烷塔。在脱乙烷塔中将 C_2、C_3 馏分分开,塔顶出来的 C_2 馏分进入加氢脱炔反应器,去乙烯精馏塔分出乙烯和乙烷。脱乙烷塔塔釜的 C_3 馏分去丙烯精馏塔分出丙烯和丙烷。脱丙烷塔釜 $C_4 \sim C_9$ 馏分进入脱丁烷塔,分出 C_4 和 C_5^+ 馏分。

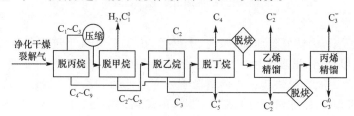

图 4-130　前脱丙烷后加氢流程

(4)三大流程优缺点比较

顺序分离流程:技术较成熟,运转周期长,稳定性好,对不同组成的裂解气适应性强,尤其适用于轻质油作裂解原料进行裂解气分离。但是,由于该流程无法预先脱除丁二烯,因此不适合前加氢脱除乙炔。而采用后加氢脱炔,流程复杂,同时加氢过程又带入甲烷、氢气,需把大量的富含乙烯的甲烷、氢气返回压缩机,增加了系统的循环量。由此可见,顺序分离流程的装置投资大,运转费用较高。

前脱乙烷流程:脱乙烷塔居首,C_3、C_4 馏分不进入脱甲烷塔,冷量利用合理,可节省耐低温合金钢用量。由于该流程首先将 C_2、C_3、C_4 馏分分开,所以宜采用前加氢脱除乙炔工艺,这样就缩短了流程,减少了运转费用。该流程最大的缺点是对不同组成的裂解气适应范围窄,只适宜处理 C_3、C_4 馏分多,而丁二烯含量低的裂解气;前加氢工艺不如后加氢工艺成熟。

前脱丙烷流程:脱丙烷塔居首,工艺技术较成熟。由于该流程首先在较低压力下将 C_3 及以下组分与 C_4 及以上组分分开,易处理含重组分较多的裂解气,尤其适用于处理 C_4 组分多的裂解气。其前加氢工艺与前脱乙烷后加氢有相同的特点,且可以除去大部分丙炔、丙二烯,不需设 C_3 加氢装置,也可以在脱乙烷塔后分别进行 C_2、C_3 加氢脱炔。前脱丙烷流程的缺点是热力学效率较低;前加氢工艺不够成熟;脱丙烷塔的操作要求严格,易造成塔釜聚合堵塞和塔顶冷凝器冻堵。

(5)乙烯装置总流程图

图 4-131 为顺序乙烯装置总流程图。原料油与急冷水进入裂解炉的预热段。预热后的原料油进入对流段与水蒸气混合,再进入 SRT 裂解炉辐射段进行裂解。两路炉管出口的高温裂解气(800 ℃左右)迅速进入急冷换热器(废热锅炉)回收热量,并在汽包中产生高压水蒸气,温度降至 350 ℃左右,使裂解反应立即停止;然后进入油洗塔(汽油分馏塔)。用急冷油(裂解汽油)喷淋冷却至 220～250 ℃,汽油分馏塔塔顶出来的氢气、气态烃和裂解汽油以及稀释水蒸气和酸性气体(注氨防腐)去水洗塔,用急冷水喷淋,对裂解气进一步进行冷却,水洗后的塔底产物进入油水分离罐,分离出水和裂解汽油。其中水重新打入水洗塔,裂解汽

油一部分送至油洗塔作为塔顶回流循环使用,另一部分作为产品送出。水洗塔塔顶的裂解气经离心式压缩机 1~3 段压缩,压力达到 1.0 MPa,送入碱洗塔,脱除 H_2S、CO_2 等酸性气体。碱洗后的裂解气经压缩机 4~5 段压缩,压力达到 3.6 MPa,经冷却至 15 ℃,去干燥器用 3A 分子筛脱水至小于 10^{-6},使裂解气的露点温度达到 -70 ℃ 左右。干燥后的裂解气经过一系列的冷却冷凝,在前冷箱中分出富氢、C_1^0。然后裂解气按轻、重组分分别进入脱甲烷塔的不同塔板,在塔顶分出最轻的 C_1^0 和氢气不凝气,返回冷箱分出 C_1^0 和氢气;塔釜分出的 $C_2 \sim C_9$ 馏分进入脱乙烷塔。塔顶分出 C_2 馏分,经换热升温,进行气相加氢脱炔,再经 3A 分子筛干燥,送入乙烯塔。在乙烯塔的上段第 9 块塔板侧线引出纯度为 99.9% 的乙烯产品;塔釜液为乙烷馏分,送往裂解炉作裂解原料;塔顶脱出 C_1^0、氢气(在加氢脱炔时带入)。脱乙烷塔塔釜 $C_3 \sim C_9$ 重组分进入脱丙烷塔,塔顶分出 C_3 馏分,通过加氢脱丙炔和丙二烯后进入丙烯精馏塔,塔顶为丙烯($C_3^=$),塔釜为丙烷(C_3^0)。脱丙烷塔塔釜的 $C_4 \sim C_9$ 重组分进入脱丁烷塔,塔顶分离出混合 C_4 馏分,塔釜为 C_5^+(裂解汽油)馏分等。

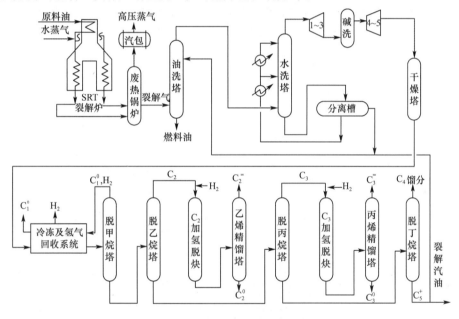

图 4-131　顺序乙烯装置流程图

参考文献

[1]沈浚,朱世勇,冯孝庭,等.合成氨[M].北京:化学工业出版社,2010.

[2]黄仲九,房鼎业.化学工艺学[M].北京:高等教育出版社,2001.

[3]梁仁杰.化工工艺学[M].重庆:重庆大学出版社,1998.

[4]徐绍平,殷德宏,仲剑初.化工工艺学[M].2 版.大连:大连理工大学出版社,2014.

[5]廖巧丽.化学工艺学[M].北京:化学工业出版社,1998.

[6]田春云.有机化工工艺学[M].北京:中国石化出版社,1998.

[7]吴指南.基本有机化工工艺学[M].北京:化学工业出版社,2008.

[8]王松汉.乙烯装置技术[M].北京:中国石化出版社,1994.

[9]张秀玲.化学工艺学[M].北京:化学工业出版社,2012.

[10]林华.石油化学工业技术与经济[M].北京:中国石化出版社,1990.

[11]陈滨.乙烯工学[M].北京:化学工业出版社,1997.

[12]徐日新.石油化学工业基础[M].北京:石油工业出版社,1983.

[13]李作政.乙烯生产与管理[M].北京:石油工业出版社,1983.

[14]沈本贤.石油炼制工艺学[M].北京:中国石化出版社,2009.

[15]陈绍洲.石油化学[M].上海:华东理工大学出版社,2001.

[16]程丽华.石油炼制工艺学[M].北京:中国石化出版社,2005.

[17]何鸣元.石油炼制和有机化学品合成的绿色化学[M].北京:中国石化出版社,2006.

[18]石油炼制与化工编辑部.重油加工新技术[M].北京:中国石化出版社,2007.

[19]林世雄.石油炼制工程[M].3版.北京:石油工业出版社,2000.

[20]李淑培.石油加工工艺学[M].北京:中国石化出版社,1997.

第5章

化工过程仿真培训

5.1　化工仪表简介

化工仪表是指对化工、炼油等生产过程中的各种变量(温度、压力、液位、流量、成分等)进行检测、显示和控制的仪表,通常称为工业自动化仪表或过程检测控制仪表,用于化工过程控制。化工仪表是检测和控制化工过程工艺参数的工具,能够检测出化工过程工艺参数的变化,并进行有效控制,从而实现生产过程的安全有效运行。

化工仪表按功能可以分为检测仪表、显示仪表、控制仪表和执行器,其关系如图 5-1 所示。检测仪表,或称化工测量仪表,用以检测化工过程中参数的变化,实现对生产过程的监视和向控制系统提供信息,如温度、压力、流量和液位等。显示仪表,用以将检测仪表所检测到的数据经转化后进行屏幕显示、指针指示和记录等。控制仪表,用以按一定精度将化工过程参数保持在规定范围之内,或使参数按一定规律变化,从而实现对生产过程的控制。执行器,用以接收控制仪表输出的控制信号,改变操作变量,使生产过程按预定要求正常进行。在实际工作中,经常把显示仪表与检测仪表或与控制仪表加工在一起,因此化工仪表又可分为检测仪表、控制仪表、执行器三类。

在自动控制中,检测仪表将被控对象的温度、压力、液位、流量等参数检测后输送给显示仪表将参数显示出来,同时控制仪表将代表被控对象的实测值与设定值进行比较,确定误差,并按照预定的规律向执行器发送执行信号,执行器通过调节改变被控对象的运行状况,检测仪表将被控对象变化了的参数检测后再输送给显示仪表和控制仪表,循环往复,从而实现控制目标。

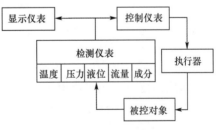

图 5-1　化工仪表分类示意图

5.1.1　检测仪表

检测仪表的主要功能是从被控对象获取信息,并将信息转换后进行记录、显示或输送给控制仪表。检测仪表所检测的参数种类繁多,除常见的温度、压力、流量和液位参数外,还有浓度、酸碱度、湿度、密度、浊度、热值以及各种混合气体组成等参数;检测仪表所检测的介质种类也各不相同,除用于常温、常压和一般性介质外,还有用于高温、高压、深冷、剧毒、易燃、易爆、易结焦、易结晶、高黏度及强腐蚀性的介质。

1.温度检测仪表

温度是工业生产中最普遍且重要的监控和操作参数。温度检测仪表也称为温度计,可分为接触式和非接触式两类。接触式温度检测仪表的检测部分直接与被测介质相接触,优点是简单、可靠、精度高,缺点是存在测量过程延迟现象;非接触温度检测仪表的检测部分不必与被测介质直接接触,优点是响应快、测量范围宽,缺点是受外界因素影响大、测量误差大。目前,化工控制过程普遍采用接触式温度检测仪表。

(1)双金属温度计

双金属温度计是一种测量中、低温度的现场检测仪表,主要的元件是两种或多种金属片叠压在一起组成的多层金属片,其工作原理是利用不同金属在温度改变时的膨胀程度的差异来检测温度。它的感温元件通常绕成螺旋状,一端固定,另一端连接指针轴,并通过指针轴带动指针偏转,如图 5-2 所示。双金属温度计的优点是结构简单、价格低、维护方便;缺点是测量精度低,不能将温度信号远程传输。

(2)热电偶温度计

热电偶温度计的工作原理如图 5-3 所示,把两种不同材质的导体 A 和 B 两端接合成回路,当接合点 T 和 T_0 的温度不同时,在回路中就会产生热电势。其中,构成回路的不同导体称为电极,测量介质温度的一端称为热端(T 点),自由端称为冷端(T_0 点);冷端与显示仪表或配套仪表连接,显示仪表会指示出热电偶所产生的热电势。

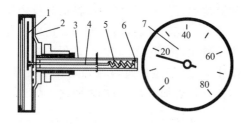

图 5-2　双金属温度计结构
1—指针;2—表壳;3—金属保护管;4—指针轴;
5—双金属敏感元件;6—固定端;7—刻度盘

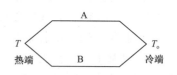

图 5-3　热电偶温度计工作原理图

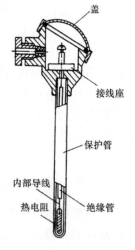

图 5-4　热电阻温度计
结构图

热电偶温度计是在工业生产中应用较为广泛的测温装置,具有结构简单、价格便宜、准确度高、测量范围宽等优点。由于热电偶温度计直接将温度转换为热电势进行检测,使温度信号的测量、放大、转换、控制、传输很方便,适用于远距离测量和自动控制。热电偶温度计的缺点主要是需要温度补偿。

(3)热电阻温度计

热电阻温度计是利用导体电阻与温度呈一定函数关系的特性制成的温度计,通过测出热电阻值的变化推算出温度,如图 5-4 所示。工业上常用的金属热电阻有铂电阻和铜电阻。

热电阻温度计在工业上得到广泛使用,其最大的优点是测量精度高,可作为标准仪器使用。此外,热电阻温度计性能稳定、灵敏度高,不需要温度补偿。工业上铂热电阻测量范围一般为 $-200\sim800$ ℃,铜热电阻测量范围一般为 40～140 ℃。

2.压力/压差检测仪表

压力是工业生产中普遍且重要的监控和操作参数,在许多场合需要直接检测、控制,压力检测在化工生产中占重要地位。

工程上,被测压力按照测量基准不同,可分为绝对压力、表压和真空度三种,三者之间的关系如图 5-5 所示。绝对压力以绝对零压为基准,表压和真空度以当地大气压为基准。被测压力高于当地大气压时称为表压,低于当地大气压时称为真空度。

压力检测仪表是用来测量气体或液体压力的工业自动化仪表,又称压力表或压力计。按敏感元件和转换原理的不同,工业上常见的压力表可以分为液柱式、弹性式和电气式三种类型。液柱式压力表是以一定高度的液柱所产生的压力与被测压力相平衡的原理测量压力的。大多是一根直的或 U 形的玻璃管,其中充以工作液体。液柱式压力表结构简单、灵敏度和精确度高,常用于校正其他类型

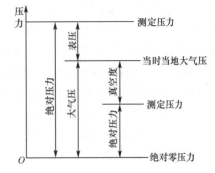

图 5-5　绝对压力、表压和真空度的关系

压力表;缺点是体积大,量程受液柱高度的限制,容易损坏,读数不方便,难于自动测量。因此工业上应用较少。弹性式压力表是利用各种不同形状的弹性元件在压力下产生弹性变形的原理制成的压力检测仪表。这类仪表的特点是结构简单,结实耐用,测量范围宽,是压力检测仪表中应用最多的一种。电气式压力表是利用金属或半导体的物理特性,直接将压力转换为电压、电流或频率信号输出,或是通过电阻应变片等,将弹性体的形变转换为电压、电流信号输出。这类仪表的特点是适合远距离传输,控制系统中的压力检测普遍采用这类仪表。

压差是指两个不同点处的压力之差。在化工生产中除了需要检测某一点的压力,还常需要检测两点的压力之差,如管道、设备的阻力等;同时有些不易直接测量的参数,如液位、流量等常通过压差的检测间接获取。用于检测两个不同点处压力之差的检测仪表称为压差计。压差计的种类较多,目前工业上应用最为广泛的是差压变送器。

(1)弹性式压力表

弹性式压力表是利用各种不同形状的弹性元件,在压力下产生弹性变形的原理制成的压力检测仪表。弹性元件为测压敏感元件,工业上常用的弹性元件有膜片式、波纹管式、弹簧管式,如图 5-6 所示。

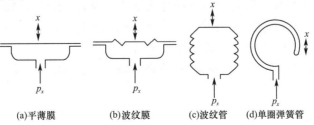

(a)平薄膜　　(b)波纹膜　　(c)波纹管　　(d)单圈弹簧管

图 5-6　弹性元件示意图

膜片式弹性元件如图 5-6(a)和(b)所示。将膜片周边焊在壳体上形成一个膜盒,膜片受压产生位移,可直接带动传动机构指示。通常膜片与其他转换元件结合使用,把压力信号转换成电信号。

波纹管式弹性元件如图 5-6(c)所示。波纹管式弹性元件是能够轴向伸缩的波纹管,当受到轴向作用力时,波纹管会产生轴向伸缩,带动指针移动,特点是灵敏度高。通常波纹管与其他转换元件结合使用,把压力信号转换成电信号。

弹簧管式弹性元件如图 5-6(d)所示。弹簧管是一根弯曲成弧形的空心管,一端固定在压力表底座上,并与被测介质相通;管子另一端为自由端,而且封闭。当被测介质压力传到弹簧管时,自由端会产生位移,从而带动指针移动。弹簧管可与其他转换元件结合使用,把压力信号转换成电信号。

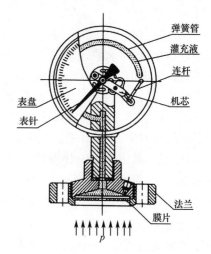

弹簧管式压力表由于结构简单、价格低廉、量程范围大、精度高,在工程上应用最为广泛。其结构如图 5-7 所示。在被测介质压力的作用下,弹簧管的末端产生相应的弹性变形——位移,借助于拉杆通过齿轮传动机构传动并放大。由固定于齿轮轴上的指针将被测压力在表盘上指示出来。

图 5-7 弹簧管式压力表结构图

(2)电气式压力表

电气式压力表是利用金属或半导体的物理特性,直接将压力转换为电信号进行检测的仪表。常见的有电阻式、电感式、应变片式和霍尔变送器式四种。电气式压力表检测范围广,可测范围 7×10^{-5} Pa~5×10^2 MPa,允许误差可达 0.2%,可以远距离传输信号,实现压力自动控制和报警。应变片式压力表如图 5-8 所示,由弹性元件、电阻应变片和测量电路组成。压力变化使弹性元件产生形变,电阻应变片产生压缩(拉伸),电阻应变片的电阻值随之减小(增大),测量电路将电阻值的变化转化为电信号,从而实现压力信号到电信号的转变。电阻应变片有金属和半导体两类。金属电阻应变片工作性能稳定,精度高,应用广泛。

(3)差压变送器

差压变送器工作原理是将一个空间用敏感元件(多用膜盒)分割成两个腔室,分别向两个腔室引入压力时,传感器在两方压力共同作用下产生位移(或位移的趋势),这个位移量和两个腔室压力差(差压)成正比,再将这种位移转换成可以反映差压大小的标准电信号输出。如图 5-9 所示,来自双侧导压管的差压直接作用于变送器、传感器双侧隔离膜片上,通过膜片内的密封液传导至测量元件上,测量元件将测得的差压信号转换为与之对应的电信号传递给转换器,经过放大等处理变为标准电信号输出。

差压变送器精度高、性能稳定、体积小、价格低廉、适合远距离传输,因此在工业生产上得到极其广泛的应用。

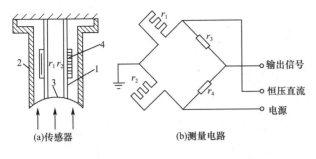

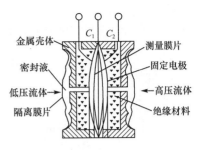

图 5-8　应变片式压力表结构示意图

图 5-9　电容式差压变送器

1—弹性元件；2—外壳；3—密封膜片；4—应变片

3. 液位检测仪表

液位是工业生产中重要的监控和操作参数,对保证生产的连续、安全运行具有重要意义。由于被测对象种类繁多,检测条件和环境千差万别,因此液位检测的方法很多。

(1)差压式液位计

差压式液位计在化工生产中使用广泛,其原理如图 5-10 所示,将容器底部液体引进差压式变送器正压室,容器上部气体引入负压室,根据静力学方程,得

$$\Delta p = p_B - p_A = H\rho g$$

式中,Δp 为压差计测量的压差,Pa;H 为液位高度,m;ρ 为液体密度,kg/m³。

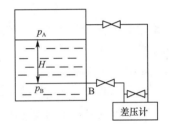

图 5-10　差压式液位计

差压式液位计具有量程范围宽、体积小、稳定性好、价格低、适用于远距离传输的优点,使其在远程控制方面应用非常广泛;缺点是测量误差较大,需要进行温度补偿。

(2)浮子式液位计

浮子式液位计是通过漂浮于液面上的浮子反映液位变化,其结构如图 5-11 所示。浮子和平衡锤通过滑轮相连,浮子的重量等于浮力与平衡锤重力之和。当液面上升,浮子上浮,平衡锤下移,液位指示刻度相应变化。

浮子式液位计具有结构简单、精度高、测量基本不受介质的密度、压力、温度影响的优点,尤其适用于储罐的液位显示;缺点是体积大,浮子密封要求高,不适宜信号远距离传输。

(3)浮筒式液位计

浮筒式液位计结构如图 5-12 所示。浮筒所受浮力等于浮筒重力与弹簧对浮筒向下推力之和。液面上升,浮筒被浸没体积增加,所受浮力增加,弹簧所受压力增加,弹簧将增大的压力传递给差压变送器,差压变送器再将压力信号转换为电信号。

浮筒式液位计的显示部分与接液部分隔绝,所以能应用在比较恶劣的环境中(高温、高压、腐蚀性液体),在介质的密度不变的情况下,介质产生沸腾、气泡、分层等不影响液位计对液位的指示,能实现远传和自动调节;缺点是体积大、价格高、维护不便。

(4)电容式液位计

电容式液位计是通过测量电容的变化来测量液面的高低的。如图5-13所示,液位计探极线的金属内芯插入被测介质中,作为电容的一极;被测介质是导电液体,液体和外圆筒为

电容的另一极；金属内芯外包高稳定性的绝缘体作为两级之间的介质。随着液位的变化,液体包围探极线的面积随之改变,构成电容器两极的相对面积改变,导致电容变化。

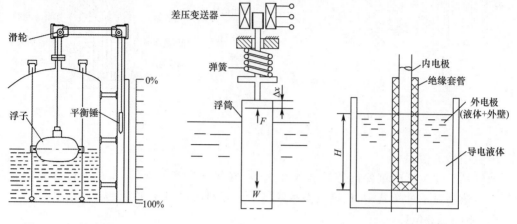

图 5-11　浮子式液位计　　　　图 5-12　浮筒式液位计　　　　图 5-13　导电液的电容式液位计

电容式液位计具有极高的抗干扰性和可靠性,能够测量强腐蚀性的液体,如酸、碱、盐、污水等。

4. 流量检测仪表

流量是控制生产过程优质、高效和安全运行,进行生产优化、经济核算所必需的重要参数。流量通常有体积流量和质量流量两种表示方法。工业上用于检测流量的仪表称为流量计。

流量可利用各种物理现象来间接检测,所以流量检测仪表种类繁多。按检测方法和结构大致可分为如下几类:

差压式流量计:根据安装于管道中流量检测件产生的差压、已知的流体和检测件与管道的几何尺寸来推算流量。

转子流量计:转子流量计为恒压差变截面式流量计,当流量变化时,转子的位置发生变化,测量转子的位置可测量流量。

容积式流量计:用单位时间内所排出流体固定容积的数目作为测量依据来计量流量。

涡轮流量计:采用多叶片的转子(涡轮)感受流体平均流速从而推导出流量或总量。

电磁流量计:根据法拉第电磁感应定律制成的一种测量导电性液体流量的仪表。

涡街流量计:在流体中安放一个非流线型漩涡发生体(阻流体),流体在其两侧交替分离释放出两串规则的、交替排列的漩涡,检测出漩涡的频率就可以测得流量。

超声流量计:通过检测流体流动对超声束(超声脉冲)的作用以测量流量。

(1)孔板流量计

在管内垂直于流体流动方向上,将一中央开圆孔的金属板安装于管路中,孔口中心位于管道中心线上,孔板前后有测压点与压差计相连,即构成了孔板流量计,如图 5-14 所示。

流体在管路截面 1-1 处流速为 u_1,流至孔口时,流通截面缩小使流速增大。由于惯性作用,流体通过孔口后流通截面将继续缩小,达到最小处后流通截面又逐渐扩大,直至恢复到原有管截面。根据机械能衡算的基本原理,流体在流动过程中势能、动能、静压能之和是恒定的。因此流速增加,动能增加,则静压能降低,反之亦然。因此,当流体以一定的流量流经孔板时,就产生一定的压力差,流量越大所产生的压力差也就越大,通过测量孔板前后的压力差即可反映出流体的流量。

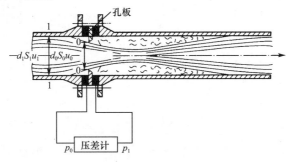

图 5-14　孔板流量计

孔板流量计的测量流量和压力差之间的关系可由流体流动的机械能衡算式和连续性方程导出。如不考虑阻力损失,在图 5-14 所示的 1-1 和 0-0 两截面之间列伯努利方程,即

$$\frac{p_1}{\rho g} + \frac{u_1^2}{2g} = \frac{p_0}{\rho g} + \frac{u_0^2}{2g} \tag{5-1}$$

式中,p 为压力;u 为流速;ρ 为密度;g 为重力加速度。

考虑到实际流体流经孔板的阻力不能忽略,故引入校正系数 C 来校正上述各因素的影响,则式(5-1)可写成

$$\sqrt{u_0^2 - u_1^2} = C\sqrt{\frac{2\Delta p}{\rho}} \tag{5-2}$$

根据不可压缩流体的连续性方程式,有

$$u_1 = \frac{S_0}{S_1} u_0 \tag{5-3}$$

将式(5-2)代入式(5-3),整理得

$$u_0 = C_0\sqrt{\frac{2\Delta p}{\rho}} \tag{5-4}$$

式中,$C_0 = \dfrac{C}{\sqrt{1 - \left(\dfrac{S_0}{S_1}\right)^2}}$ 称为流量系数(flow coefficient)或孔流系数,其值由实验确定。

管内流体的体积流量为

$$q_V = u_0 S_0 = C_0 S_0\sqrt{\frac{2\Delta p}{\rho}} \tag{5-5}$$

通过式(5-5)可知,如果通过压差计测得压力差,就可以间接计算出管道内流体的体积流量。

孔板流量计结构简单、性能稳定、经久耐用、价格低廉、易于维护,目前在工业生产中应用最为广泛。缺点是阻力大、测量范围窄、误差大。

(2)电磁流量计

电磁流量计是根据法拉第电磁感应定律进行导电性液体流量测量的流量计。其优点是

压差损失极小,可测流量范围大,测量精度高。工作原理如图 5-15 所示。

当导体在磁场中做切割磁力线运动时,会产生感应电势,感应电势由下式确定:

$$E = BDu \tag{5-6}$$

式中,E 为感应电势,V;B 为磁感应强度,T;D 为管道内径,m;u 为液体平均流速,m/s。

因为

$$q_V = \frac{\pi}{4} D^2 u \tag{5-7}$$

将式(5-7)带入式(5-6)得

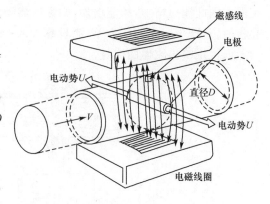

图 5-15　电磁流量计工作原理示意图

$$q_V = \frac{\pi}{4} \frac{DE}{B} \tag{5-8}$$

由式(5-8)可知,在管道内径 D 确定且保持磁感应强度 B 不变时,被测体积流量与感应电势呈线性关系。若在管道两侧各插入一根电极,就可引入感应电势 E,测量其大小,就可求得体积流量。

(3)超声波流量计

超声波流量计采用时差式测量原理。第一个探头发射信号穿过管壁、流体及另一侧管壁后,被第二个探头接收;同时,第二个探头发射的信号被第一个探头接收。由于受到流体流速的影响,二者存在时间差 Δt,根据推算可以得出流速 u 和时间差 Δt 间的换算关系,进而可以得到体积流量 q_V。

超声波流量计在仪表流通通道上未设置任何阻碍件,属于无阻碍流量计,流量测量中没有能量损失,特别在大管径流量测量方面有较突出的优点,如图 5-16 所示。它是发展迅速的一类流量计之一。但超声波流量计只能用于测量 200 ℃以下的流体,测量误差大,受管壁等外界因素影响大,因此限制了它的使用。

(4)涡街流量计

涡街流量计的工作原理如图 5-17 所示,在流动通道内安放一个非流线型漩涡发生体,流体在发生体两侧交替产生两串规则的漩涡。通过检测漩涡的频率测量流量。

图 5-16　超声波流量计

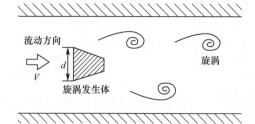

图 5-17　涡街流量计工作原理示意图

涡街流量计特点是压力损失小,量程范围大,精度高,在测量工况体积流量时几乎不受流体密度、压力、温度、黏度等参数的影响。无可动机械零件,因此可靠性高,维护量小。仪表参数能长期稳定。

（5）涡轮流量计

涡轮流量计安装在管道内,采用多叶片的涡轮将流体流速转换为涡轮的转速,再将转速转换成与流量成正比的电信号,其结构如图所示 5-18 所示。涡轮流量计由于具有测量精度高、结构简单、加工零部件少、重量轻、维修方便、流通能力大和可适应高参数（高温、高压和低温）等优点,得到广泛使用。

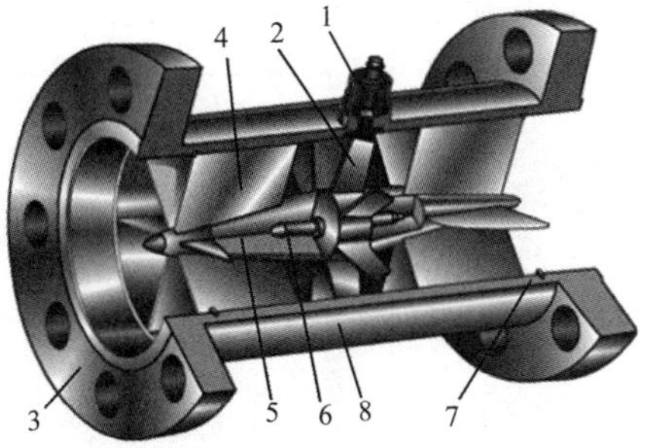

图 5-18 涡轮流量计结构图

1—电磁检出信号管;2—转子;3—法兰;4—导流叶片;
5—导流叶片固定轴;6—转子轴;7—锁紧件;8—流量计表体

5.过程分析仪表

过程分析仪表指生产过程用的在线分析仪表,对于生产过程原料杂质、产品质量监控和高精确操作起到非常重要的作用,由于工业技术进步,近年来过程分析仪表价格越来越低、分析精度越来越高、运行相对稳定,工程应用越来越广泛。过程分析仪表种类很多,目前红外线分析仪和工业用气相色谱仪在化工生产中应用比较广泛。

（1）红外线分析仪

除单原子和双原子气体外,由于分子运动和能量跃迁都具有吸收红外线波长的特征。红外线分析仪向被测气体发生一定波长的红外线,通过测量被吸收后的光强度,推算出气体的浓度。

红外线分析仪应用范围广,可测定 CO、CO_2、CH_4、C_2H_6、C_3H_6、C_3N_8、SO_2、NH_3、NO 等组分,测量精度高,性能稳定。

（2）工业用气相色谱仪

气相色谱仪用于多组分混合物的分析。色谱仪利用连续流动的载体将一定量的式样送入色谱柱,由于色谱柱中的填充剂对各个组分不同的吸附、脱附、溶解、解析能力,把试样中的不同组分按顺序分离开来,检测器将不同组分的浓度转换成相应的电信号输出。工业用气相色谱仪由分析器、程序控制器、信息处理器构成,其测量范围宽、测量精度高、性能稳定。

5.1.2 变送器

变送器的功能是把检测仪表所获得的温度、压力、液位、流量等输出信号转换为可被控制器识别的标准信号。工业上对输出信号做了统一规定,各种变送器输出信号统一为 4～20 mA 或 1～5 V(DC)。也有许多现代的检测仪表,其输出信号可以被通用的控制器接收,不需经过变送器的转换直接为控制器所识别。用于工业过程控制仪表的变送器主要有温度变送器、压力变送器、压差变送器、电流变送器、电压变送器等。

1.DDZ-Ⅲ型温度变送器

DDZ-Ⅲ型温度变送器可与多种类型的热电偶、热电阻配套使用,在工业中应用比较广泛,其工作原理如图 5-19 所示。检测信号电压 U(或电流 I)与桥路部分输出信号 U'_s、反馈信号 U'_f 加和后,经过集成运算放大器和功率放大器转换成标准信号 U_0(或 I_0),输出给显示仪表、控制仪表等;桥路部分、整流部分的功能是输出零点调整和零点迁移信号 U'_s,

反馈回路作用是根据输出信号的大小进行非线性校正(输出反馈信号 U_f')。

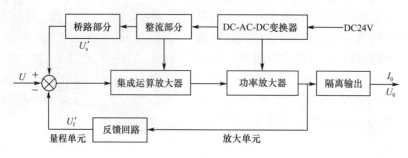

图 5-19　DDZ-Ⅲ型温度变送器工作原理框图

DDZ-Ⅲ型温度变送器的特点为:采用低漂移、高增益的集成运算放大器及安全火花防爆措施,并在热电偶和热电阻温度变送器中设置了线性化电路,提高了变送器精度。

2. 差动电容式压力变送器

电容式压力变送器利用电容敏感元件将被测压力转换为与之成一定关系的标准电信号。如图 5-20 所示,它一般采用圆形金属薄膜或镀金属薄膜作为电容器的电极,受压膜片电极位于两个固定电极之间,构成两个电容器。当薄膜受到压力而变形时,一个电容器的容量增大而另一个电容器的容量则相应减小,通过测量电路即可输出与电压成一定关系的电信号。该类变送器测量电路简单、体积小、测量精度高、动态响应快、抗震性强、测量范围宽,在工业上得到广泛应用。

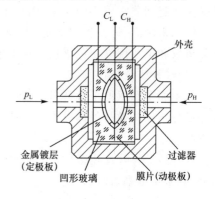

图 5-20　差动电容式压力变送器结构图

5.1.3　控制仪表

在化工生产中,不但需要检测仪表将被测参数的数值进行显示、记录,还需要控制仪表根据检测值对生产进行自动控制,以实现生产的自动化。在自动控制系统中,控制仪表是将代表被控对象实际值的检测信号与给定值相比较,确定误差,并按照预定的规律发出控制指令的工业自动化仪表。

1. 控制仪表的分类

控制仪表通常可分为气动控制仪表和电动控制仪表。目前工业上气动控制仪表已经很少使用。电动控制仪表可分为模拟式控制仪表、数字式控制仪表和集散控制系统三类。其中模拟式控制仪表在工业上已经较少使用;数字式控制仪表常在特殊场合使用;而集散控制系统的应用较为广泛。

2. 控制仪表的功能

控制仪表的主要功能是根据测量值(常表示为 PV)与给定值(常表示为 SV)相比较,确定误差并按照预定的规律发出控制指令,此外还具有如下功能:

(1)显示测量信号与给定信号的差值(常称为偏差)。

（2）显示输出信号。

（3）设定和调整给定值。

（4）内、外给定的选择。对于单回路控制的给定值称为内给定；对于串级控制等复杂控制系统的副控制器所给定的信号常来自控制器外部，称为外给定。控制器通过内、外给定开关决定接受内、外给定信号。

（5）正、反作用选择。当控制器输入信号增大，输出信号也增大时，称为正作用控制；当控制器输入信号增大，输出信号减小时，称反作用控制。控制器的正、反作用通过正、反作用开关决定。

（6）手动/自动双向切换。一般开车阶段控制器为手动操作，生产稳定后切换为自动操作，停车或者遇到紧急情况时，常需将自动操作切换为手动操作，手动、自动操作通过手动/自动开关决定。

3. 控制仪表的控制方式

（1）位式控制

对于设定值来说，根据测量值的高低进行的开关（ON/OFF）控制称为位式控制。例如，对于某电加热炉，当实际温度比设定值高时，就关掉（OFF）电炉丝的电源，而当实际温度比设定值低时，就接通（ON）电炉丝的电源，这样的控制方式称为位式温度控制。位式控制操作简单，但是容易产生振荡。

（2）比例（P）控制

若控制器输出值为 u，习惯上采用测量值减去给定值作为偏差 e，$e>0$ 称为正偏差，$e<0$ 称为负偏差。当 $e>0$ 时，相应的 $u>0$，称为正作用控制，反之称为反作用控制。

比例控制是一种简单的控制方式。其控制器的输出与偏差成比例关系。

比例控制算法方程式为

$$\Delta u = K_c e$$

式中，$\Delta u = u - u_0$，u_0 为 e 为零时的初值，当 $e = 0$ 时，$\Delta u = 0$，控制器输出为 u_0；K_C 为比例系数，K_C 越大，比例控制越强，相应的系统稳定性越差。

（3）比例-积分（PI）控制

比例-积分控制算法方程式为

$$\Delta u = K_C \left(e + \int_0^t \frac{1}{T_i} e dt \right)$$

式中，T_i 为积分时间。

比例-积分作用比单纯的比例作用增加了与偏差的积分成正比的积分作用，T_i 越短，积分作用越强。一般 T_i 的范围在数秒到数十分钟。

在积分控制中，控制器的输出与输入误差信号的积分成正比。对一个自动控制系统，如果在进入稳态后存在稳态误差，则称这个控制系统是有稳态误差的系统，或简称有差系统，该稳态误差又称为余差。为了消除稳态误差，在控制器中必须引入"积分项"。积分项对输出的影响取决于对时间的积分，随着时间的增加，积分项会增大。这样，即便误差很小，积分项也会随着时间的增加而加大，它推动控制器的输出增大使稳态误差进一步减小，直到等于零。因此，比例-积分（PI）控制，可以使系统在进入稳态后无稳态误差。

（4）比例-微分（PD）控制

比例-微分控制算法方程式为

$$\Delta u = K_C \left(e + T_d \frac{de}{dt} \right)$$

式中，T_d 为微分时间，又称为预调时间。

比例-微分作用比单纯的比例作用增加了与偏差的导数成正比的微分作用，T_d 越短，微分作用越强。增加微分控制有利于惯性较大系统的稳定。

自动控制系统在克服误差的控制过程中，可能会出现振荡甚至失稳，其原因是被控对象存在较大惯性，从而使测量参数相对于被控参数存在滞后现象。解决的办法是"控制超前"，而"微分项"能预测误差变化的趋势，从而避免了被控对象的严重超调。

对于温度和组成控制系统，存在较大惯性，引入微分作用往往是必要的；对于流量和液位，由于惯性不大，一般不引入微分作用；对于压力控制，微分作用会使控制系统不稳定。

（5）比例-积分-微分（PID）控制

对于一些系统，存在稳态误差，被控对象又有具有较大惯性，需要进行 PID 控制。一个控制过程的优劣在于当系统受到扰动后，能否在控制器作用下准确、平稳、快速的稳定下来，PID 参数的设定对此影响很大。

PID 控制算法方程式为

$$\Delta u = K_C \left(e + \int_0^t \frac{1}{T_i} dt + T_d \frac{de}{dt} \right)$$

在 PID 参数进行整定时，最理想的方法是用理论的方法确定 PID 参数，但是在实际的应用中，则更多的是通过凑试法来确定 PID 参数。

一般地，增大比例系数 K_C 将会加快系统的响应，在有稳态误差的情况下有利于减小稳态误差，但是过大的比例系数会使系统存在较大的超调，并产生振荡，降低系统的稳定性。

增大积分时间 T_i 有利于减小超调，减小振荡，使系统的稳定性增加，但是系统稳态误差消除时间变长。

增大微分时间 T_d 有利于加快系统的响应速度，使系统超调量减小，稳定性增加，但系统对扰动的抑制能力减弱。

在凑试时，可参考以上参数对系统控制过程的影响趋势，对参数调整实行先比例，后积分，再微分的整定步骤。

4. 可编程式数字控制器（PLC）

1987 年国际电工委员会（International Electrical Committee）颁布的《可编程式数字控制器标准草案》中对 PLC 做了如下定义："PLC 是一种专门为在工业环境下应用而设计的数字运算操作电子装置。它采用可以编制程序的存储器，用来在其内部存储执行逻辑运算、顺序运算、计时、计数和算术运算等操作的指令，并能通过数字式或模拟式的输入和输出，控制各种类型的机械或生产过程。PLC 及其有关的外围设备都应该按照易于与工业控制系统形成一个整体，易于扩展其功能的原则而设计。"

由于 PLC 种类很多，现以 SLPC 可编程控制器为例，介绍可编程控制器的基本组成和功能。

SLPC 可编程控制器的基本功能为：

(1)信号及参数显示、设定功能。面板、侧面板可显示测量值、给定值、PID 控制正/反作用设定、偏差和比例度、积分时间、微分时间、各种报警设定值、运算用的各种可变参数等。上述各种参数中，大部分还可用键盘进行设定、变更。

(2)运算控制功能。对若干个输入信号进行 46 种运算。

(3)自整定功能。利用微处理机将熟练的操作人员、系统工程师的参数整定经验，整理成多种调整规程，编程储存在 ROM 的"知识库"中。在 SLPC 控制运行过程中，由 SLPC 内的微处理机根据各项调节指标所反映出来的控制对象的特性及其动态变化，自动选择调用知识库中的调整规程，计算出 PID 控制的最佳参数(比例度、积分时间、微分时间等)，向操作人员显示或进行自动变更，从而达到最佳控制效果。这种自整定功能通常被称为"专家系统"。

(4)通信功能。SLPC 既可在没有上位机系统(集散控制系统)的情况下独立工作，也可与集散控制系统连接，进行数据通信，在集散控制系统的操作站集中监视、管理下工作，成为集散控制系统的一个基层组成部分。

(5)自诊断功能。能实施周期性自诊断。当内部电路的重要器件发生故障，或运算出现异常，或过程参数发生异常情况时，即可通过面板指示灯 FALL 或 ALM，将异常信息告知操作人员，同时自动采取某些应急措施。

用户可以通过编程语言，编制各种控制和运算程序，使 SLPC 完成规定的功能。

SLPC 硬件构成类似一台个人电脑，主要有：①主机电路，主要由 CPU、ROM、RAM、D/A 转换器和定时器组成；②模拟量输入/输出电路；③状态输入/输出电路；④故障处理电路和报警输出电路；⑤显示器键盘和通信接口电路。

现代化工生产中，PLC 主要用于生产过程中按时间顺序控制或逻辑控制的场合，以取代复杂的继电接触控制系统，大型设备或者超复杂控制系统有时采用 PLC 进行控制。由于 PLC 中预制"专家系统"等相关信息，使大型设备或者超复杂控制系统的操作难度大大降低；也有些专利技术预制在 PLC 中，有利于知识产权的保护。

5.1.4 执行器

执行器在过程控制中的作用是接收来自控制仪表的信号，改变其阀门开度，同时执行器将阀门开度反馈给控制仪表作为下一步调整的依据，从而达到参数控制的目标。

执行器按照其使用能源的形式可以分为液动执行器、气动执行器和电动执行器。液动执行器在工业上使用很少；气动执行器具有结构简单、动作可靠稳定、输出力大、安装维修方便、价格便宜和防火、防爆等特点，应用最为广泛，占工业应用的 90% 以上；电动执行器由于结构复杂、推动力小、价格高，适用于防爆要求不高的场合。

1.气动执行器(气动调节阀)

气动执行器由气动执行机构与调节机构两部分组成，其结构如图 5-21 所示。气动执行机构接受来自控制仪表或者阀门定位器输出的压力信号，并将其转换成相应的推杆直线位移，以推动调节机构动作。

气动执行机构主要分为薄膜式和活塞式。气动薄膜式执行器由于结构简单、动作可靠、价格低廉,得到广泛应用;气动活塞式执行器允许操作压力达到 500 kPa,因此推动力大,适用于高压差、高静压场合,但价格高。

气动薄膜式执行器主要由膜片、推杆和弹簧组成。它有正反两种作用形式:当信号压力增加,推杆伸出膜室的叫正作用;当信号压力增加,推杆退出膜室的叫反作用,与阀配合构成气开式。其工作原理为:当压力信号输入膜室后,在膜片上产生推力,压缩弹簧,使推杆移动,带动阀杆,改变阀芯与阀座之间的流通面积,直到弹簧的反作用与压力信号作用在膜片上的推力相平衡,从而达到自动调节工艺参数的目的。图 5-21 为气动薄膜式反作用执行器。

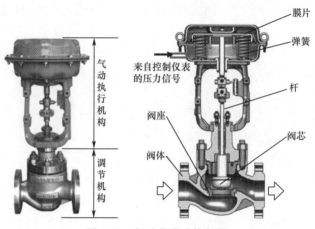

图 5-21　气动薄膜式执行器

调节机构主要由阀体、阀座、阀芯、阀杆和转轴组成,可以采用普通单、双座阀及角阀、蝶阀、三通阀、球阀等多种形式。在执行机构输出力和输出位移的作用下,阀芯运动,使流体流通截面积改变,从而改变局部阻力系数,使流量发生相应变化。阀芯行程在 $40\%\sim60\%$ 属正常,大于 80% 或小于 20% 时会超出最佳控制范围。

2. 电动执行器

电动执行器分为电动式和电磁式。电动式电动执行器应用较广泛。它将输入电信号转换为相应输出力和输出位移,或输出力矩和角位移,以推动调节机构动作,如图 5-22 所示。电动执行器的调节机构与气动执行器的调节机构相同。

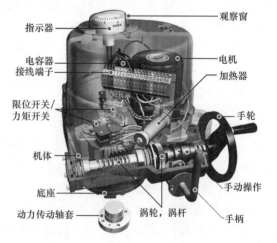

图 5-22　电动式电动执行器结构图

5.2　控制系统

5.2.1　简单控制系统

简单控制系统是化工生产中最常见,应用最广泛的控制系统。简单控制系统结构简单、投资少、易于调整和投运,能够满足一般生产过程的控制要求,尤其适用于被控对象滞后、时间常数小、扰动比较平缓、被控变量要求不高的场合。

1.简单控制系统的组成

简单控制系统又称为单回路反馈控制系统,是由被控制对象、测量变送单元、调节器和执行器构成的单回路闭环系统。

图 5-23 所示为液位控制系统,图 5-24 所示为液位控制系统框图。图中,液位 h 是对象的输出变量,Q_i 为容器进料流量,Q_0 为容器输出流量。Q_i、Q_0 的变化对液位会产生影响,如 Q_i 增加时,会使液位 h 增加,检测仪表液位测量计将检测的液位信号传递给变送器,

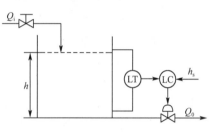

图 5-23　液位控制系统

变送器将液位信号转换成电信号(h_m)后传递给液位控制器 LC,液位控制器将测量值 h_m 与设定值 h_s 进行比较,根据 h_m 与 h_s 的差值向出水控制阀发出命令,出水控制阀根据命令增加阀门开度,从而增加输出流量 Q_0,使液位 h 降低。

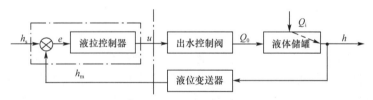

图 5-24　液位控制系统框图

2.被控参数和操作参数的选择

(1)被控参数的选择

被控参数的选择关系到生产平稳、安全以及控制系统的成败。选择被控参数必须深入了解工艺机理,认真分析生产过程,找出具有决定意义的、可测量的工艺参数作为受控变量。

被控参数选择一般遵循以下原则:

①选择工艺中比较重要的参数,能够反映工艺指标和操作状态;

②能够直接获取的,而且其测量和变送信号滞后较小的参数(应优先选取);

③能够间接获取的,而且其测量和变送信号滞后较小的参数;

④有足够大的测量灵敏度;

⑤被控变量应是独立、可控的;

⑥必须考虑工艺合理性、可供选用的仪表产品现状和控制系统的经济性。

（2）操作参数的选择

选择被控参数之后再选择操作参数。当工艺上有多个操作参数可供选择时,可根据干扰和调节通道特性对调节质量的影响来确定。最常用的操作参数是流量,也可用转速、电压、行程等作为操作参数。

操作参数选择一般遵循以下原则:

①对被控参数影响较显著的、可控的参数,优先考虑;

②操作参数应是可控的,在工艺上是可调的;

③考虑工艺合理性,除物料平衡外,尽量不选择主物料流量;

④操作参数应该比其他干扰因素对被控参数的影响更为灵敏;

⑤操作参数对其他控制系统的影响尽可能小;

⑥应考虑工艺上的合理性,尽可能降低物耗和能耗。

3. 控制规律的选择

（1）比例（P）控制

比例控制的控制器输出与偏差成正比,阀门位置与偏差呈对应关系。当出现扰动时,比例控制过渡时间短、克服干扰能力强,但单纯的比例控制会存在余差。

比例控制适宜滞后小、扰动不大、工艺上无余差要求的系统,如中间储罐液位、精馏塔塔釜液位以及不太重要的控制系统。

（2）比例-积分（PI）控制

积分控制是使控制器的输出与偏差的积分成比例。在比例控制基础上加入积分控制,可使系统在进入稳态后无余差。但加入积分控制会使系统稳定性降低,对此可以通过减小 K_c 来缓解。一般 T_i 的范围在数秒到数十分钟。

比例-积分控制是使用最多、应用最广泛的控制方法,如流量、压力和液位控制系统。

（3）比例-积分-微分（PID）控制

微分控制是使控制器的输出与偏差变化速率成比例,有利于克服滞后现象,提高系统的稳定性。比例-积分-微分控制应用于无稳定误差、惯性大的系统,较多应用于温度控制系统。

在实际的应用中,常常通过凑试法对比例-积分-微分控制的参数进行整定,详见5.1.3 节。

5.2.2 复杂控制系统

随着生产的发展以及工艺的革新,必然导致对操作条件的要求更加严格,变量间的关系更加复杂。为适应生产发展的需要,产生了复杂控制系统。在特定条件下,采用复杂控制系统对提高控制品质,扩大自动化应用范围起着关键性作用。粗略估计,通常复杂控制系统约占全部控制系统的 10%。

1. 串级控制

串级控制系统是一种应用相当广泛的复杂控制系统。两只控制器串联起来工作,其中一个控制器的输出作为另一个控制器的给定,后一个控制器的输出送往调节阀系统。

图 5-25 所示为加热炉出口温度与炉膛温度串级控制系统。冷物料经过加热炉加热,T_1

为物料被加热后离开加热炉的温度(主被控参数),经过温度计 T_1T 测量后将温度信号传递给主控制器 T_1C;另一台温度计 T_2T 将加热炉炉膛温度 T_2(副被控参数)传递给副控制器 T_2C。主控制器 T_1C 将热物料的测量温度与给定温度的偏差输出给副控制器 T_2C,并作为其给定值。副控制器 T_2C 将测量温度 T_2 与给定温度的偏差,输出给燃料流量调节阀,燃料流量为操作参数。

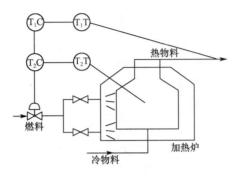

(a)加热炉串级控制系统示意图

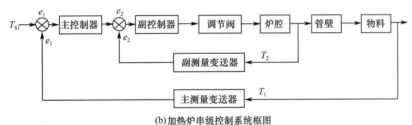

(b)加热炉串级控制系统框图

图 5-25　串级控制系统示意图

整个系统包括两个控制回路,主回路和副回路。副回路由副测量变送器、副控制器、调节阀和副过程构成;主回路由主测量变送器、主控制器、副控制器、调节阀、副过程和主过程构成。

从总体上讲,串级控制是为了保证主被控参数的控制精度,主回路是定值控制系统(主被控参数是定值),副回路是随动系统。在串级控制系统中,由于引入了一个副回路,不仅能及早克服进入副回路的扰动,而且能改善过程特性。副控制器具有"粗调"的作用,主控制器具有"细调"的作用,从而使其控制品质得到进一步提高。

串级控制系统主要应用于容量滞后较大、纯滞后时间较长、扰动变化激烈而且幅度大、参数互相关联、非线性严重的过程。

2.均匀控制

(1)均匀控制的概念

在连续生产过程中,生产设备是紧密联系在一起的,往往前一设备的出料直接作为后一设备的进料,这会使前、后设备互相影响,不易稳定。若某流程前一精馏塔的出料是后面塔的进料,生产中既要求前塔塔釜液位稳定,又要求后塔进料平稳。如果采用简单控制,前塔塔釜采用液位控制,后塔流量采用流量定值控制,而控制参数都是塔底出料量,显然,这两个控制系统是有矛盾的。对此可采用均匀控制。

均匀控制是用来解决前、后被控参数供求矛盾,保证它们的变化不会引起系统反应过于剧烈的一种控制方案。该方案使前、后供求矛盾的两个参数都在各自允许的范围内缓慢变化。

(2)串级均匀控制

图 5-26 所示为两塔操作的串级均匀控制。从结构上看与串级控制相同，但从使用目的上实现了液位和流量的均匀。增加副回路的目的，在于减小控制阀前、后压力变化及自平衡作用对流量的影响，从而使均匀效果较好(参考串级控制)。主控制器一般为比例控制，且比例系数较大，副控制器为比例或者比例-积分控制，且比例系数和积分时间都较大。

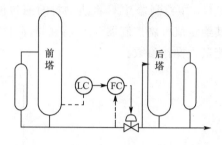

图 5-26　两塔操作的串级均匀示意图

(3)双冲量均匀控制

双冲量均匀控制是以液位和流量两个测量信号之差(或和)作为被控变量的控制系统，如图 5-27 所示。加法器的输出信号为

$$P_O = P_L - P_Q + P_S$$

式中，P_L 为液位信号；P_Q 为流量信号；P_S 为给定值单元给定信号。

控制原理如图 5-28 所示。控制器一般为比例-积分控制，且比例系数和积分时间都较大。由于加法器的作用，该方案具有串级均匀控制的优点。

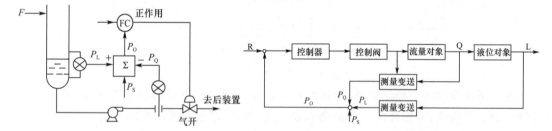

图 5-27　双冲量均匀控制流程图　　　　图 5-28　双冲量均匀控制框图

3.比值控制

工业过程中经常需要按一定的比例控制两种或两种以上的物料量。例如，燃烧系统中的燃料与氧气量、参加化学反应的两种或多种化学物料量等。一旦比例失调，将产生浪费，影响正常生产，甚至造成严重后果。凡是用来实现两个或两个以上的物料按一定比例关系控制，以达到某种控制目的的控制系统，都称为比值控制系统。

比值控制系统中，需要保持比值关系的两种物料，必有一种处于主导，称此物料为主动量，通常用 q_1 表示，如燃烧比值系统中的燃料量；另一种物料称为从动量，通常用 q_2 表示，如燃烧比值系统中的空气量。主动量与从动量的比值称为比值系数 K：

$$K = \frac{q_{2H} q_{1max}}{q_{1H} q_{2max}}$$

式中，q_{1H} 为主动量额定值；q_{2H} 为从动量额定值；q_{1max} 为主动量仪表量程上限；q_{2max} 为从动量仪表量程上限。

(1)单闭环比值控制

如果主动量不可控，或者主动量波动较小，可以采用单闭环比值控制。如图 5-29(a)所示，

流量 q_1 是主动量,流量 q_2 是从动量,K 为比值系数。单闭环比值控制原理如图5-29(b)所示。

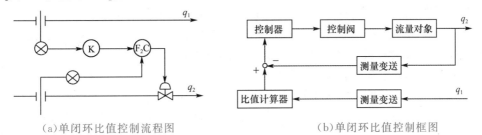

(a)单闭环比值控制流程图　　　　　　　(b)单闭环比值控制框图

图 5-29　单闭环比值控制

（2）双闭环比值控制

如果主动量波动较大,为了保证负荷不变,可以采用双闭环比值控制,如图 5-30(a)所示。其控制原理如图 5-30(b)所示。

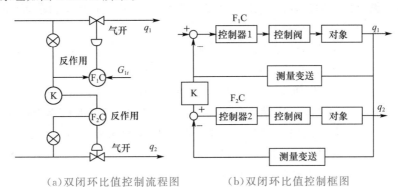

(a)双闭环比值控制流程图　　　　　(b)双闭环比值控制框图

图 5-30　双闭环比值控制

（3）串级比值控制

如图 5-31 所示,煤气和蒸汽按一定比例进入转化炉,煤气为主动量 q_1,蒸汽为从动量 q_2,转化炉催化剂层温度采用串级比值控制。温度为主被控参数,煤气和蒸汽流量的比值为副被控参数,蒸汽流量也是操作参数。温度控制器 TC 的输出作为流量控制器 FC 的给定,蒸汽流量根据催化剂层温度的变化而调整,同时也受煤气和蒸汽流量的比值的影响而调整。当催化剂层温度变化时,可以通过调整蒸汽流量(亦是调整煤气和蒸汽流量比值)使其恢复到规定值。

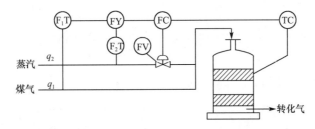

图 5-31　串级比值控制流程图

4. 前馈控制

前馈控制是测量进入过程的干扰量(包括外界干扰和设定值变化),并根据干扰的测量值通过合适的控制作用来改变操作参数,使被控参数维持在设定值上。它是根据扰动或者设定值的变化按补偿原理工作的控制系统,其特点是当扰动产生以后,被控参数还未变化以前,根据扰动作用的大小进行控制,以补偿扰动作用对被控变量的影响。

如图 5-32 所示,某原油经燃料炉预热达到规定温度,原油出口温度为被控参数。前馈控制通过测量原油流量的增加量,迅速增加燃料量,如果燃料增加的量和时机都很好,有可能在炉膛中克服干扰,使原油出口温度稳定,从而避免了原油出口温度下降,这正是前馈控制的生命力所在。

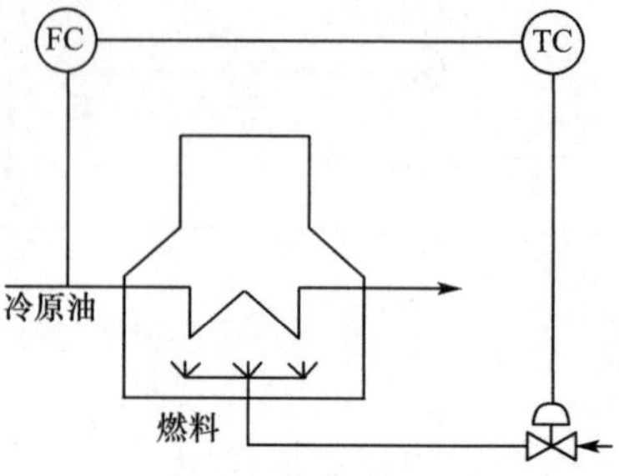

图 5-32　前馈控制系统流程图

5. 分程控制

分程控制是将控制器输出信号全程分割成若干个信号段,每个信号段控制一个控制阀。每个控制阀仅在控制器输出信号整个范围的某段内工作。分程控制经常应用于集散控制系统(DCS)中,在化工行业获得了较为广泛的应用。

一个控制器的输出信号同时送给两个控制阀的分程控制系统,如图 5-33 所示。两控制阀均为气开阀,并联使用。如图 5-34(a)所示,阀门 A:控制信号 P 为 0.02 MPa 时,全关;随着 P 增加,开度增加,当 P 增至 0.06 MPa 时,阀门全开。阀门 B:在控制信号 P 从 0.02 MPa 增加到 0.06 MPa 之间一直保持全关状态,从 0.06 MPa 起,阀门逐步打开;至 0.1 MPa 处,阀门全开。可见,两个阀门在控制信号的不同区间从全关到全开,走完整个行程。由于阀门有气开和气关两种特性,两个阀门就有四种组合特性。图 5-34 中(a)、(b)为两个阀门同方向运动,(c)、(d)为两个阀门作用方向相反。

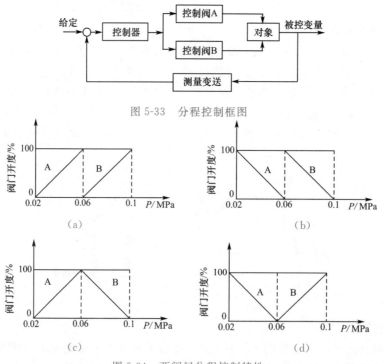

图 5-33　分程控制框图

图 5-34　两阀门分程控制特性

5.3　集散控制系统（DCS）

集散控制系统（distributed control system,DCS）是以微处理器为基础,对生产过程进行集中监视、操作、管理和分散控制的集中分散控制系统,简称 DCS。该系统将若干台微机分散应用于过程控制,全部信息通过通信网络由上位管理计算机监控,实现最优化控制;整个装置继承了常规仪表分散控制和计算机集中控制的优点,克服了常规仪表功能单一、人机联系差及单台微型计算机控制系统危险性高度集中的缺点。由于 DCS 既实现了危险分散、控制分散,又实现了操作和管理集中,适应现代工业的生产和管理要求,在现代化生产过程控制中得到广泛应用。

DCS 从诞生到现在,大致经历了以下几个发展阶段。

（1）第一代 DCS。第一代 DCS 具有分散控制、集中管理的过程控制、操作管理和数据通信三大主要功能,以 Honeywell 公司 1975 年推出的 TDC2000 等为代表。

（2）第二代 DCS。第二代 DCS 产品与第一代 DCS 功能相比,增强了控制算法,实现混合控制（将常规控制、逻辑控制、批量控制进行结合）,支持局域网协议。以 TDC3000 等为代表。

（3）第三代 DCS。第三代 DCS 以 Foxboro 公司 1987 年推出的 I/A Series 系统为代表。主要是在局域网技术上实现 10 Mbps 的宽带网和 5 Mbps 的载带网,并符合 OSI（开放互联参考模型）标准。另外,还增加了自适应和自整定等控制算法。

（4）第四代 DCS。第四代 DCS 产品的主要标志是集成化、开放化、信息化。其体系结构更为完整,包括四个层次:现场仪表层、控制装置单元层、工厂（车间）层和企业管理层。第四代 DCS 的功能包括过程控制、PLC、RTU（远程采集发送器）、FCS、多回路调节器、智能采集和控制单元等功能集成,以及组态软件、I/O 组件、PLC 单元等产品集成。以 Honeywell 公司最新推出的 Experion PKS（过程知识系统）、Emerson 公司的 PlantWeb（Emerson Process Management）、Foxboro 公司的 A2、横河公司的 R3（PRM-工厂资源管理系统）和 ABB 公司的 Industrial IT 系统等为代表。

一般 DCS 厂商主要提供除企业管理层之外的三层功能,即现场仪表层、控制装置单元层、工厂（车间）层。企业管理层则通过提供开放的数据库接口,连接第三方的管理软件平台（MES、ERP、CRM、SCM 等）。

5.3.1　DCS 的硬件构成

通常 DCS 的硬件系统包括 I/O 卡（输入/输出板）、控制器、操作站（人机界面）及通信网络。

I/O 卡通过端子板直接与生产过程相连,读取传感器传来的信号。I/O 卡的通道数量根据需求不尽相同,通道数量少,风险小,但卡的数量增加,成本增加。一般 I/O 卡的通道数量不超过 32 块。每一块 I/O 卡都接在 I/O 总线上。为了信号的安全和完整,信号在进入I/O卡以前要进行整修,如上下限的检查、温度补偿、滤波,这些工作可以在 I/O 卡的端子板完成,也可以分开完成,完成信号整修的板称为信号调理板。I/O 总线和控制器相连。

控制器是 DCS 的核心部件,必须具备的功能块有:

(1)与硬件连接的功能块。由于 DCS 内部处理采用数字信号,而测量仪表、执行器等常是模拟信号,因此根据 I/O 卡的端子板信号的类型,控制器与硬件连接的功能块包括模拟量输入功能块、模拟量输出功能块、开关量输入功能块、开关量输出功能块。每一个功能块必须与特定的端子板连接在一起。如果要接收现场总线的信号,还需要接收现场总线信号的功能块。

(2)与网络相连的功能块。它们分别是模拟量网络输入、模拟量网络输出、开关量网络输入、开关量网络输出。

(3)PID 功能块、工作站功能块。

(4)运算功能块。运算功能块包括算术运算(加、减、乘、除)、函数运算(一次滤波、超前-滞后、二维曲线等)、三角几何运算(正弦、余弦、正切、余切等)和三维矩阵运算。一些高级运算,如模糊逻辑、模型控制等,是可多可少的,但它们是判断 DCS 功能强弱的标准。

控制器在硬件上由 CPU、RAM、E2PROM、ROM 和两个接口构成。

(1)ROM 用来存储完成各种运算功能的控制算法(有的 DCS 称为功能块库),功能块越多,用户编写应用程序(组态)越方便。组态按照工艺要求,把功能块连接起来形成控制方案。所谓组态是指用户通过类似"搭积木"的简单方式来完成自己所需要的软件功能,而不需要编写计算机程序,它是"二次开发",组态软件就称为"二次开发平台"。

(2)控制方案存在 E2PROM 中。组态要随工艺改变而改变,因为 E2PROM 可以擦写,所以把组态存在 E2PROM 中。不同用户有不同组态。进行组态时,用户从功能块库中选择需要的功能块,填上参数,把功能块连接起来。形成控制方案存到 E2PROM 中。这时控制器在组态方式投入运行后就成为运行方式。

(3)接口。一个接口向下接收 I/O 总线的信号,另一个接口把信号送到网络上与人机界面相连。

为了安全,闭环控制器一定是冗余运行的,一用一备,并且是热备。

通信网络把过程站和人机界面连成一个系统。通信网络有几种不同的结构形式,如总线型、环型和星型。总线型在逻辑上也是环型的。星型只适用于小系统。不论是环型还是总线型,一般都采用广播式。通信网络的速率为 10~100 Mbps。

闭环控制器、模拟量数据采集器和逻辑运算器可以和人机界面直接连在通信网络上,在网络上的每一个不同的控制器作为网络上的一个独立结点。每一个结点完成不同的功能,它们都有对应的网络接口。

人机界面有四种不同形式的结点,分别是操作站、工程师工作站、历史趋势站和动态数据服务器。

(1)操作站安装有操作系统、监控软件和控制器的驱动软件,显示系统标签、动态流程图和报警信息。一个 DCS 可以有好几台操作站,每一台操作站可以显示一样的内容,也可以显示不一样的内容。

(2)工程师工作站对控制器进行组态,也可以对操作站进行组态。工程师工作站的另外一个功能是读取控制器的组态,用于控制器升级,查找故障。

(3)历史趋势站用于存储历史数据。

（4）动态数据服务器是 DCS 和 MIS（信息管理系统）的接口，也是 DCS 和 Web（万维网）的隔离设备。

5.3.2　DCS 的功能层次结构

典型的 DCS 采用了如图 5-35 所示的三层功能层次结构：第一层为分散过程控制级；第二层为集中操作监控级；第三层为综合信息管理级。每一层作为上一层的基础，接收上一层的控制指令，同时又将控制结果和各控制参数送往上一层，各级之间由通信网络连接。

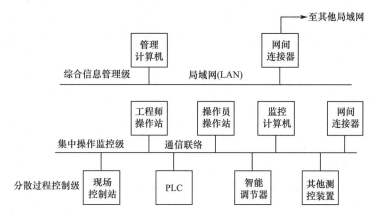

图 5-35　DCS 功能层次结构图

1. 分散过程控制级

此级是整个系统结构中的最低层，直接与生产过程现场的传感器、执行器相连，完成生产过程的数据采集、闭环控制、顺序控制等功能。构成这一级的主要装置有现场控制站、智能调节器、可编程式数字控制器（PLC）及其他测控装置。

现场控制站主要具有以下功能：

（1）过程数据采集。直接采集现场的各种物理量测量值和状态开关值，对它们进行必要的滤波、转换等处理。

（2）装置状态和设备运行状态监测与诊断。对采集的各种信号进行处理，检查其是否合格有效，判断控制计算机的各模块是否运行正常，根据结果产生报警信号等。

（3）闭环和开环控制接收上一级下达的控制指令，实现对生产装置的控制。

智能调节器是一种数字化的过程控制仪表，其外形类似于一般的盘装仪表，而其内部是由微处理器 CPU、存储器 RAM、模拟量和数字量通道、电源等部分组成的一个微型计算机系统。一般有单回路、2 回路、4 回路或 8 回路的调节器，至于控制方式除一般的比例-积分-微分控制之外，还可组成串级控制、前馈控制等复杂控制。智能调节器主要具有以下功能：不仅可接收 4～20 mA 电流信号输入设定值，还具有通信接口，可与上位机连成主从式通信网络，接受上位机下传的控制参数，并上报各种过程参数。

PLC 主要具有以下功能：其主要配置的是开关量输入/输出通道，用于执行顺序控制功能。PLC 主要用于生产过程中按时间顺序或逻辑控制的场合，以取代复杂的继电接触控制系统。

2. 集中操作监控级

集中操作监控级是面向现场操作员和系统工程师的。计算机系统配有较大存储容量的硬盘或软盘,另外,还有功能强大的软件支持,确保工程师和操作员对系统进行组态、监视和操作,对生产过程实行高级控制、故障诊断、质量评估等。

集中操作监控级以操作、监视为主要任务,兼有部分管理功能。它把过程参量的信息集中化,对各个现场控制站的数据进行收集,并通过简单的操作进行工程量、各种工艺流程图、趋势曲线的显示以及改变过程参数(如设定值、控制参数、报警状态等信息),这就是它的操作、监视功能。集中操作监控级的管理功能是进行控制系统的生成、组态。

工程师操作站是对 DCS 进行离线配置、组态工作和在线系统监督、控制、维护的网络节点。使系统工程师可以通过工程师操作站及时调整系统配置及一些系统参数的设置。

3. 综合信息管理级

这是企业控制系统体系结构中的最高层,它广泛涉及工程、经济、商务、人事以及其他各种功能。将这些功能集成到一个大的软件系统,通过这个软件系统,整个工厂的复杂生产调度和计划等问题可以得到优化解决。这一级主要具备的功能有市场分析、用户信息收集、订单能力与订货平衡、生产和分销渠道的监督、生产合同和订货的各种统计报表、生产效率、产值、经营额、利润/成本以及其他财政分析报表。

对于大部分系统来说,DCS 主要完成第一级和第二级的功能,而这两级的功能主要是与装置生产过程密切相关的实时控制。

5.4 单元操作

5.4.1 离心泵

1. 工艺流程说明

离心泵是化工生产过程中输送液体的常用设备之一,其工作原理是靠离心泵内、外压差不断地吸入液体,靠叶轮的高速旋转使液体获得动能,靠扩压管或导叶将动能转化为压力,从而达到输送液体的目的。

如图 5-36、图 5-37 所示,来自某一设备约 40.00 ℃的带压液体经调节阀 LV101 进入带压罐 V101,罐内液位由液位控制器 LIC101 通过调节 V101 的进料量来控制;罐内压力由调节器 PIC101 分程控制,PV101A、PV101B 分别调节进入 V101 和离开 V101 的氮气量,从而保持罐压恒定在 506.63 kPa(表)。罐内液体由泵 P101A、P101B 抽出,泵出口流量在流量调节器 FIC101 的控制下输送到其他设备。

流程控制方案:V101 的压力由调节器 PIC101 分程控制,分别控制 PV101A 和 PV101B。PC101.OP 由 0 开大到 50,PV101A 从 100 逐渐关闭到 0;PC101.OP 由 50 开大到 100,PV101B 从 0 逐渐开大到 100。

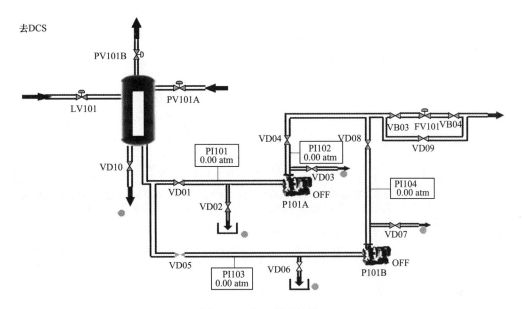

图 5-36　离心泵现场图

(1 atm＝101.325 kPa)

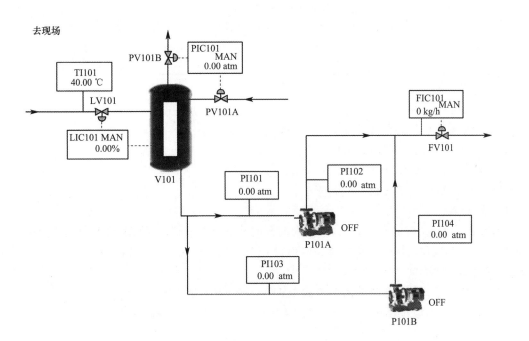

图 5-37　离心泵 DCS 图

(1 atm＝101.325 kPa)

2. 离心泵单元操作规程

(1)开车操作规程

离心泵开车规程见表 5-1。

表 5-1   离心泵开车规程

顺序	操作目标	操作步骤
1	准备工作	盘车
		核对吸入条件
		调整填料或机械密封装置
2	V101 罐充液、充压	打开 LIC101 调节阀,开度约为 30%,向 V101 罐充液
		当 LIC101 达到开度 50% 时,LIC101 设定开度 50%,投自动
		待 V101 罐液位>5% 后,缓慢打开分程压力调节阀 PV101A 向 V101 罐充压
		当压力升高到 506.63 kPa 时,PIC101 设定 506.63 kPa,投自动
3	启动泵前准备工作	待 V101 罐充压充到正常值 506.63 kPa 后,打开 P101A 泵入口阀 VD01,向离心泵充液。观察 VD01 出口标志变为绿色后,说明灌泵完毕
		打开 P101A 泵后排气阀 VD03 排放泵内不凝气体
		观察 P101A 泵后排空阀 VD03 的出口,当有液体溢出时,显示标志变为绿色,标志着 P101A 泵已无不凝气体,关闭 P101A 泵后排空阀 VD03,启动离心泵的准备工作已就绪
4	启动离心泵	启动 P101A(或 B)泵
		待 PI102 指示比入口压力大 1.5~2.0 倍后,打开 P101A 泵出口阀(VD04)
		将 FIC101 调节阀的前阀、后阀打开
		逐渐开大调节阀 FIC101 的开度,使 PI101、PI102 趋于正常值
		微调 FV101 调节阀,在测量值与给定值相对误差 5% 范围内且较稳定时,FIC101 设定到正常值,投自动

(2)正常操作规程

①正常工况操作参数

a. P101A 泵出口压力 PI102:1 215.9 kPa。

b. V101 罐内液位 LIC101:50.0%。

c. V101 罐内压力 PIC101:506.63 kPa。

d. 泵出口流量 FIC101:20 000 kg/h。

②负荷调整

可任意改变泵、按键的开关状态,手操阀的开度及液位调节阀、流量调节阀、分程压力调节阀的开度,观察其现象。P101A 泵功率正常值:15 kW。FIC101 量程正常值:20 000 kg/h。

(3)停车操作规程

①LIC101 置手动,并手动关闭调节阀 LV101,停 V101 罐进料。

②待 V101 罐内液位小于 10% 时,关闭 P101A(或 B)泵的出口阀 VD04。

③停 P101A 泵。

④关闭 P101A 泵前阀 VD01。

⑤FIC101 置手动并关闭调节阀 FV101 及其前、后阀 VB03、VB04。

⑥打开 P101A 泵泄液阀 VD02,观察 P101A 泵泄液阀 VD02 的出口,当不再有液体泄出时,显示标志变为红色,关闭 P101A 泵泄液阀 VD02。

⑦待 V101 罐内液位小于 10% 时,打开 V101 罐泄液阀 VD10。

⑧待 V101 罐内液位小于 5％时，打开 PIC101 泄压阀。

⑨观察 V101 罐泄液阀 VD10 的出口，当不再有液体泄出时，显示标志变为红色，待 V101 罐液体排净后，关闭泄液阀 VD10。

3. 事故处理

离心泵事故处理规程见表 5-2。

表 5-2　　　　　　　　　　　　　　　离心泵事故处理规程

顺序	事故名称	事故现象	处理方法
1	P101A 泵坏	P101A 泵出口压力急剧下降； FIC101 流量急剧减小	切换到备用泵 P101B 全开 P101B 泵入口阀 VD05、向 P101B 泵灌液，全开排空阀 VD07，排 P101B 的不凝气，当显示标志为绿色后，关闭 VD07 灌泵和排气结束后，启动 P101B 泵 待 P101B 泵出口压力升至入口压力的 1.5～2 倍后，打开 P101B 泵出口阀 VD08，同时缓慢关闭 P101A 泵出口阀 VD04，以尽量减少流量波动 待 P101B 泵进出口压力指示正常，按停泵顺序停止 P101A 泵运转，关闭 P101A 泵入口阀 VD01，并通知维修工
2	调节阀 FV101 阀卡	FIC101 的液体流量不可调节	打开调节阀 FV101 的旁通阀 VD09，调节流量使其达到正常值 手动关闭调节阀 FV101 及其后阀 VB04、前阀 VB03 通知维修部门
3	P101A 泵入口管线堵	P101A 泵入口、出口压力急剧下降； FIC101 流量急剧减小到零	按泵的切换步骤切换到备用泵 P101B，并通知维修部门进行维修
4	P101A 泵气蚀	P101A 泵入口、出口压力波动； P101A 泵出口流量波动大	按泵的切换步骤切换到备用泵 P101B
5	P101A 泵气缚	P101A 泵入口、出口压力急剧下降； FIC101 流量急剧减少	按泵的切换步骤切换到备用泵 P101B

5.4.2　液位控制系统

1. 工艺流程说明

如图 5-38、图 5-39 所示，缓冲罐 V101 仅一股来料，8 kg/cm² 压力的液体通过进料流量调节阀 FIC101 向缓冲罐 V101 充液，此罐压力由调节阀 PIC101 分程控制，压力高于分程点（506.63 kPa）时，PV101B 自动打开泄压；压力低于分程点时，PV101B 自动关闭，PV101A 自动打开给缓冲罐 V101 充压，使其压力控制在 506.63 kPa。缓冲罐 V101 液位调节器

LIC101 和流量调节阀 FIC102 串级调节,一般液位正常控制在 50.00% 左右。自缓冲罐 V101 底抽出的液体通过泵 P101A 或 P101B(备用泵)打入中间罐 V102,该泵出口压力一般控制在 911.93 kPa,FIC102 流量正常控制在 20 000 kg/h。

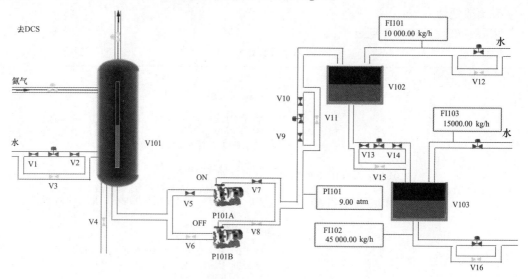

图 5-38   液位控制系统现场界面
(1 atm=101.325 kPa)

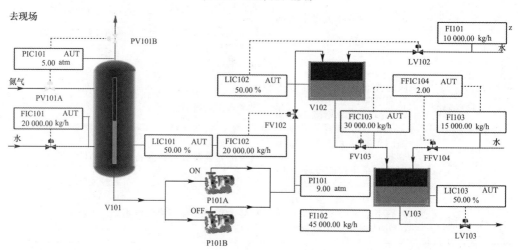

图 5-39   液位控制系统 DCS 图
(1 atm=101.325 kPa)

V102 有两股来料,一股为 V101 通过 FIC102 与 LIC101 串级调节后来的液体;另一股为通过调节阀 LIC102 进入的 810.60 kPa 压力的液体,一般 V102 液位控制在 50.00% 左右,其底液抽出通过调节阀 FIC103 进入产品罐 V103,正常工况时调节阀 FIC103 的流量控制在 30 000 kg/h。

V103 也有两股进料,一股为 V102 底抽出的液体,另一股为通过 FIC103 与 FI103 比值调节进入的 810.60 kPa 压力的液体,比值系数为 2,V103 底液体通过 LIC103 调节阀输出,正常时 V103 液位控制在 50.00％左右。

流程控制方案：

(1)单回路控制回路：FIC101，LIC102，LIC103。

(2)分程控制回路：PIC101 分程控制充压阀 PV101A 和泄压阀 PV101B。

(3)比值控制系统：FFIC104 为一比值调节器。根据 FIC103 的流量，按一定比例，相适应。

(4)比例调整 FIC103 的流量。

(5)串级控制系统：罐 V101 的液位是由液位调节器 LIC101 和流量调节器 FIC102 串级控制。

2.装置的操作规程

(1)冷态开车规程

装置的开工状态为缓冲罐 V102 和产品罐 V103 已充压完毕，保压在 202.65 kPa，缓冲罐 V101 压力为常压状态，所有可操作阀均处于关闭状态。开车规程见表 5-3。

表 5-3　　　　　　　　　　　　液位控制系统冷态开车规程

顺序	操作目标	操作步骤
1	缓冲罐 V101 充压及液位建立	确认 V101 压力为常压
		打开 V101 进料流量调节阀 FIC101 的前后手阀 V1 和 V2,开度在 100％
		打开调节阀 FIC101,阀位一般在 30％左右开度,给 V101 充液
		待 V101 见液位后再启动压力调节阀 PIC101,阀位先开至 20％充压
		待压力达 506.63 kPa 左右时,PIC101 投自动
2	中间罐 V102 液位建立	确认 V101 液位达 40％以上
		确认 V101 压力达 506.63 kPa 左右
		打开泵 P101A 的前手阀 V5,开度为 100％
		启动泵 P101A
		当泵出口压力达 1 103.25 kPa 时,打开泵 P101A 的后手阀 V7,开度为 100％
		打开流量调节器 FIC102 前后手阀 V9 及 V10,开度为 100％
		打开出口调节阀 FIC102,手动调节 FV102 开度,使泵出口压力控制在 911.93 kPa左右
		打开液位调节阀 LV102 至 50％开度
		V101 进料流量调节阀 FIC101 投自动,设定值为 20 000 kg/h
		操作平稳后调节阀 FIC102 投自动并与 LIC101 串级调节 V101 液位
		V102 液位达 50％左右,LIC102 投自动,设定值为 50％
3	产品罐 V103 液位建立	确认 V102 液位达 50％左右
		打开流量调节器 FIC103 的前后手阀 V13 及 V14
		打开 FIC103 及 FFIC104,阀位开度均为 50％
		当 V103 液位达 50％时,打开液位调节阀 LIC103,开度为 50％
		LIC103 调节平稳后投自动,设定值为 50％

（2）正常操作规程

①FIC101 投自动，设定值为 20 000 kg/h。

②PIC101 投自动（分程控制），设定值为 506.63 kPa。

③LIC101 投自动，设定值为 50%。

④FIC102 投串级（与 LIC101 串级控制）。

⑤FIC103 投自动，设定值为 30 000 kg/h。

⑥FFIC104 投串级（与 FIC103 比值控制），比值系数为 2。

⑦LIC102 投自动，设定值为 50%。

⑧LIC103 投自动，设定值为 50%。

⑨泵 P101A（或 P101B）出口压力 PI101 正常值为 911.93 kPa。

⑩V102 外进料流量调节阀 FI101 正常值为 10 000 kg/h。

⑪V103 产品输出量调节阀 FI102 正常值为 45 000 kg/h。

（3）停车操作规程

停车操作规程见表 5-4。

表 5-4　　　　　　　　　　　　　液位控制系统停车操作规程

顺序	操作目标	操作步骤
1	关进料线	将调节阀 FIC101 改为手动操作，关闭 FIC101，再关闭现场手阀 V1 及 V2
		将调节阀 LIC102 改为手动操作，关闭 LIC102，使 V102 外进料流量 FI101 为 0 kg/h
		将调节阀 FFIC104 改为手动操作，关闭 FFIC104
2	将调节阀改手动控制	将调节阀 LIC101 改手动调节，FIC102 解除串级改手动控制
		手动调节 FIC102，维持泵 P101A 出口压力，使 V101 液位缓慢降低
		将调节阀 FIC103 改手动调节，维持 V102 液位缓慢降低
		将调节阀 LIC103 改手动调节，维持 V103 液位缓慢降低
3	V101 泄压及排放	V101 液位下降至 10% 时，先关出口阀 FV102，停泵 P101A，再关入口阀 V5
		打开排凝阀 V4，关 FIC102 手阀 V9 及 V10
		V101 液位降到 0 时，PIC101 置手动调节，打开 PV101 为 100% 放空
4	V102 排空	当 V102 液位为 0 时，关调节阀 FIC103 及现场前后手阀 V13 及 V14
5	V103 排空	当 V103 液位为 0 时，关调节阀 LIC103

3. 事故处理

事故处理见表 5-5。

表 5-5　液位控制系统事故处理

顺序	事故名称	事故原因	事故现象	事故处理	处理方法
1	泵 P101A 坏	运行泵 P101A 停	画面上泵 P101A 显示为开,但泵出口压力急剧下降	先关小出口调节阀开度,启动备用泵 P101B,调节出口压力,压力达 911.93 kPa(表)时,关泵 P101A,完成切换	关小 P101A 泵出口阀 V7
					打开泵 P101B 入口阀 V6
					启动备用泵 P101B
					打开泵 P101B 出口阀 V8
					待 PI101 压力达 911.93 kPa 时,关阀 V7
					关闭泵 P101A
					关闭泵 P101A 入口阀 V5
2	调节阀 FIC102 阀卡	FIC102 调节阀卡,20%开度不动作	罐 V101 液位急剧上升,FIC102 流量减小	打开旁路阀 V11,待流量正常后,关调节阀前后手阀	调节 FIC102 旁路阀 V11 开度
					待 FIC102 流量正常后,关闭 FIC102 前后手阀 V9 和 V10
					关闭调节阀 FIC102

5.4.3　离心式压缩机

1. 工艺流程说明

离心式压缩机是进行气体压缩的常用设备。它通常以汽轮机(蒸汽透平)为动力,蒸汽在汽轮机内膨胀做功驱动压缩机主轴,主轴带动叶轮高速旋转。被压缩气体从轴向进入压缩机叶轮,在高速转动的叶轮作用下随叶轮高速旋转并沿半径方向甩出叶轮,叶轮在汽轮机的带动下高速旋转,把所得到的机械能传递给被压缩气体。因此,气体在叶轮内流动的过程中,一方面受离心力作用增加了气体本身的压力,另一方面得到了很大的动能。气体离开叶轮进入流通面积逐渐扩大的扩压器,气体流速急剧下降,动能转化为压力能(势能),使气体的压力进一步提高,使气体压缩。

甲烷单级透平压缩流程如图 5-40、图 5-41 所示。在生产过程中产生的压力为 121.59~162.17 kPa(绝),温度为 30 ℃左右的低压甲烷经 VD01 阀进入甲烷储罐 FA311,罐内压力控制在 2.94 kPa。甲烷从储罐 FA311 出来,进入压缩机 GB301,经过压缩机压缩,变为压力为 408.34 kPa(绝),温度为 160 ℃的中压甲烷,然后经过手动控制阀 VD06 进入燃料系统。

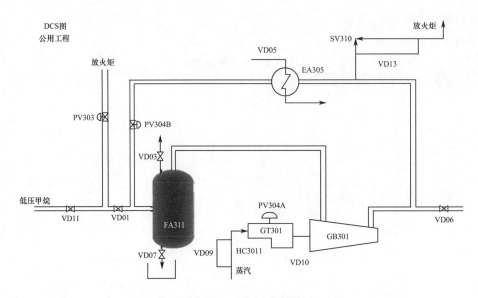

图 5-40　压缩机现场图

　　该流程为了防止压缩机发生喘振,设计了由压缩机出口至储罐 FA311 的返回管路,即由压缩机出口经过换热器 EA305 和阀 PV304B 到储罐的管线。返回的甲烷经换热器 EA305 冷却。另外储罐 FA311 有一超压保护控制器 PIC303,当罐中压力超高时,低压甲烷可以经 PIC303 控制放火炬,使罐中压力降低。压缩机 GB301 由蒸汽透平 GT301 同轴驱动,蒸汽透平的供气为压力 1 519.88 kPa(绝)的来自管网的中压蒸汽,排气为压力 303.98 kPa(绝)的降压蒸汽,进入低压蒸汽管网。

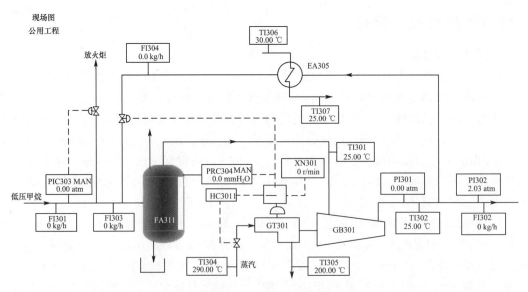

图 5-41　压缩机 DCS 图
(1 atm＝101.325 kPa)

　　流程中共有两套自动控制系统:PIC303 为储罐 FA311 超压保护控制器,当储罐 FA311 中压力过高时,自动打开放火炬阀。PRC304 为压力分程控制系统,当此调节器输出在 50%～

100％时,输出信号送给蒸汽透平 GT301 的调速系统,即 PV304A,用来控制中压蒸汽的进气量,使压缩机的转速在 3 350～4 704 r/min 变化,此时 PV304B 阀全关。当此调节器输出在 0～50％范围内时,PV304B 阀的开度对应在 100％～0 范围内变化。透平在起始升速阶段由手动控制器 HC3011 手动控制升速,当转速大于 3 350 r/min 时可由切换开关切换到 PRC304 控制。

流程控制方案:当压缩机切换开关指向 HC3011 时,压缩机转速由 HC3011 控制;当压缩机切换开关指向 PRC304 时,压缩机转速由 PRC304 控制。PRC304 为一分程控制阀,分别控制压缩机转速(主气门开度)和压缩机反喘振线上的流量控制阀。当 PRC304 逐渐开大时,压缩机转速逐渐上升(主气门开度逐渐加大),压缩机反喘振线上的流量控制阀逐渐关小,最终关成 0。

2. 压缩机单元操作规程

(1)开车操作规程

本操作规程仅供参考(表 5-6),详细操作以评分系统为准。

①开车前准备工作

a. 启动公用工程;

b. 油路开车;

c. 按盘车按钮开始盘车,待转速升到 200 r/min 时,停止盘车(盘车前先打开 PV304B 阀);

d. 按暖机按钮;

e. EA305 冷却水投用,打开换热器冷却水阀门 VD05,开度为 50％。

表 5-6　　　　　　　　　　　透平压缩机开车步骤

顺序	操作目标	操作步骤
1	手动升速	缓慢打开透平低压蒸汽出口阀 VD10,开度递增级差保持在 10％以内
		将调速器切换开关切到 HC3011 方向
		手动缓慢打开 HC3011,压缩机开始升速,开度递增级差保持在 10％以内;使透平压缩机转速在 250～300 r/min
2	跳闸实验	继续升速至 1 000 r/min
		按动紧急停车按钮进行跳闸实验,实验后压缩机 XN301 转速迅速下降为 0
		手动关闭 HC3011,开度为 0,关闭蒸汽出口阀 VD10,开度为 0
		按压缩机复位按钮
3	重新手动升速	重复步骤 1 中的第 3 步,缓慢升速至 1 000 r/min
		HC3011 开度递增级差保持在 10％以内,升转速至 3 350 r/min
		进行机械检查
4	启动调速系统	将调速器切换开关切到 PRC304 方向
		缓慢打开 PV304A 阀(PRC304 阀开度大于 50％),若阀开得太快会发生喘振;同时可适当打开出口安全旁路阀 VD13 调节出口压力,使 PI301 压力维持在307.01 kPa,防止喘振发生
		将调速器切换开关切到 PRC304 方向

(续表)

顺序	操作目标	操作步骤
5	调节操作参数至正常值	当 PI301 压力指示值为 307.01 kPa 时,一边关出口放火炬旁路阀,一边打开 VD06 去燃料系统阀,同时相应关闭 PRC303 放火炬阀
		控制入口压力 PIC304 在 2.94 kPa,慢慢升速
		当转速达全速(4 480 r/min 左右),将 PIC304 切为自动
		PIC303 设定为 10.13 kPa(表),投自动
		顶部安全阀 VD03 缓慢关闭

②储罐 FA311 充低压甲烷

a. 打开 PIC303 调节阀放火炬,开度为 50%;

b. 打开储罐 FA311 入口阀 VD11,开度为 50%,微开 VD01;

c. 打开 PV304B 阀,缓慢向系统充压,调整 FA311 顶部安全阀 VD03 和 VD01,使系统压力维持在 2.94~4.90 kPa;

d. 调节 PIC303 阀门开度,使压力维持在 10.13 kPa;

③透平单级压缩机开车

(2)正常操作规程

①正常工况下工艺参数

a. 储罐 FA311 压力 PIC304:2.68 kPa;

b. 压缩机出口压力 PI301:307.01 kPa,燃料系统入口压力 PI302:205.69 kPa。

c. 低压甲烷流量 FI301:3 232.0 kg/h;

d. 中压甲烷进入燃料系统流量 FI302:3 200.0 kg/h;

e. 压缩机出口中压甲烷温度 TI302:160.0 ℃。

②压缩机防喘振操作

a. 启动调速系统后,必须缓慢开启 PV304A 阀,此过程中可适当打开出口安全旁路阀 VD13 调节出口压力,以防喘振发生;

b. 当有甲烷进入燃料系统时,应关闭 PIC303 阀;

c. 当压缩机转速达全速时,应关闭出口安全旁路阀 VD13。

(3)正常停车操作规程

①停调速系统

a. 缓慢打开 PV304B 阀,降低压缩机转速;

b. 打开 PIC303 阀排放火炬;

c. 开启出口安全旁路阀 VD13,同时关闭去燃料系统阀 VD06;

②手动降速

a. 将 HC3011 开度置为 100%;

b. 将调速开关切换到 HC3011 方向;

c. 缓慢关闭 HC3011,同时逐渐关小透平蒸汽出口阀 VD10;

d. 当压缩机转速降为 300~500 r/min 时,按紧急停车按钮;

e. 关闭透平蒸汽出口阀 VD10。

③停 FA311 进料

a.关闭 FA311 入口阀 VD01、VD11；

b.开启 FA311 泄料阀 VD07,泄液；

c.关换热器冷却水。

(4)紧急停车

①按动紧急停车按钮。

②确认 PV304B 阀及 PIC303 阀置于打开状态。

③关闭透平蒸汽入口阀 VD09 及出口阀 VD10。

④甲烷气由 PIC303 排放至火炬。

⑤其余同正常停车。

(5)联锁说明

该单元有一联锁,联锁源为现场手动紧急停车(紧急停车按钮)和压缩机喘振。

联锁动作：

①关闭透平主气阀及蒸汽出口阀 VD10。

②全开放空阀 PV303。

③全开防喘振线上 PV304B 阀。

该联锁有一现场旁路键(BYPASS)。另有一现场复位键(RESET)。

注:联锁发生后,在复位(RESET)前,应首先将 HC3011 置零,将蒸汽出口阀 VD10 关闭,同时各控制点应置手动,并设成最低值。

3.事故处理

透平压缩系统事故处理见表 5-7。

表 5-7　　　　　　　　　　透平压缩系统事故处理

顺序	事故名称	事故现象	处理方法
1	入口压力过高	FA311 罐中压力上升	手动适当打开 PV303 的放火炬阀
2	出口压力过高	压缩机出口压力上升	开大去燃料系统阀 VD06
3	入口管道破裂	FA311 罐中压力下降	开大 FA311 入口阀 VD01、VD11
4	出口管道破裂	压缩机出口压力下降	紧急停车
5	入口温度过高	TI301 及 TI302 指示值上升	紧急停车

5.4.4　列管换热器

1.工艺流程说明

如图 5-42、图 5-43 所示,来自界外的 92 ℃冷物流(沸点 198.25 ℃)由泵 P101A/B 送至换热器 E101 的壳程,被流经管程的热物流加热至 145 ℃,并有 20%被汽化。冷物流流量由流量控制器 FIC101 控制,正常流量为 12 000 kg/h。来自另一设备的 225 ℃热物流经泵 P102A/B 送至换热器 E101,与流经壳程的冷物流进行热交换,热物流出口温度由 TIC101 控制(177 ℃)。

为保证热物流的流量稳定,热物流侧采用分程控制:TIC101 采用分程控制,TV101A 和 TV101B 分别调节流经换热器 E101 和副线的流量,TIC101 输出 0～100％分别对应 TV101A 开度 0～100％及 TV101B 开度 100％～0。

2.装置操作规程

(1)开车操作规程

列管换热器开车规程见表 5-8。

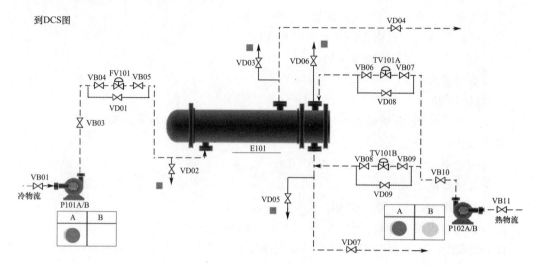

图 5-42　列管换热器现场图

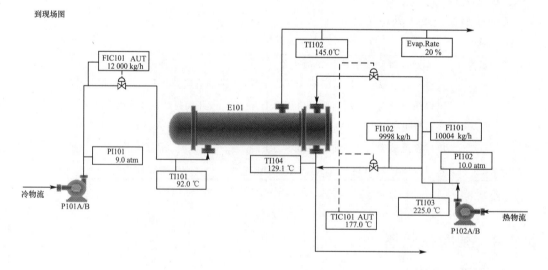

图 5-43　列管换热器 DCS 图

(1 atm＝101.325 kPa)

表 5-8　　　　　　　　　　　　**列管换热器开车规程**

顺序	操作目标	操作步骤
1	启动冷物流进料泵 P101A	开换热器壳程排气阀 VD03
		开泵 P101A 的前阀 VB01
		启动泵 P101A
		当进料压力指示表 PI101 指示达 911.93 kPa 以上,打开泵 P101A 的出口阀 VB03
2	冷物流进料	打开 FIC101 的前后阀 VB04、VB05,手动逐渐开大调节阀 FV101(FIC101)
		观察壳程排气阀 VD03 的出口,当有液体溢出时(VD03 旁边标志变绿),标志着壳程已无不凝性气体,关闭壳程排气阀 VD03,壳程排气完毕
		打开冷物流出口阀 VD04,将其开度置为 50%,手动调节 FV101,使 FIC101 流量达到 12 000 kg/h 且较稳定时,FIC101 设定为 12 000 kg/h,投自动
3	启动热物流进料泵 P102A	开管程放空阀 VD06
		开泵 P102A 泵的前阀 VB11
		启动泵 P102A
		当热物流进料压力表 PI102 指示大于 1 013.3 kPa 时,全开泵 P102A 的出口阀 VB10
4	热物流进料	全开 TV101A 的前后阀 VB06、VB07,TV101B 的前后阀 VB08、VB09
		打开调节阀 TV101A(默认即开)给 E101 管程注液,观察 E101 管程排气阀 VD06 的出口,当有液体溢出时(VD06 旁边标志变绿),标志着管程已无不凝性气体,此时关闭管程排气阀 VD06,E101 管程排气完毕
		打开 E101 热物流出口阀 VD07,将其开度置为 50%,手动调节管程温度控制阀 TIC101,使其出口温度在 177±2 ℃,且较稳定,TIC101 设定在 177 ℃,投自动

(2)正常操作规程

①冷物流流量为 12 000 kg/h,出口温度为 145 ℃,汽化率 20%。

②热物流流量为 10 000 kg/h,出口温度为 177 ℃。

③P101A 与 P101B 之间可任意切换。

④P102A 与 P102B 之间可任意切换。

(3)停车操作规程

列管换热器停车操作规程见表 5-9。

表 5-9　　　　　　　　　　　　**列管换热器停车操作规程**

顺序	操作目标	操作步骤
1	停热物流进料泵 P102A	关闭泵 P102A 的出口阀 VB10
		停泵 P102A
		待 PI102 指示小于 10.1 kPa 时,关闭 P102A 泵入口阀 VB11
2	停热物流进料	TIC101 置手动
		关闭 TV101A 的前、后阀 VB06、VB07
		关闭 TV101B 的前、后阀 VB08、VB09
		关闭 E101 热物流出口阀 VD07
3	停冷物流进料泵 P101A	关闭泵 P101A 的出口阀 VB03
		停泵 P101A
		待 PI101 指示小于 10.1 kPa 时,关闭泵 P101A 入口阀 VB01

(续表)

顺序	操作目标	操作步骤
4	停冷物流进料	FIC101 置手动 关闭 FIC101 的前、后阀 VB04、VB05 关闭 E101 冷物流出口阀 VD04
5	E101 管程泄液	打开管程泄液阀 VD05,观察管程泄液阀 VD05 的出口,当不再有液体泄出时,关闭泄液阀 VD05
6	E101 壳程泄液	打开壳程泄液阀 VD02,观察壳程泄液阀 VD02 的出口,当不再有液体泄出时,关闭泄液阀 VD02

3. 事故处理

列管换热器事故处理见表 5-10。

表 5-10 列管换热器事故处理

顺序	事故名称	事故现象	处理方法
1	FIC101 阀卡	FIC101 流量减小 泵 P101A 出口压力升高 冷物流出口温度升高	关闭 FIC101 前后阀,打开 FIC101 旁路阀 VD01,调节流量达到正常值
2	泵 P101A 坏	泵 P101A 出口压力急骤下降 FIC101 流量急骤减小 冷物流出口温度升高,汽化率增大	关闭泵 P101A,开启泵 P101B
3	泵 P102A 坏	泵 P102A 出口压力急骤下降 冷物流出口温度下降,汽化率降低	关闭泵 P102A,开启泵 P102B
4	TV101A 阀卡	热物流经换热器换热后的温度降低 冷物流出口温度降低	关闭 TV101A 前后阀,打开 TV101A 的旁路阀 VD08,调节流量使其达到正常值;关闭 TV101B 前后阀,调节旁路阀 VD09
5	部分管堵	热物流流量减小 冷物流出口温度降低,汽化率降低 热物流泵 P102A 出口压力略升高	停车拆换热器清洗
6	换热器结垢严重	热物流出口温度高	停车拆换热器清洗

5.4.5 精馏塔

1. 工艺流程说明

如图 5-44、图 5-45 所示,该流程是利用精馏的方法,在脱丁烷塔中将丁烷从脱丙烷塔的塔釜混合物中分离出来。原料为 67.8 ℃的脱丙烷塔塔釜液(主要有 C_4、C_5、C_6、C_7 等),由脱丁烷塔 DA405 的第 16 块板进料(全塔共 32 块板),进料量由流量控制器 FIC101 控制。灵敏板温度由调节器 TC101 通过调节再沸器加热蒸汽的流量控制,从而控制丁烷的分离质量。

去DCS图

去组分分析

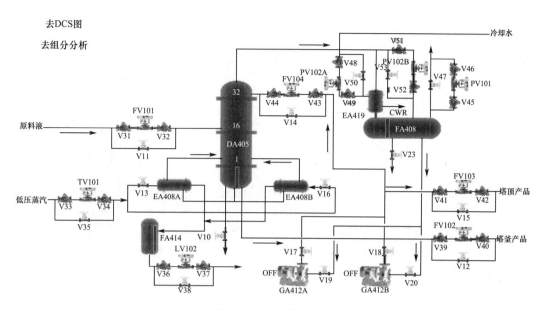

图 5-44　精馏塔现场图

脱丁烷塔塔釜液（主要为 C_5^+ 馏分）一部分作为产品采出，一部分经再沸器 EA408A/B 部分汽化为蒸气从塔底上升。塔釜的液位和塔釜产品采出量由 LC101 和 FC102 组成的串级控制器控制。再沸器采用低压蒸汽加热。塔釜蒸气缓冲罐 FA414 液位由液位控制器 LC102 调节底部采出量控制。

去现场图

去组分分析

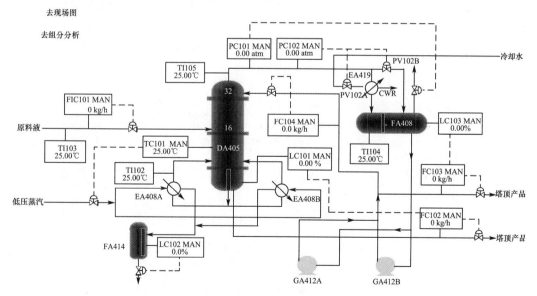

图 5-45　精馏塔 DCS 图

（1 atm＝101.325 kPa）

塔顶的上升蒸气（C₄馏分和少量 C₅馏分）经塔顶冷凝器 EA419 全部冷凝成液体,该冷凝液靠势能差流入回流罐 FA408。塔顶压力 PC102 采用分程控制:在正常的压力波动下,通过调节塔顶冷凝器的冷却水量来调节压力,当压力超高时,压力报警系统发出报警信号,PC102 通过调节塔顶至回流罐的排气量来控制塔顶压力、调节气相出料。操作压力 430.6 kPa(表压),高压控制器 PC101 将调节回流罐的气相排放量,控制塔内压力稳定。冷凝器以冷却水为载热体。回流罐液位由液位控制器 LC103 调节塔顶产品采出量来维持恒定。回流罐中的液体一部分作为塔顶产品送下一工序,另一部分由回流泵 GA412A/B 送回塔顶作为回流液,回流量由流量控制器 FC104 控制。

流程控制方案:

(1)DA405 的塔釜液位控制 LC101 和塔釜出料 FC102 构成串级回路。

(2)FC102.SP 随 LC101.OP 的改变而改变。

(3)PC102 为分程控制器,分别控制 PV102A 和 PV102B,当 PC102.OP 逐渐开大时,PV102A 从 0% 逐渐开大到 100%;而 PV102B 从 100% 逐渐关小至 0%。

2.装置操作规程

(1)开车操作规程

精馏塔开车操作规程见表 5-11。

表 5-11　　　　　　　　　　　精馏塔开车操作规程

顺序	操作目标	操作步骤
1	进料过程	开 FA408 顶放空阀 PC101 排放不凝气,稍开 FIC101 调节阀(不超过 20%),向精馏塔进料
		进料后,塔内温度略升,压力升高;当 PC101 压力升至 50.7 kPa 时,关闭 PC101 调节阀投自动,并控制塔压不超过 430.6 kPa(如果塔内压力大幅波动,改回手动调节稳定压力)
2	启动再沸器	当 PC101 压力升至 50.7 kPa 时,打开冷凝水 PC102 调节阀至 50%;塔压基本稳定在 430.6 kPa 后,可加大塔进料(FIC101 开至 50% 左右)
		待塔釜液位 LC101 升至 20% 以上时,开加热蒸汽入口阀 V13,再稍开 TC101 调节阀,给再沸器缓慢加热,并调节 TC101 调节阀开度使塔釜液位 LC101 维持在 40%～60%。待 FA414 液位 LC102 升至 50% 时,投自动,设定值为 50%
3	建立回流	随着塔进料增加和再沸器、冷凝器投用,塔压会有所升高,回流罐逐渐积液
		塔压升高时,通过开大 PC102 的输出,改变塔顶冷凝器冷却水量和旁路量来控制塔压稳定
		当回流罐液位 LC103 升至 20% 以上时,先开回流泵 GA412A/B 的入口阀 V19/20,再启动泵,再开出口阀 V17/18,启动回流泵
4	实现全回流	通过 FC104 的阀开度控制回流量,维持回流罐液位不超高,同时逐渐关闭进料,全回流操作

（续表）

顺序	操作目标	操作步骤
5	调整至正常	当各项操作指标趋近正常值时,打开进料阀 FIC101
		逐步调整进料量 FIC101 至正常值
		通过 TC101 调节再沸器加热量使灵敏板温度 TC101 达到正常值
		逐步调整回流量 FC104 至正常值
		开 FC103 和 FC102 出料,注意塔釜、回流罐液位
		将各控制回路投自动,各参数稳定并与工艺设计值吻合后,产品采出串级控制

（2）正常操作规程

精馏塔正常操作规程见表 5-12。

表 5-12   精馏塔正常操作规程

顺序	操作目标	操作步骤
1	正常工况下的工艺参数	进料流量 FIC101 设为自动,设定值为 14 056 kg/h
		塔釜采出量 FC102 设为串级,设定值为 7 349 kg/h,LC101 设自动,设定值为 50%
		塔顶采出量 FC103 设为串级,设定值为 6 707 kg/h
		塔顶回流量 FC104 设为自动,设定值为 9 664 kg/h
		塔顶压力 PC102 设为自动,设定值为 430.6 kPa,PC101 设自动,设定值为 506.6 kPa
		灵敏板温度 TC101 设为自动,设定值为 89.3 ℃
		FA414 液位 LC102 设为自动,设定值为 50%
		回流罐液位 LC103 设为自动,设定值为 50%
2	主要工艺生产指标的调整方法	质量控制:采用以提馏段灵敏板温度作为主参数,通过再沸器和加热蒸汽流量的调节系统,实现对塔的分离质量控制
		压力控制:在正常的压力情况下,由塔顶冷凝器的冷却水量来调节压力,当压力高于操作压力 430.6 kPa(表压)时,压力报警系统发出报警信号,同时调节器 PC101 将调节回流罐的气相出料,为了保持同气相出料的相对平衡,该系统采用压力分程控制
		液位控制:塔釜液位由调节塔釜的产品采出量来维持恒定,设有高低液位报警;回流罐液位由调节塔顶产品采出量来维持恒定,设有高低液位报警
		流量调节:进料量和回流量都采用单回路的流量控制;再沸器加热介质流量由灵敏板温度控制

(3)停车操作规程

精馏塔停车操作规程见表 5-13。

表 5-13　　　　　　　　　　　　　　精馏塔停车操作规程

顺序	操作目标	操作步骤
1	降负荷	逐步关小 FIC101 调节阀,降低进料至正常进料量的 70%
		在降负荷过程中,保持灵敏板温度 TC101 的稳定性和塔压 PC102 的稳定,使精馏塔分离出合格产品
		在降负荷过程中,尽量通过 FC103 排出回流罐中的液体产品,至回流罐液位 LC104 在 20% 左右
		在降负荷过程中,尽量通过 FC102 排出塔釜产品,使 LC101 降至 30% 左右
2	在负荷降至正常的 70%,且产品已大部采出后,停进料和再沸器	关 FIC101 调节阀,停精馏塔进料
		关 TC101 调节阀和 V13(或 V16)阀,停再沸器的加热蒸汽
		关 FC102 调节阀和 FC103 调节阀,停止产品采出
		打开塔釜泄液阀 V10,排不合格产品,并控制塔釜降低液位
		手动打开 LC102 调节阀,对 FA414 泄液
3	停回流	停进料和再沸器后,回流罐中的液体全部通过回流泵打入塔,以降低塔内温度
		当回流罐液位至 0 时,关 FC104 调节阀,关泵出口阀 V17(或 V18),停泵 GA412A(或 GA412B),关入口阀 V19(或 V20),停回流
		开泄液阀 V10 排净塔内液体
4	降压、降温	打开 PC101 调节阀,将塔压降至接近常压后,关 PC101 调节阀
		全塔温度降至 50 ℃ 左右时,关塔顶冷凝器的冷却水(PC102 的输出至 0)

3. 事故处理

精馏塔事故处理见表 5-14。

表 5-14　　　　　　　　　　　　　精馏塔事故处理

顺序	事故名称	事故原因	事故现象	处理方法
1	热蒸汽压力过高	热蒸汽压力过高	加热蒸汽的流量增大,塔釜温度持续上升	适当减小 TC101 的开度
2	热蒸汽压力过低	热蒸汽压力过低	加热蒸汽的流量减小,塔釜温度持续下降	适当增大 TC101 的开度

（续表）

顺序	事故名称	事故原因	事故现象	处理方法
3	冷凝水中断	停冷凝水	塔顶温度上升，塔顶压力升高	开回流罐放空阀 PC101 保压
				手动关闭 FIC101，停止进料
				手动关闭 TC101，停加热蒸汽
				手动关闭 FC103 和 FC102，停止产品采出
				开塔釜泄液阀 V10，排不合格产品
				手动打开 LC102，对 FA414 泄液
				当回流罐液位为 0 时，关闭 FC104
				关闭回流泵出口阀 V17/V18
				关闭回流泵 GA424A/GA424B
				关闭回流泵入口阀 V19/V20
				待塔釜液位为 0 时，关闭泄液阀 V10
				待塔顶压力降为常压后，关闭冷凝器
4	停电	停电	回流泵 GA412A 停止，回流中断	手动开回流罐放空阀 PC101 泄压
				手动关进料阀 FIC101
				手动关出料阀 FC102 和 FC103
				手动关加热蒸汽阀 TC101
				开塔釜泄液阀 V10 和回流罐泄液阀 V23，排不合格产品
				手动打开 LC102，对 FA414 泄液
				当回流罐液位为 0 时，关闭 V23
				关闭回流泵出口阀 V17/V18
				关闭回流泵 GA424A/GA424B
				关闭回流泵入口阀 V19/V20
				待塔釜液位为 0 时，关闭泄液阀 V10
				待塔顶压力降为常压后，关闭冷凝器
5	回流泵故障	回流泵 GA412A 坏	GA412A 断电，回流中断，塔顶压力、温度上升	开备用泵入口阀 V20
				启动备用泵 GA412B
				开备用泵出口阀 V18
				关闭运行泵出口阀 V17
				停运行泵 GA412A
				关闭运行泵入口阀 V19
6	回流控制阀 FV104 阀卡	回流控制阀 FV104 阀卡	回流量减小，塔顶温度上升，压力增大	打开旁路阀 V14，保持回流

5.4.6 吸收-解吸单元

1.工艺流程说明

如图 5-46～图 5-49 所示，以 C_6 油为吸收剂，分离气体混合物（其中 C_4：25.13%，CO 和 CO_2：6.26%，N_2：64.58%，H_2：3.5%，O_2：0.53%）中的 C_4 组分（溶质）。

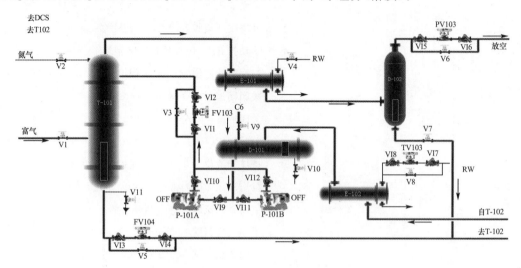

图 5-46 吸收系统现场界面

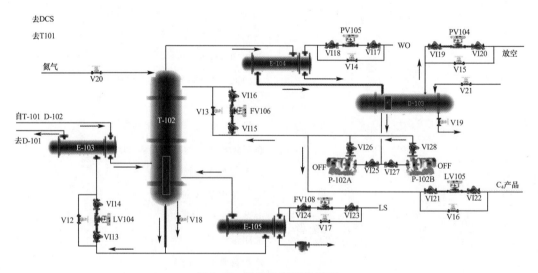

图 5-47 解吸系统现场界面

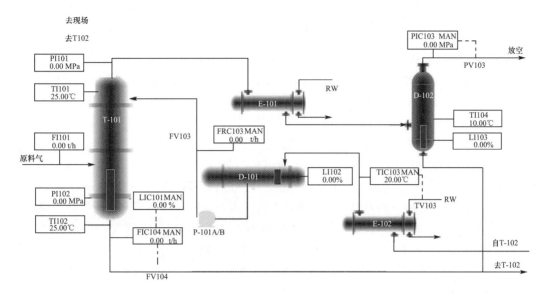

图 5-48　吸收系统 DCS 界面

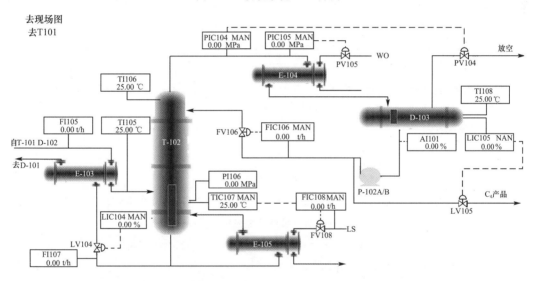

图 5-49　解吸系统 DCS 界面

从界区外来的富气从底部进入吸收塔 T-101。界区外来的纯 C_6 油吸收剂储存于 C_6 油储罐 D-101 中，由 C_6 油泵 P-101A/B 送入吸收塔 T-101 的顶部，C_6 油流量由 FRC103 控制。吸收剂 C_6 油在吸收塔 T-101 中自上而下与富气逆向接触，富气中 C_4 组分被溶解在 C_6 油中。不溶解的贫气自 T-101 顶部排出，经盐水冷却器 E-101 被 $-4\ ℃$ 的盐水冷却至 $2\ ℃$ 进入尾气分离罐 D-102。吸收了 C_4 组分的富油（C_4:8.2%，C_6:91.8%）从吸收塔底部排出，经贫富油换热器 E-103 预热至 $80\ ℃$ 进入解吸塔 T-102。吸收塔塔釜液位由 LIC101 和 FIC104 通过调节塔釜富油采出量串级控制。

来自吸收塔顶部的贫气在尾气分离罐 D-102 中回收冷凝的 C_4、C_6 后，不凝气在D-102压力控制器 PIC103（1.2 MPa，表压）控制下排入放空总管进入大气。回收的冷凝液（C_4、C_6）与吸收塔塔釜排出的富油一起进入解吸塔 T-102。

预热后的富油进入解吸塔 T-102 进行解吸分离。塔顶气相出料（C_4：95％）经全凝器 E-104 换热降温至 40 ℃ 全部冷凝后进入塔顶回流罐 D-103，其中一部分冷凝液由 P-102A/B 泵打回流至解吸塔顶部，回流量 8.0 t/h，由 FIC106 控制，其他部分作为 C_4 产品在液位控制（LIC105）下由 P-102A/B 泵抽出。塔釜 C_6 油在液位控制（LIC104）下，经贫富油换热器 E-103 和盐水冷却器 E-102 降温至 5 ℃ 返回至 C_6 油储罐 D-101 再利用，返回温度由温度控制器 TIC103 通过调节 E-102 循环冷却水流量控制。

T-102 塔釜温度由 TIC107 和 FIC108 通过调节塔釜再沸器 E-105 的蒸汽流量串级控制，控制温度 102 ℃。塔顶压力由 PIC105 通过调节塔顶冷凝器 E-104 的冷却水流量控制，另有一塔顶压力保护控制器 PIC104，在塔顶不凝气压力高时通过调节 D-103 放空量降压。

因为塔顶 C_4 产品中含有部分 C_6 油，工艺过程中还有其他 C_6 油损失，所以随着生产的进行，要定期观察 C_6 油储罐 D-101 的液位，补充新鲜 C_6 油。

流程控制方案：在吸收塔 T-101 中，为了保证液位的稳定，有一条塔釜液位与塔釜出料组成的串级回路。液位调节器的输出值同时是流量调节器的给定值，即流量调节器 FIC104 的 SP 值由液位调节器 LIC101 的 OP 值控制，LIC101.OP 的变化使 FIC104.SP 产生相应的变化。

2. 装置操作规程

（1）开车操作规程

吸收-解吸系统开车操作规程见表 5-15。

表 5-15 　　　　　　　　　　　吸收-解吸系统开车操作规程

顺序	操作目标	操作步骤
1	氮气充压	确认所有手阀处于关闭状态
		打开氮气充压阀，给吸收塔系统充压
		当吸收塔系统压力升至 1.0 MPa（表）左右时，关闭氮气充压阀
		打开氮气充压阀，给解吸塔系统充压
		当解吸塔系统压力升至 0.5 MPa（表）左右时，关闭氮气充压阀
2	进吸收油	确认系统充压已结束
		确认所有手阀处于关闭状态
		打开引油阀 V9 至开度 50％ 左右，给 C_6 油储罐 D-101 充 C_6 油至液位达 70％
		打开 C_6 油泵 P-101A（或 B）的入口阀，启动 P-101A（或 B）
		打开 P-101A（或 B）出口阀，手动打开 FV103 阀至 30％ 左右给吸收塔 T-101 充油至 50％，充油过程中注意观察 D-101 液位，必要时给 D-101 补充新油
		手动打开调节阀 FV104 开度至 50％ 左右，给解吸塔 T-102 进吸收油至液位达 50％
		给 T-102 进油时注意给 T-101 和 D-101 补充新油，以保证 D-101 和 T-101 的液位均不低于 50％

(续表)

顺序	操作目标	操作步骤
		确认储罐、吸收塔、解吸塔液位在 50％左右
		确认吸收塔系统与解吸塔系统保持合适压差
		手动逐渐打开调节阀 LV104,向 D-101 充油
3	C₆ 油冷循环	当向 D-101 充油时,同时逐渐调整 FV104,以保持 T-102 液位在 50％左右,将 LIC104 设定在 50％,投自动
		由 T-101 至 T-102 油循环时,手动调节 FV103 以保持 T-101 液位在 50％左右,将 LIC101 设定在 50％投自动
		手动调节 FV103,使 FRC103 保持在 13.50 t/h,投自动,冷循环 10 分钟
4	D-103 灌 C₄	打开 V21 向 D-103 灌 C₄ 至液位为 20％
		确认冷循环过程已经结束
		确认 D-103 液位已建立
		设定 TIC103 于 5 ℃,投自动
		手动打开 PV105 至 70％
		手动控制 PIC105 于 0.5 MPa,待回流稳定后再投自动
5	C₆ 油热循环	手动打开 FV108 至 50％,开始给 T-102 加热
		随着 T-102 塔釜温度 TIC107 逐渐升高,C₆ 油开始汽化,并在 E-104 中冷凝至回流罐 D-103
		当塔顶温度高于 50 ℃时,打开 P-102A/B 泵的入出口阀 VI25/27、VI26/28,打开 FV106 的前、后阀,手动打开 FV106 至合适开度,维持塔顶温度高于 51 ℃
		当 TIC107 温度指示达到 102 ℃时,将 TIC107 设定在 102 ℃,投自动;TIC107 和 FIC108 投串级
		热循环 10 分钟
		确认 C₆ 油热循环已经建立
		逐渐打开富气进料阀 V1,开始富气进料
		随着 T-101 富气进料,塔压升高,手动调节 PIC103 使压力恒定在 1.2 MPa(表)。当富气进料达到正常值后,设定 PIC103 于 1.2 MPa(表),投自动
6	进富气	当吸收了 C₄ 的富油进入解吸塔后,塔压将逐渐升高,手动调节 PC105,维持压力在 0.5 MPa(表),稳定后投自动
		当 T-102 温度、压力控制稳定后,手动调节 FIC106 使回流量达到正常值 8.0 t/h,投自动
		观察 D-103 液位,液位高于 50％时,打开 LIV105 的前后阀,手动调节 LIC105 维持液位在 50％,投自动
		将所有操作指标逐渐调整到正常状态

（2）正常操作规程

①正常工况操作参数

a. 吸收塔塔顶压力控制 PIC103：1.20 MPa（表）。

b. 吸收油温度控制 TIC103：5.0 ℃。

c. 解吸塔塔顶压力控制 PIC105：0.50 MPa（表）。

d. 解吸塔塔顶温度控制 TIC106：51.0 ℃。

e. 解吸塔塔釜温度控制 TIC107：102.0 ℃。

②补充新油

随着生产的进行，要定期观察 C_6 油储罐 D-101 的液位，当液位低于 30％时，打开阀 V9 补充新鲜的 C_6 油。

③D-102 排液

生产过程中贫气中的少量 C_4 和 C_6 组分积累于尾气分离罐 D-102 中，定期观察 D-102 的液位，当液位高于 70％时，打开阀 V7 将凝液排放至解吸塔 T-102 中。

④T-102 塔压控制

正常情况下 T-102 的压力由 PIC105 通过调节 E-104 的冷却水流量控制。生产过程中会有少量不凝气积累于回流罐 D-103 中使解吸塔 T-102 系统压力升高，这时顶部压力超高保护控制器 PIC104 会自动控制排放不凝气，维持压力不会超高。必要时可打手动打开 PV104 至开度 1％～3％来调节压力。

（3）停车操作规程

吸收-解吸系统停车操作规程见表 5-16。

表 5-16　　　　　　　　　　吸收-解吸系统停车操作规程

顺序	操作目标	操作步骤
1	停富气进料	关富气进料阀 V1，停富气进料
		富气进料中断后，T-101 塔压会降低，手动调节 PIC103，维持 T-101 压力＞1.0 MPa（表）
		手动调节 PIC105 维持 T-102 塔压力在 0.20 MPa（表）左右
		维持 T-101→T-102→D-101 的 C_6 油循环
2	停吸收塔系统	停 C_6 油泵 P-101A/B
		关闭 P-101A/B 出、入口阀
		FRC103 置手动，关 FV103 前后阀
		手动关 FV103 阀，停 T-101 油进料
		LIC101 和 FIC104 置手动，FV104 开度保持 50％，向 T-102 泄油
		当 LIC101 液位降至 0％时，关闭 FV104
		打开 V7 阀，将 D-102 中的凝液排至 T-102 中
		当 D-102 液位指示降至 0％时，关 V7 阀
		关 V4 阀，中断盐水，停 E-101
		手动打开 PV103，吸收塔系统泄压至常压，关闭 PV103

（续表）

顺序	操作目标	操作步骤
3	停解吸塔系统	停 C₄ 产品出料：富气进料中断后，将 LIC105 置手动，关阀 LV105，及其前后阀
		T-102 塔降温：TIC107 和 FIC108 置手动，关闭 E-105 蒸汽阀 FV108，停再沸器 E-105；停止 T-102 加热的同时，手动关闭 PIC105 和 PIC104，保持解吸系统的压力
		再沸器停用，温度下降至泡点以下后油不再汽化，当 D-103 液位 LIC105 指示小于 10％时，停回流泵 P-102A/B，关 P-102A/B 的出、入口阀
		手动关闭 FV106 及其前后阀，停 T-102 回流
		打开 D-103 泄液阀 V19
		当 D-103 液位 LIC105 指示下降至 0％时，关 V19 阀
		手动置 LV104 于 50％，将 T-102 中的油倒入 D-101
		当 T-102 液位 LIC104 指示下降至 10％时，关 LV104
		手动关闭 TV103，停 E-102
		打开 T-102 泄液阀 V18，T-102 液位 LIC104 下降至 0％时，关 V18 阀
		手动打开 PV104 至开度 50％，开始 T-102 系统泄压
		当 T-102 系统压力降至常压时，关闭 PV104
4	储罐 D-101 排油	当停 T-101 吸收油进料后，D-101 液位必然上升，此时打开 D-101 泄液阀 V10 排污油
		直至 T-102 中油倒空，D-101 液位下降至 0％，关 V10 阀

3. 事故处理

吸收-解吸系统事故处理见表 5-17。

表 5-17　　　　　　　　　　　　吸收-解吸系统事故处理

顺序	事故名称	事故现象	处理方法
1	冷却水中断	冷却水流量为 0 入口路各阀常开状态	停止进料，关 V1 阀
			手动关 PV103 保压
			手动关 FV104，停 T-102 进料
			手动关 LV105，停出产品
			手动关 FV103，停 T-101 回流
			手动关 FV106 停 T-102 回流
			关 LIC104 前后阀，保持液位
2	加热蒸汽中断	加热蒸汽管路各阀开度正常 加热蒸汽入口流量为 0 塔釜温度急剧下降	停止进料，关 V1 阀
			停 T-102 回流
			停 D-103 产品出料
			停 T-102 进料
			关 PV103 保压
			关 LIC104 前后阀，保持液位

（续表）

顺序	事故名称	事故现象	处理方法
3	仪表风中断	各调节阀全开或全关	打开 FRC103 旁路阀 V3 打开 FIC104 旁路阀 V5 打开 PIC103 旁路阀 V6 打开 TIC103 旁路阀 V8 打开 LIC104 旁路阀 V12 打开 FIC106 旁路阀 V13 打开 PIC105 旁路阀 V14 打开 PIC104 旁路阀 V15 打开 LIC105 旁路阀 V16 打开 FIC108 旁路阀 V17
4	停电	泵 P-101A/B 停 泵 P-102A/B 停	打开泄液阀 V10,保持 LI102 液位在 50% 打开泄液阀 V19,保持 LI105 液位在 50% 关小加热油流量,防止塔温上升过高 停止进料,关 V1 阀
5	P-101A 泵坏	FRC103 流量降为 0 塔顶 C₄ 组成上升,温度上升,塔顶压力上升 塔釜液位下降	停 P-101A,先关泵后阀,再关泵前阀 开启 P-101B,先开泵前阀,再开泵后阀 由 FRC103 调至正常值,并投自动
6	LIC104 调节阀卡	FI107 降至 0 塔釜液位上升,并可能报警	关 LIC104 前后阀 VI13、VI14 开 LIC104 旁路阀 V12 至 60%左右. 调整旁路阀 V12 开度,使液位保持 50%
7	换热器 E-105 结垢严重	调节阀 FIC108 开度增大 加热蒸汽入口流量增大 塔釜温度下降,塔顶温度也下降,塔釜 C₄ 组成上升	关闭富气进料阀 V1 手动关闭产品出料阀 LV105 手动关闭再沸器后,清洗换热器 E-105

5.4.7　间歇反应釜

1.工艺流程说明

间歇反应在助剂、制药、染料等行业的生产过程中很常见。本工艺流程的产品 2-巯基苯并噻唑就是橡胶制品硫化促进剂 DM(2,2-二硫代苯并噻唑)的中间产品,它本身也是硫化促进剂,但活性不如 DM。

全流程的缩合反应包括备料工序和缩合工序。考虑到突出重点,将备料工序略去,则缩合工序共有三种原料:多硫化钠(Na_2S_n)、邻硝基氯苯($C_6H_4ClNO_2$)及二硫化碳(CS_2)。

主反应方程式如下:

$$2C_6H_4ClNO_2 + Na_2S_n \longrightarrow C_{12}H_8N_2S_2O_4 + 2NaCl + (n-2)S\downarrow$$

$$C_{12}H_8N_2S_2O_4 + 2CS_2 + 2H_2O + 3Na_2S_n \longrightarrow$$
$$2C_7H_4NS_2Na + 2H_2S\uparrow + 2Na_2S_2O_3 + (3n-4)S\downarrow$$

副反应方程式如下：

$$C_6H_4NClO_2 + Na_2S_n + H_2O \longrightarrow C_6H_6NCl + Na_2S_2O_3 + (n-2)S\downarrow$$

工艺流程如图 5-50、图 5-51 所示，来自备料工序的 CS_2、$C_6H_4ClNO_2$、Na_2S_n 分别注入计量罐及沉淀罐中，经计量沉淀后利用位差及离心泵压入反应釜中，釜温由夹套中的蒸汽、冷却水及蛇管中的冷却水控制，设有分程控制 TIC101（只控制冷却水），通过控制反应釜温度来控制反应速度及副反应速度，获得较高的收率并确保反应过程安全。

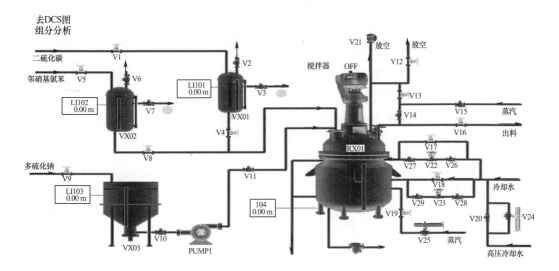

图 5-50　间歇反应釜现场图

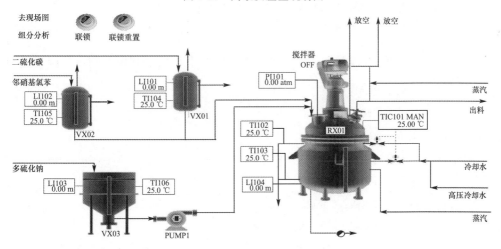

图 5-51　间歇反应釜 DCS 图

（1 atm＝101.325 kPa）

在本工艺流程中,主反应的活化能比副反应的活化能高,因此升温后更利于提高反应收率。在 90 ℃的时候,主反应和副反应的速度比较接近,因此,要尽量延长反应温度大于 90 ℃的时间,以获得更多的主反应产物。

2. 装置操作规程

(1)开车操作规程

间歇反应釜开车操作规程见表 5-18。

表 5-18 间歇反应釜开车操作规程

顺序	操作目标	操作步骤
1	备料过程	开阀门 V9,向罐 VX03 充液
		VX03 液位接近 3.60 米时,关小 V9,至 3.60 米时关闭 V9
		静置 4 分钟(实际 4 小时)备用
		开放空阀 V2
		开溢流阀 V3
		开进料阀 V1,开度约为 50%,向罐 VX01 充液;液位接近 1.4 米时,可关小 V1
		溢流标志变绿后,迅速关闭 V1
		待溢流标志再度变红后,可关闭溢流阀 V3
		开放空阀 V6
		开溢流阀 V7
		开进料阀 V5,开度约为 50%,向罐 VX01 充液;液位接近 1.2 米时,可关小 V5
		溢流标志变绿后,迅速关闭 V5
		待溢流标志再度变红后,可关闭溢流阀 V7
2	进料	打开泵前阀 V10,向进料泵 PUMP1 中充液
		打开进料泵 PUMP1
		打开泵后阀 V11,向 RX01 中进料;至液位小于 0.1 米时停止进料;关泵后阀 V11
		关泵 PUMP1
		关泵前阀 V10
		检查放空阀 V2 开放
		打开进料阀 V4 向 RX01 中进料
		待进料完毕后关闭 V4
		检查放空阀 V6 开放
		打开进料阀 V8 向 RX01 中进料
		待进料完毕后关闭 V8
		进料完毕后关闭放空阀 V12

（续表）

顺序	操作目标	操作步骤
3	开车阶段	检查放空阀 V12、进料阀 V4、V8、V11 是否关闭；打开联锁控制
		开启反应釜搅拌器 M1
		适当打开夹套蒸汽加热阀 V19，观察反应釜内温度和压力上升情况，保持适当的升温速度
	控制反应温度直至反应结束	当温度升至 55～65 ℃时关闭 V19，停止通蒸汽加热
		当温度升至 70～80 ℃时微开 TIC101（冷却水阀 V22、V23），控制升温速度
		当温度升至 110 ℃以上时，是反应剧烈的阶段，应小心加以控制，防止超温；当温度难以控制时，打开高压冷却水阀 V20，并可关闭搅拌器 M1 以使反应降速；当压力过高时，可微开放空阀 V12 以降低气压，但放空会使 CS_2 损失，污染大气
		反应温度高于 128 ℃时，相当于压力超过 810.6 kPa，已处于事故状态，如联锁开关处于"ON"的状态，联锁启动（开高压冷却水阀，关搅拌器，关蒸汽加热阀）
		压力超过 1 519.9 kPa（相当于温度大于 160 ℃），反应釜安全阀启动

（2）正常操作规程

①反应中要求的工艺参数

a. 反应釜中压力不大于 810.6 kPa。

b. 冷却水出口温度不小于 60 ℃，如小于 60 ℃易使硫在反应釜壁和蛇管表面结晶，使传热不畅。

②主要工艺生产指标的调节方法

a. 温度调节：操作过程中以温度为主要调节对象，以压力为辅助调节对象。升温慢会造成副反应速度大于主反应速度的时间段过长，反应的收率低；升温快则容易反应失控。

b. 压力调节：压力调节主要是通过调节温度实现的，但在超温的时候可以微开放空阀，使压力降低，以达到安全生产的目的。

c. 收率：由于在 90 ℃以下时，副反应速度大于正反应速度，因此在安全的前提下快速升温是收率高的保证。

（3）停车操作规程

在冷却水量很小的情况下，反应釜的温度下降仍较快，则说明反应接近尾声，可以进行停车出料操作了。

①打开放空阀 V12 约 5～10 s，放掉釜内残存的可燃气体，关闭 V12。

a. 打开蒸汽总阀 V15。

b. 打开蒸汽加压阀 V13 给釜内升压，使釜内压力大于 405.3 kPa。

②打开蒸汽预热阀 V14 片刻。

③打开出料阀 V16 出料。

④出料完毕后保持出料阀 V16 开约 10 s，进行吹扫。

⑤关闭出料阀 V16（尽快关闭，超过 1 min 不关闭将不能得分）。

⑥关闭蒸汽总阀 V15。

3.事故处理

间歇反应釜事故处理见表 5-19。

表 5-19　　　　　　　　　　　间歇反应釜事故处理

顺序	事故名称	事故原因	事故现象	处理方法
1	超温(超压)事故	反应釜超温(超压)	温度高于 128 ℃(压力大于 810.6 kPa)	开大冷却水,打开高压冷却水阀 V20 关闭搅拌器 M1,使反应速度下降 如果压力超过 1 215.9 kPa,打开放空阀 V12
2	搅拌器 M1 停转	搅拌器坏	反应速度逐渐下降为低值,产物浓度变化缓慢	停止操作,出料维修
3	冷却水阀 V22、V23 卡住(堵塞)	蛇管冷却水阀 V22、V23 卡住	开大冷却水阀对控制反应釜温度无作用,且出口温度稳步上升	开冷却水旁路阀 V17 调节
4	出料管堵塞	出料管硫黄结晶,堵住出料管	出料时,内气压较高,但釜内液位下降很慢	开蒸汽预热阀 V14 吹扫 5 min 以上(仿真中采用);拆下出料管用火烧化硫黄,或更换管段及阀门
5	测温电阻连线故障	测温电阻连线断	温度显示置零	改用压力显示对反应进行调节(调节冷却水用量) 升温至压力为 30.4～76.0 kPa 就停止加热 升温至压力为 101.3～162.1 kPa 开始通冷却水 压力为 354.6～405.3 kPa 以上为反应剧烈阶段 反应压力大于 810.6 kPa,相当于温度高于 128 ℃,处于故障状态,反应釜联锁启动 反应压力大于 1 519.9 kPa,反应釜安全阀启动(以上压力为表压)

5.5 典型流程

5.5.1 甲醇合成工艺

甲醇合成工艺(上)　　甲醇合成工艺(下)

1.工艺流程说明

如图 5-52～图 5-56 所示,甲醇合成装置仿真系统的设备包括蒸汽透平(K601)、循环气压缩机(C601)、甲醇分离器(V602)、精制水预热器(E602)、中间换热器(E601)、最终冷却器(E603)、甲醇合成塔(R601)、汽包(V601)以及开工喷射器(X601)等。甲醇合成是强放热反应,进入催化剂层的合成原料气需先加热到反应温度(>210 ℃)才能反应,而低压甲醇合成催化剂(铜基催化剂)又易过热失活(>280 ℃),所以必须将甲醇合成反应热及时移走。本反应系统将原料气加热和反应过程中移热结合,反应器和换热器结合,连续移热,同时达到缩小设备体积和减少催化剂层温差的作用。低压合成甲醇的理想合成压力为 4.8~5.5 MPa,在仿真实验中,假定压力低于 3.5 MPa 时反应即停止。

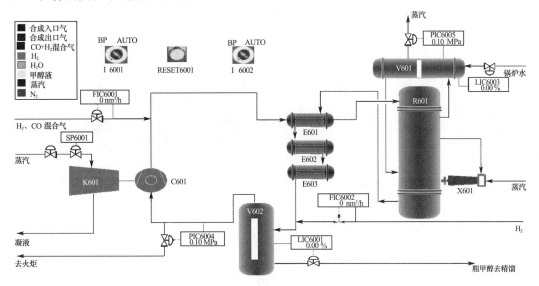

图 5-52　甲醇合成工段总图

蒸汽驱动透平带动压缩机运转,提供循环气连续运转的动力,同时向循环系统中补充 H_2 和混合气($CO+H_2$),使合成反应能够连续进行。反应放出的大量热通过汽包 V601 移走,合成塔入口气在中间换热器 E601 中被合成塔出口气预热至 46 ℃后,进入甲醇合成塔 R601。合成塔出口气依次经中间换热器 E601、精制水预热器 E602、最终冷却器 E603 由 255 ℃换热至 40 ℃,与补加的 H_2 混合后进入甲醇分离器 V602,分离出的粗甲醇送往精馏系统进行精制。气相的一小部分送往火炬,气相的大部分作为循环气被送往循环气压缩机 C601,被压缩的循环气与补加的混合气混合后经中间换热器 E601 进入甲醇合成塔 R601。

合成甲醇流程控制的重点是合成塔的温度、系统压力以及合成原料气在合成塔入口处各组分的含量。合成塔的温度主要是通过汽包来调节,如果合成塔的温度较高并且升温速度较快,这时应将汽包蒸汽出口开大,增加蒸汽采出量,同时降低汽包压力,使合成塔温度降低或升温速度变慢;如果合成塔的温度较低并且升温速度较慢,这时应将汽包蒸汽出口关小,减少蒸汽采出量,慢慢升高汽包压力,使合成塔温度升高或降温速度变慢;如果合成塔温度仍然偏低或降温速度较快,可通过开启开工喷射器 X601 来调节。系统压力主要靠混合气入口量 FRCA6001、H_2 入口量 FRCA6002、放空量 FRCA6004 以及甲醇在分离器中的冷凝量来控制;在原料气进入合成塔前有一安全阀,当系统压力高于 5.7 MPa 时,安全阀会自动打开,当系统压力降回 5.7 MPa 以下时,安全阀自动关闭,从而保证系统压力不至过高。原料气在合成塔入口处各组分的含量是通过混合气入口量 FRCA6001、H_2 入口量 FRCA6002 以及循环量来控制的,冷态开车时,由于原料气的组成没有达到稳态时的循环气组成,需要慢慢调节才能达到稳态时的循环气组成。

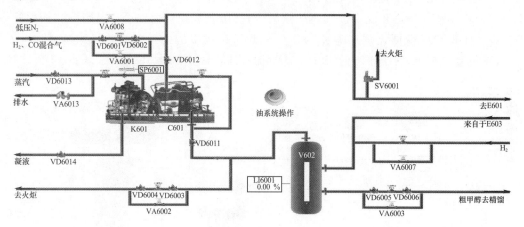

图 5-53 压缩系统现场图

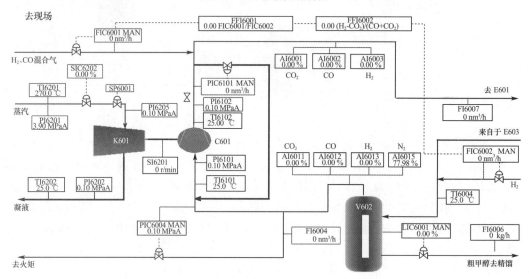

图 5-54 压缩系统 DCS 图

调节组成的方法是:

(1)如果要增加循环气中 H_2 的含量,应开大 FRCA6002,增大循环量并减小 FRCA6001,经过一段时间后,循环气中 H_2 含量会明显增大;

(2)如果要减小循环气中 H_2 的含量,应关小 FRCA6002,减小循环量并增大 FRCA6001,经过一段时间后,循环气中 H_2 含量会明显减小;

(3)如果要增加合成塔入口气中 H_2 的含量,应关小 FRCA6002 并增加循环量,经过一段时间后,入口气中 H_2 含量会明显增大;

(4)如果要降低合成塔入口气中 H_2 的含量,应开大 FRCA6002 并减小循环量,经过一段时间后,入口气中 H_2 含量会明显降低。

循环量主要是通过透平来调节。由于循环气组分多,所以调节起来难度较大,不可能一蹴而就,需要一个缓慢的调节过程。调平衡的方法是:通过调节循环量和混合气入口量使反

应入口气中 H_2/CO(体积比)为 7~8,同时通过调节 FRCA6002,使循环气中 H_2 的含量尽量保持在 79% 左右,同时逐渐增加入口气的量直至正常(FRCA6001 的正常量为 14 877 Nm^3/h, FRCA6002 的正常量为 13 804 Nm^3/h),达到正常后,新鲜气中 H_2/CO(FFR6002)为 2.05~2.15。

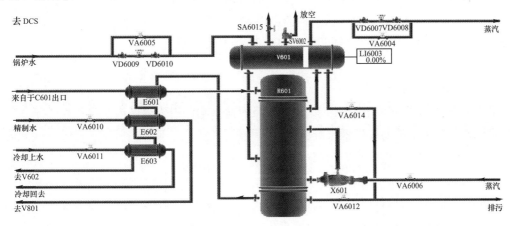

图 5-55　合成系统现场图

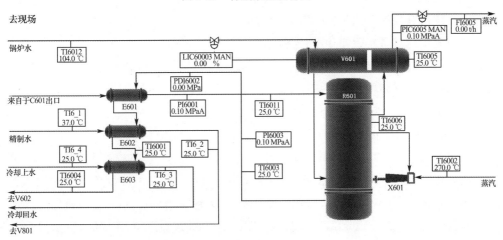

图 5-56　合成系统 DCS 图

2. 主要设备

蒸汽透平 K601:功率 655 kW,最大蒸汽量 10.8 t/h,最大压力 3.9 MPa,正常工作转速 13 700 r/min,最大转速 14 385 r/min。

循环压缩机 C601:压差约 0.5 MPa,最大压力 5.8 MPa。

汽包 V601:直径 1.4 m,长度 5 m,最大允许压力 5.0 MPa,正常工作压力 4.3 MPa,正常温度 250 ℃,最高温度 270 ℃。

甲醇合成塔 R601:列管式冷激塔,直径 2 m,长度 10 m,最大允许压力 5.8 MPa,正常工作压力 5.2 MPa,正常温度 255 ℃,最高温度 280 ℃;塔内布满装有催化剂的钢管,原料气在钢管内进行合成反应。

甲醇分离器 V602：直径 1.5 m，高 5 m，最大允许压力 5.8 MPa，正常温度 40 ℃，最高温度 100 ℃。

输水阀 V6013：当系统中产生冷凝水并进入疏水阀时，内置倒吊桶因自身重量处于疏水阀的下部；这时位于疏水阀顶部的阀座开孔是打开的，允许冷凝水进入阀体并通过顶部的孔排出阀体；当蒸汽进入疏水阀时，倒吊桶向上浮起，关闭出口阀，不允许蒸汽外泄；当全部蒸汽通过倒吊桶顶部的小孔泄出，倒吊桶沉入水中，循环得以重复。

3. 装置操作规程

(1)开工前的准备

①仪表空气、中压蒸汽、锅炉给水、冷却水及脱盐水均已引入界区内备用；

②盛装开工废甲醇的废液桶已准备好；

③仪表校正完毕；

④催化剂还原彻底；

⑤粗甲醇储槽皆处于备用状态，全系统在催化剂升温还原过程中出现的问题都已解决；

⑥净化运行正常，新鲜气质量符合要求，总负荷≥30%；

⑦压缩机运行正常，新鲜气随时可导入系统；

⑧本系统所有仪表再次校验，调试运行正常；

⑨精馏工段已具备接收粗甲醇的条件；

⑩总控、现场照明良好，操作工具、安全工具、交接班记录、生产报表、操作规程、工艺指标齐备，防毒面具、消防器材按规定配好；

⑪微机运行良好，各参数已调试完毕。

(2)冷天开车

①引锅炉水

a.依次开启汽包 V601、锅炉水入口阀 LIC6003、入口前阀 VD6009，将锅炉水引进汽包；

b.当汽包液位 LI6003 接近 50%时，投自动，如果液位难以控制，可手动调节；

c.汽包设有安全阀 SV6002，当汽包压力 PRCA6005 超过 5.0 MPa 时，安全阀会自动打开，从而保证汽包的压力不会过高，进而保证反应器的温度不至于过高。

②N_2 置换

a.现场开启低压 N_2 入口阀 VA6008(微开)，向系统充 N_2；

b.依次开启 PRCA6004 前阀 VD6003、控制阀 PRCA6004 后阀 VD6004，如果压力升高过快或降压速度过慢，可开副线阀 VA6002；

c.将系统中 O_2 含量稀释至 0.25%(体积分数)以下，在吹扫时，系统压力 PI6001 维持在 0.5 MPa 附近，但不要高于 1 MPa；

d.当系统压力 PI6001 接近 0.5 MPa 时，关闭 VA6008 和 PRCA6004，进行保压；

e.保压一段时间，如果系统压力 PI6001 不降低，说明系统气密性较好，可以继续进行生产操作；如果系统压力 PI6001 明显下降，则要检查各设备及其管道，确保无问题后再进行生产操作(仿真中为了节省操作时间,保压 30 s 以上即可)。

③建立循环

a.手动开启 FIC6101,防止压缩机喘振,在压缩机出口压力 PI6101 大于系统压力 PI6001 且压缩机运转正常后关闭;

b.开启压缩机 C601 前阀 VD6011;

c.开透平 K601 前阀 VD6013、控制阀 SIC6202、后阀 VD6014,为压缩机 C601 提供运转动力,调节控制阀 SIC6202 使转速不致过大;

d.开启油系统操作按钮,投用压缩机;

e.待压缩机出口压力 PI6101 大于系统压力 PI6001 后,开启压缩机 C601 后阀 VD6012,打通循环回路。

④H_2 置换充压

a.通 H_2 前,先检查 O_2 含量,若高于 0.25%(体积分数),应先用 N_2 稀释至 0.25% 以下再通 H_2;

b.现场开启 H_2 副线阀 VA6007,进行 H_2 置换,使 N_2 的体积含量在 1% 左右;

c.开启控制阀 PIC6004,充压至 PI6001 为 2.0 MPa,但不要高于 3.5 MPa;

d.注意调节进气和出气的速度,使 N_2 的体积含量降至 1% 以下,而系统压力 PI6001 升至 2.0 MPa 左右。此时关闭 H_2 副线阀 VA6007 和控制阀 PIC6004。

⑤投原料气

a.依次开启混合气入口前阀 VD6001、控制阀 FIC6001、后阀 VD6002;

b.开启 H_2 入口阀 FIC6002;

c.注意调节 SIC6202,保证压缩机的正常运行;

d.按照体积比约为 1∶1 的比例,将系统压力缓慢升至 5.0 MPa(但不要高于 5.5 MPa),将 PRCA6004 投自动,设为 4.90 MPa。此时关闭 H_2 入口阀 FIC6002 和混合气控制阀 FIC6001,进行反应器升温。

⑥合成塔升温

a.开启开工喷射器 X601 的蒸汽入口阀 VA6006,注意调节 VA6006 的开度,使反应器温度 TI6006 缓慢升至 210 ℃;

b.开 VA6010,投用精制水预热器 E602;

c.开 VA6011,投用最终冷却器 E603,使 TI6004 不超过 100 ℃;

d.当 TI6004 接近 200 ℃,依次开启汽包蒸汽出口前阀 VD6007、控制阀 PIC6005、后阀 VD6008,并将 PIC6005 投自动,设为 4.3 MPa,如果压力变化较快,可手动调节。

⑦调至正常

a.调至正常过程较长,并且不易控制,需要慢慢调节。

b.反应开始后,关闭开工喷射器 X601 的蒸汽入口阀 VA6006。

c.缓慢开启 FIC6001 和 FIC6002,向系统补加原料气。注意调节 SIC6202 和 FIC6001,

使入口原料气中 H_2/CO(体积比)为 7～8；随着反应的进行，逐步投料至正常（FIC6001 约为 14 877 Nm^3/h），FIC6001 约为 FIC6002 的 1～1.1 倍。将 PIC6004 投自动，设为 4.90 MPa。

d.有甲醇产出后，依次开启粗甲醇采出现场前阀 VD6005、控制阀 LIC6006、后阀 VD6006，并将 LIC6001 投自动，设为 40%，若液位变化较快，可手动控制。

e.如果系统压力 PI6001 超过 5.8 MPa，系统安全阀 SV6001 会自动打开，若压力变化较快，可通过减小原料气进气量并开大控制阀 PIC6004 来调节。

f.投料至正常后，循环气中 H_2 的含量能保持在 79.3%左右，CO 含量达到 6.29%左右，CO_2 含量达到 3.5%左右，说明体系已基本达到稳态。

g.体系达到稳态后，投用联锁，在 DCS 图上按"V602 液位高联锁"或"R601 温度高联锁"按钮和"V601 液位低联锁"按钮。

（3）正常停车

①停原料气

a.将 FIC6001 改为手动，关闭，现场关闭 FIC6001 前阀 VD6001、后阀 VD6002；

b.将 FIC6002 改为手动，关闭；

c.将 PIC6004 改为手动，关闭。

②开蒸汽

开蒸汽阀 VA6006，投用 X601，使 TI6006 维持在 210 ℃以上，残余气体继续反应。

③汽包降压

a.残余气体反应一段时间后，关蒸汽阀 VA6006；

b.将 PIC6005 改为手动调节，逐渐降压；

c.关闭 LIC6003 及其前后阀 VD6010、VD6009，停锅炉水。

④合成塔降温

a.手动调节 PIC6004，使系统泄压；

b.开启现场阀 VD6008，进行 N_2 置换，使 H_2、CO_2 和 CO 总含量小于 1%（体积分数）；

c.保持 PI6001 在 0.5 MPa，关闭 VD6008；

d.关闭 PIC6004；

e.关闭 PIC6004 的前阀 VD6003、后阀 VD6004。

⑤停压缩机和蒸汽透平

a.关油系统操作按钮，停用压缩机；

b.逐渐关闭 SIC6202；

c.关闭现场阀 VD6013；

d.关闭现场阀 VD6014；

e.关闭现场阀 VD6011；

f.关闭现场阀 VD6012。

⑥停冷却水

a. 关闭现场阀 VA6010,停冷却水;

b. 关闭现场阀 VA6011,停冷却水。

(4)紧急停车

①停原料气

a. 将 FIC6001 改为手动,关闭,现场关闭 FIC6001 前阀 VD6001、后阀 VD6002;

b. 将 FIC6002 改为手动,关闭;

c. 将 PIC6004 改为手动,关闭。

②停压缩机和蒸汽透平

a. 关油系统操作按钮,停用压缩机;

b. 逐渐关闭 SIC6202;

c. 关闭现场阀 VD6013;

d. 关闭现场阀 VD6014;

e. 关闭现场阀 VD6011;

f. 关闭现场阀 VD6012。

③泄压

a. 将 PIC6004 改为手动,全开;

b. 当 PI6001 降至 0.3 MPa 以下时,将 PIC6004 关小。

④N_2 置换

a. 开 VA6008,进行 N_2 置换;

b. 当 CO 和 H_2 含量小于 5% 后,用 0.5 MPa 的 N_2 保压。

4. 事故处理

(1)分离器液位高或合成塔温度高联锁

事故原因:V602 液位高或 R601 温度高联锁。

事故现象:分离器 V602 的液位 LICA6001 高于 70%,或合成塔 R601 的温度 TI6006 高于 270 ℃。混合气入口控制阀 FIC6001 和 FIC6002 关闭,透平电磁阀 SP6001 关闭。

处理方法:等联锁条件消除后,按"SP6001 复位"按钮,透平电磁阀 SP6001 复位;手动开启混合气入口控制阀 FIC6001 和 FIC6002。

(2)汽包液位低联锁

事故原因:V601 液位低联锁。

事故现象:汽包 V601 的液位 LICA6003 低于 5%,温度高于 100 ℃;锅炉水入口阀 LIC6003全开。

处理方法:等联锁条件消除后,手动调节锅炉水入口阀 LIC6003 至正常。

(3)混合气入口控制阀 FIC6001 阀卡

事故原因:混合气入口控制阀 FIC6001 阀卡。

事故现象:混合气进料量变小,造成系统不稳定。

处理方法:开启混合气入口副线阀 VA6001,将流量调至正常。

(4)透平坏

事故原因:透平坏。

事故现象:透平运转不正常,循环压缩机 C601 停。

处理方法:正常停车,修理透平。

(5)催化剂老化

事故原因:催化剂失效。

事故现象:反应速度降低,各成分的含量不正常,反应器温度降低,系统压力升高。

处理方法:正常停车,更换催化剂后重新开车。

(6)压缩机坏

事故原因:压缩机坏。

事故现象:压缩机停止工作,出口压力等于入口压力,循环不能继续,导致反应不正常。

处理方法:正常停车,修好压缩机后重新开车

(7)合成塔温度高报警

事故原因:合成塔温度高报警

事故现象:合成塔温度 TI6006 高于 265 ℃,但低于 270 ℃。

处理方法:

①全开汽包上部 PIC6005 控制阀,释放蒸汽热量;

②打开现场锅炉水进料旁路阀 VA6005,增大汽包的冷水进量;

③将锅炉水入口阀 LIC6003 手动,全开,增大冷水进量;

④手动打开现场汽包底部排污阀 VA6014;

⑤手动打开现场合成塔底部排污阀 VA6012;

⑥待温度稳定下降之后,观察下降趋势,当 TI6006 在 260 ℃时,关闭排污阀 VA6012;

⑦将 LIC6003 调至自动,设定液位为 50%;

⑧关闭现场锅炉水进料旁路阀 VA6005;

⑨关闭现场汽包底部排污阀 VA6014;

⑩将 PIC6005 投自动,设定为 4.3 MPa。

(8)合成塔温度低报警

事故原因:合成塔温度低报警。

事故现象:合成塔温度 TI6006 高于 210 ℃,但低于 220 ℃。

处理方法:

①将锅炉水入口阀 LIC6003 调为手动,关闭;

②缓慢打开喷射器入口阀 V6006;

③当 TI6006 温度为 255 ℃时,逐渐关闭 VA6006;

（9）分离器液位高报警

事故原因：分离器液位高报警。

事故现象：分离器液位 LICA6001 高于 65％，但低于 70％。

处理方法：

①打开现场旁路阀 VA6003；

②全开 LIC6001；

③当液位低于 50％之后，关闭 VA6003；

④调节 LIC6001，稳定在 40％时投自动。

（10）系统压力 PI6001 高报警

事故原因：系统压力 PI6001 高报警。

事故现象：系统压力 PI6001 高于 5.5 MPa，但低于 5.7 MPa。

处理方法：

①关小 FIC6001 的开度至 30％，压力正常后调回；

②关小 FIC6002 的开度至 30％，压力正常后调回。

（11）汽包液位低报警

事故原因：汽包液位低报警。

事故现象：汽包液位 LICA6003 低于 10％，但高于 5％。

处理方法：

①开现场旁路阀 VA6005；

②全开 LIC6003，增大入水量；

③当汽包液位上升至 50％，关现场旁路阀 VA6005；

④LIC6003 稳定在 50％时，投自动。

5.5.2　甲醇精制工艺

1.工艺流程说明

本工段采用四塔（3+1）精馏工艺，包括预塔、加压塔、常压塔及甲醇回收塔，如图5-57～图 5-60 所示。预塔的主要目的是除去粗甲醇中溶解的气体（如 CO_2、CO、H_2 等）及低沸点组分（如二甲醚、甲酸甲酯）；加压塔及常压塔的目的是除去水及高沸点杂质（如异丁基油），同时获得高纯度的优质甲醇产品；另外，为了减少废水排放，增设甲醇回收塔，进一步回收甲醇，减少废水中甲醇的含量。

甲醇精制工艺（上）

甲醇精制工艺（下）

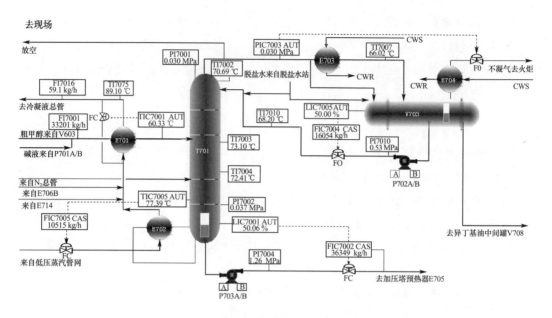

图 5-57　预塔 DCS 图

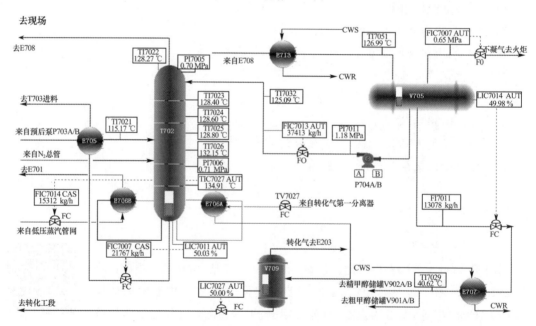

图 5-58　加压塔 DCS 图

　　从甲醇合成工段来的粗甲醇进入粗甲醇预热器(E701)与预塔再沸器(E702)、加压塔再沸器(E706B)和回收塔再沸器(E714)来的冷凝水进行换热后进入预塔(T701),经 T701 分离后,塔顶气相为二甲醚、甲酸甲酯、二氧化碳、甲醇等蒸气,经二级冷凝后,不凝气通过火炬排放,冷凝液中补充脱盐水返回 T701 作为回流液,塔釜为甲醇水溶液,经泵 P703 增压后用加压塔(T702)塔釜出料液在换热器 E705 中进行预热,然后进入 T702。

　　经 T702 分离后,塔顶气相为甲醇蒸气,与常压塔(T703)塔釜液换热后部分返回 T702

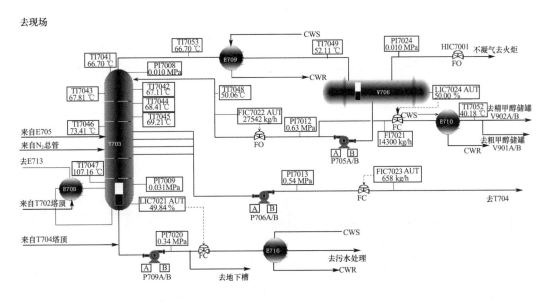

图 5-59 常压塔 DCS 图

打回流,部分采出作为精甲醇产品,经 E707 冷却后送中间罐区产品罐,塔釜出料液在 E705 中与进料换热后作为 T703 的进料。

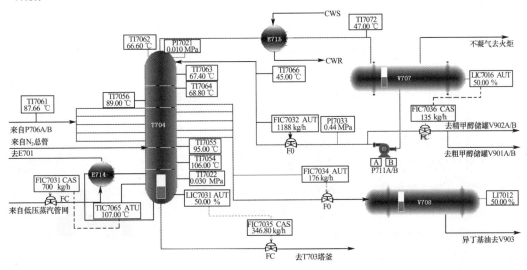

图 5-60 甲醇回收塔 DCS 图

在 T703 中甲醇与轻、重组分以及水得以彻底分离,塔顶气相为含微量不凝气的甲醇蒸气,经冷凝后,不凝气通过火炬排放,冷凝液部分返回 T703 打回流,部分采出作为精甲醇产品,经 E710 冷却后送中间罐区产品罐,塔下部侧线采出杂醇油作为甲醇回收塔 T704 的进料。塔釜出料液为含微量甲醇的水,经泵 709 增压后送污水处理厂。

经 T704 分离后,塔顶产品为精甲醇,经换热器 E715 冷却后部分返回 T704 回流,部分送精甲醇罐,塔中部侧线采出异丁基油送中间罐区副产品罐,底部的少量废水与 T703 塔底废水合并。

流程控制方案：预塔的塔釜温度控制 TIC7005 和再沸器热物流进料 FIC7005 构成一条串级回路。温度调节器的输出值同时是流量调节器的给定值，即流量调节器 FIC7005 的 SP 值由温度调节器 TIC7005 的 OP 值控制，TIC7005.OP 的变化使 FIC7005.SP 产生相应的变化。

2. 装置操作规程

（1）冷态开车

①开车前准备

a. 打开预塔一级冷凝器 E703 和二级冷凝器 E704 的冷却水阀。

b. 打开加压塔冷凝器 E713 和 E707 的冷却水阀。

c. 打开常压塔冷凝器 E709、E710 和 E716 的冷却水阀。

d. 打开甲醇回收塔冷凝器 E715 的冷却水阀。

e. 打开加压塔的 N_2 进口阀，充压至 65.86 kPa，关闭 N_2 进口阀。

②预塔、加压塔和常压塔开车

a. 开粗甲醇预热器 E701 的进口阀 VA7002（>50%），向预塔 T701 进料。

b. 待塔顶压力大于 0.02 MPa 时，调节预塔排气阀 VA7003，使塔顶压力维持在 0.03 MPa 左右。

c. 预塔 T701 塔釜液位超过 80%后，打开泵 P703A 的入口阀，启动泵。

d. 再打开泵出口阀，启动预后泵。

e. 手动打开调节阀 FV702（>50%），向加压塔 T702 进料。

f. 当加压塔 T702 塔釜液位超过 60%后，手动打开塔釜液位调节阀 FIC7007（>50%），向常压塔 T703 进料。

g. 通过调节蒸汽阀 FV7005 开度，给预塔再沸器 E702 加热；通过调节 PV7007 的开度，使加压塔回流罐压力维持在 0.65 MPa；通过调节 FV7014 开度，给加压塔再沸器 E706B 加热；通过调节 TV7027 开度，给加压塔再沸器 E706A 加热。

h. 通过调节阀 HV7001 的开度，使常压塔回流罐压力维持在 0.01 MPa。

i. 当预塔回流罐有液体产生时，开脱盐水阀 VA7005，冷凝液中补充脱盐水；开预塔回流泵 P702A 入口阀，启动泵；开泵出口阀，启动回流泵。

j. 通过调节阀 FV7004（开度>40%）控制回流量，维持回流罐 V703 液位在 40%以上。

k. 当加压塔回流罐 V705 有液体产生时，开加压塔回流泵 P704A 入口阀，启动泵，开泵出口阀，启动回流泵。调节阀 FV7013（开度>40%）控制回流量，维持回流罐 V705 液位在 40%以上。

l. 回流罐 V705 液位无法维持时，逐渐打开 LV7014、VA7052，采出塔顶产品。当常压塔回流罐 V706 有液体产生时，开常压塔回流泵 P705A 入口阀，启动泵，开泵出口阀。调节阀 FV7022（开度>40%），维持回流罐 V706 液位在 40%以上。回流罐 V706 液位无法维持时，逐渐打开 FV7024,采出塔顶产品。维持常压塔塔釜液位在 80％左右。

③回收塔开车

a.常压塔侧线采出杂醇油作为甲醇回收塔 T704 进料,打开侧线采出阀 VD7038～VD7042,开回收塔进料泵 P706A 入口阀,启动泵,开泵出口阀。调节阀 FV7023(开度＞40％)控制采出量,打开回收塔进料阀 VD7033～VD7037。

b.待甲醇回收塔 T704 塔釜液位超过 50％后,手动打开流量调节阀 FV7035,与常压塔 T703 塔釜污水合并。

c.通过调节蒸汽阀 FV7031 开度,给再沸器 E714 加热。

d.通过调节阀 VA7046 的开度,使甲醇回收塔压力维持在 0.01 MPa。

e.当回流罐 V707 有液体产生时,开回流泵 P711A 入口阀,启动泵,开泵出口阀,调节阀 FV7032(开度＞40％),维持回流罐 V707 液位在 40％以上。

f.回流罐 V707 液位无法维持时,逐渐打开 FV7036,采出塔顶产品。

④调节至正常

a.通过调整 PIC7003 开度,使预塔塔顶压力 PIC7003 达到正常值。

b.调节 FV7001,进料温度稳定至正常值。

c.逐步调整预塔塔顶回流量 FIC7004 至正常值。

d.逐步调整预塔塔釜采出量 FIC7002 至正常值。

e.通过调整加热蒸汽量 FIC7005 控制预塔塔釜温度 TIC7005 至正常值。

f.通过调节 PIC7007 开度,使加压塔压力稳定。

g.逐步调整加压塔塔顶回流量 FIC7013 至正常值。

h.开 LIC7014 和 FIC7007 出料,注意加压塔回流罐、塔釜液位。

i.通过调整加热蒸汽量 FIC7014 和 TIC7027,控制加压塔塔釜温度 TIC7027 至正常值。

j.开 LIC7024 和 LIC7021 出料,注意常压塔回流罐、塔釜液位。

k.开 FIC7036 和 FIC7035 出料,注意回收塔回流罐、塔釜液位。

l.通过调整加热蒸汽量 FIC7031,控制回收塔塔釜温度 TIC7065 至正常值。

m.将各控制回路投自动,各参数稳定并与工艺设计值吻合后,投产品采出串级。

(2)正常操作规程

正常工况下的工艺参数如下:

①进料温度 TIC7001 投自动,设定值为 72 ℃。

②预塔塔顶压力 PIC7003 投自动,设定值为 0.03 MPa。

③预塔塔顶回流量 FIC7004 设为串级,设定值为 16 690 kg/h;LIC7005 设自动,设定值为 50％。

④预塔塔釜采出量 FIC7002 设为串级,设定值为 35 176 kg/h;LIC7001 设自动,设定值为 50％。

⑤预塔加热蒸汽量 FIC7005 设为串级,设定值为 11 200 kg/h;TRC7005 投自动,设定

值为 77.4 ℃。

⑥加压塔加热蒸汽量 FIC7014 设为串级,设定值为 15 000 kg/h;TRC7027 投自动,设定值为 134.8 ℃。

⑦加压塔顶压力 PIC7007 投自动,设定值为 0.65 MPa。

⑧加压塔塔顶回流量 FIC7013 投自动,设定值为 37 413 kg/h。

⑨加压塔回流罐液位 LIC7014 投自动,设定值为 50%。

⑩加压塔塔釜采出量 FIC7007 设为串级,设定值为 22 747 kg/h;LIC7011 设自动,设定值为 50%。

⑪常压塔塔顶回流量 FIC7022 投自动,设定值为 27 621 kg/h。

⑫常压塔回流罐液位 LIC7024 投自动,设定值为 50%。

⑬常压塔塔釜液位 LIC7021 投自动,设定值为 50%。

⑭常压塔侧线采出量 FIC7023 投自动,设定值为 658 kg/h。

⑮回收塔加热蒸汽量 FIC7031 设为串级,设定值为 700 kg/h;TRC7065 投自动,设定值为 107 ℃。

⑯回收塔塔顶回流量 FIC7032 投自动,设定值为 1 188 kg/h。

⑰回收塔塔顶采出量 FIC7036 投串级,设定值为 135 kg/h;LIC7016 投自动,设定值为 50%。

⑱回收塔塔釜采出量 FIC7035 设为串级,设定值为 346 kg/h;LIC7031 设自动,设定值为 50%。

⑲回收塔侧线采出量 FIC7034 投自动,设定值为 175 kg/h。

(3)停车操作规程

①预塔停车

a.手动逐步关小进料阀 VA7001,使进料降至正常进料量的 70%。

b.在降负荷过程中,尽量通过 FV7002 排出塔釜产品,使 LIC7001 降至 30% 左右。

c.关闭调节阀 VA7001,停预塔进料。

d.关闭阀门 FV7005,停预塔再沸器的加热蒸汽。

e.手动关闭 FV7002,停止产品采出。

f.打开塔釜泄液阀 VA7012,排不合格产品,并控制塔釜降低液位。

g.关闭脱盐水阀门 VA7005。

h.停进料和再沸器后,回流罐中的液体全部通过回流泵打入塔,以降低塔内温度。

i.回流罐液位降至 5%,停回流,关闭调节阀 FV7004。

j.当塔釜液位降至 5%,关闭泄液阀 VA7012。

k.当塔压降至常压后,关闭 FV7003。

l.预塔温度降至 30 ℃ 左右时,关冷凝器冷凝水。

②加压塔停车

a. 加压塔采出精甲醇 VA7052 改去粗甲醇储槽 V901A/B。

b. 尽量通过 LV7014 排出回流罐中的液体产品,至回流罐液位 LIC7014 在 20％左右。

c. 尽量通过 FV7007 排出塔釜产品,使 LIC7011 降至 30％左右。

d. 关闭阀门 FV7014 和 TV7027,停加压塔再沸器的加热蒸汽。

e. 手动关闭 LV7014 和 FV7007,停止产品采出。

f. 打开塔釜泄液阀 VA7023,排不合格产品,并控制塔釜降低液位。

g. 停进料和再沸器后,回流罐中的液体全部通过回流泵打入塔,以降低塔内温度。

h. 当回流罐液位降至 5％,停回流,关闭调节阀 FV7013。

i. 当塔釜液位降至 5％,关闭泄液阀 VA7023。

j. 当塔压降至常压后,关闭 PV7007。

k. 加压塔温度降至 30 ℃左右时,关冷凝器冷凝水。

③常压塔停车

a. 常压塔采出精甲醇 VA7054 改去粗甲醇储槽 V901A/B。

b. 尽量通过 FV7024 排出回流罐中的液体产品,至回流罐液位 LIC7024 在 20％左右。

c. 尽量通过 FV7021 排出塔釜产品,使 LIC7021 降至 30％左右。

d. 手动关闭 FV7024,停止产品采出。

e. 打开塔釜泄液阀 VA7035,排不合格产品,并控制塔釜降低液位。

f. 停进料和再沸器后,回流罐中的液体全部通过回流泵打入塔,以降低塔内温度。

g. 当回流罐液位降至 5％,停回流,关闭调节阀 FV7022。

h. 当塔釜液位降至 5％,关闭泄液阀 VA7035。

i. 当塔压降至常压后,关闭 HV7001。

j. 关闭侧线采出阀 FV7023。

k. 常压塔温度降至 30 ℃左右时,关冷凝器冷凝水。

④回收塔停车

a. 回收塔采出精甲醇 VA7056 改去粗甲醇储槽 V901A/B。

b. 尽量通过 FV7036 排出回流罐中的液体产品,至回流罐液位 LIC7016 在 20％左右。

c. 尽量通过 FV7035 排出塔釜产品,使 LIC7031 降至 30％左右。

d. 手动关闭 FV7036 和 FV7035,停止产品采出。

e. 停进料和再沸器后,回流罐中的液体全部通过回流泵打入塔,以降低塔内温度。

f. 当回流罐液位降至 5％,停回流,关闭调节阀 FV7032。

g. 当塔釜液位降至 5％,关闭泄液阀 FV7035。

h. 当塔压降至常压后,关闭 VA7046。

i. 关闭侧线采出阀 FV7034。

j. 回收塔温度降至 30 ℃左右时,关冷凝器冷凝水。

k. 关闭 FV7021

3. 事故处理

甲醇精制系统事故处理见表 5-20。

表 5-20　　　　　　　　　　　甲醇精制系统事故处理

顺序	事故名称	事故原因	事故现象	处理方法
1	回流控制阀 FV7004 阀卡	回流控制阀 FV7004 阀卡	回流量减小,塔顶温度上升,压力增大	打开旁路阀 VA7009,保持回流
2	回流泵 P702A 故障	回流泵 P702A 泵坏	P702A 断电,回流中断,塔顶压力、温度上升	启动备用泵 P702B
3	回流罐 V703 液位超高	回流罐 V703 液位超高	V703 液位超高,塔温度下降	启动备用泵 P702B

参考文献

[1]袁一. 化学工程师手册[M]. 北京:机械工业出版社,2000.

[2]邝生鲁. 化学工程师技术全书[M]. 北京:化学工业出版社,2002.

[3]鲁明休,罗安. 化工过程控制系统[M]. 北京:化学工业出版社,2006.

[4]张井岗,许建平,佟威,等. 过程控制与自动化仪表[M]. 北京:北京大学出版社,2007.

[5]王松汉. 石油化工设计手册[M]. 北京:化学工业出版社,2002.

[6]潘艳秋. 化工原理[M]. 北京:高等教育出版社,2009.

[7]王银锁,孙如田,毛徐门. 过程控制系统[M]. 北京:石油工业出版社,2009.

[8]张士超,仪垂杰,郭健翔,等. 集散控制系统的发展及应用现状[J]. 微计算机信息,2007,1:94-96.